Hochschultext

V. Hubka

Theorie Technischer Systeme

Grundlagen einer wissenschaftlichen Konstruktionslehre

Zweite, völlig neu bearbeitete und erweiterte Auflage

Mit 86 Abbildungen

Springer-Verlag Berlin Heidelberg GmbH 1984

Dr. Dipl.-Ing. VLADIMIR HUBKA
Institut für Grundlagen der Maschinenkonstruktion
der Eidgen. Technischen Hochschule Zürich

Die 1. Auflage erschien 1973 unter dem Titel »Theorie der Maschinensysteme«

CIP-Kurztitelaufnahme der Deutschen Bibliothek

Hubka, Vladimir:
Theorie technischer Systeme: Grundlagen e. wiss. Konstruktionslehre / V. Hubka. –
2., völlig neubearb. u. erw. Aufl. –
Berlin; Heidelberg; New York; Tokyo: Springer, 1984.
(Hochschultext)
1. Aufl. u. d. T.: Hubka, Vladimir: Theorie der Maschinensysteme

ISBN 978-3-540-12953-0 ISBN 978-3-662-10446-0 (eBook)
DOI 10.1007/978-3-662-10446-0

Buchbinderische Verarbeitung: Heinz Stein, Berlin
2362/3020-542310

Dr.-Ing. E. h. Dr. sc. techn. F. KESSELRING gewidmet

Vorwort zur 2. Auflage

Das Buch "Theorie der Maschinensysteme" hat warme Aufnahme gefunden und lebhaftes Interesse hervorgerufen, als es vor zehn Jahren erschien.

Wie hat sich der "Prototyp" der neuen Disziplin bewährt? Die beste Antwort darauf ist die zweite Auflage selbst; ein bloßer Extrakt der Diskussionen, die während der letzten zehn Jahre geführt wurden, wäre nur für einige Personen interessant und würde zudem die Grenzen des Vorwortes überschreiten. Eine Frage muß ich aber doch erwähnen, nämlich die, welche die Lage dieser Verarbeitung bezüglich der Trennlinie "theoretisch - praktisch" betrifft. Für einige war die bisherige Verarbeitung zu theoretisch, andere haben weitere theoretische Ausführungen verlangt. Entscheidend war für mich der Adressat. Das Buch soll und muß auch für Studenten der Ingenieurhochschulen verständlich sein, weil es zugleich als Einführung in die Technik dienen soll.

Die Änderungen, welche die zweite Auflage bringt, sind ziemlich groß. Ein wesentlicher Teil des Buches ist überarbeitet und viele neue Fragestellungen eingeführt worden. Dadurch habe ich erstens auf die Erfahrung mit der Anwendung reagiert, zweitens auf die veränderte Lage in der Technik selbst und drittens auf die neuen Forschungsresultate, die viele neue Erkenntnisse gebracht haben.

Wesentliche Änderungen betreffen besonders:

- Ausweitung des Gültigkeitsbereichs: Grund für Änderung des Titels von "Maschinensystem" auf "Technisches System" (näheres darüber in Kapitel 1).
- Ausweitung des Anwendungsbereichs: Es hat sich bestätigt, daß die Anwendung nicht nur für den Konstruktionsbereich, sondern auch für andere Gebiete von Vorteil sein kann (s. Kapitel 13).

In der Darlegung der Problematik habe ich auf eine eingehende Auseinandersetzung mit anderen Autoren verzichtet, in Hinsicht auf den Umfang des Buches und mit Blick auf den Leserkreis. Es ging auch darum, die Problematik nicht zusätzlich zu belasten.

Ähnliche und rein praktische Gründe haben dazu geführt, für die vorliegende Lösung einige Themenkreise (Kapitel 7 bis 11) nur mit Beispielen aus dem Bereich der Maschinensysteme zu behandeln und zu belegen.

Noch eine Bemerkung zur Schreibweise der zentralen Begriffe "Technisches System" und "Technischer Prozeß".Wie der aufmerksame Leser bemerken wird,habe ich in beiden Fällen das Adjektiv "Technisch" mit großen Anfangsbuchstaben geschrieben,trotz des Bedenkens des Verlags. Es sind gleichermaßen typische Begriffe (Objekte der Untersuchung in der Theorie),die damit abgehoben werden von den allgemeinen Benennungen "technisches System" und "technischer Prozeß".Die Tendenz,in solchen Fällen das qualifizierende Adjektiv groß zu schreiben, setzt sich in der wissenschaftlichen Literatur immer mehr durch, wie mir von verschiedenen Institutionen bestätigt worden ist.

Den Leser bitte ich um Verständnis, wenn bei dieser Überarbeitung nicht alle Nahtstellen zwischen neuen und alten Teilen restlos gelungen sind.

Bei der Überarbeitung brachte mir die Zusammenarbeit mit meinen Freunden und Kollegen Hilfe und Genugtuung. Besonderer Dank gebührt Dr. M. Myrup Andreasen, Dipl. Ing. P. Ferreirinha und Dr. L. Badoux.

Greifensee, im Sommer 1983 V. Hubka

Vorwort zur 1. Auflage

Die Theorie der Maschinensysteme bildet den ersten Teil einer wissenschaftlichen Konstruktionslehre. Das Maschinensystem als Repräsentant aller Arten von Maschinenprodukten ist Gegenstand der Verarbeitung nicht nur im Konstruktionsprozeß, sondern auch in der Vorbereitung der Fertigung und im Fertigungsprozeß, sowie in vielen wirtschaftlichen Überlegungen. Deshalb muß die Theorie der Maschinensysteme nicht nur den Konstrukteur, sondern auch den Fertigungs-, Betriebs- und Verkaufs-Ingenieur interessieren. Für die interdisziplinäre Wertanalyse beantwortet die Theorie der Maschinensysteme viele Fragen, die auf diesem Gebiet auftauchen. Besonders im Hinblick auf die Studenten aller dieser Richtungen hoffe ich mit dem Aufzeigen neuer Gesichtswinkel auf dem Gebiet des Maschinenbaues zu einem besseren Verständnis der Problematik beizutragen.

Die vorliegende Arbeit verfolgt mehrere Ziele: einmal, die Arbeitsweise, die Kategorien und die Eigenschaften der Maschinensysteme zu behandeln, dann auch, die grundlegende Terminologie der Konstruktionslehre aufzubauen und letztlich, wichtige Erkenntnisse über Maschinensysteme zu formulieren, auf welche sich weitere Kapitel der Konstruktionslehre, besonders über Arbeitsmethoden stützen werden. Von dieser Zielsetzung her mag dieser Teil etwas trocken und theoretisch erscheinen. Es soll aber nicht Aufgabe des Lesers sein, diesen Stoff von Grund auf zu studieren, vielmehr möchte das Buch als Nachschlagewerk dienen, zu dem man immer wieder greift.

Die ersten Anregungen zur Abfassung dieses Buches habe ich vor mehreren Jahren durch eine Studie über die Konstruktionsmethodik erhalten. Dabei war mir von Anfang an klar, daß eine allgemeine Konstruktionsmethodik nicht ohne das Modell einer "abstrakten Maschine" aufgebaut werden kann. Die Ausführungen mußten aber immer wieder den neu gewonnenen Erkenntnissen angepaßt werden. Auf diese Weise haben sich die Textfragmente langsam zu der hier vorliegenden Form entwickelt. In vielen Diskussionen mit meinen Kollegen im Konstruktionsausschuß der Tschechoslovakischen wissenschaftlich-technischen Gesellschaft, besonders mit den Herren Dipl.-Ing. Cervinka, Smilauer und Vit, hat sich eine Menge von Ideen kristallisiert.

Die deutsche Fassung wurde nur durch die freundschaftliche Hilfe und kritikausübende Mitarbeit von Herrn Dr.-Ing. E.h.Dr.sc.techn. F. Kesselring ermöglicht. Dabei hat Fräulein A. Kugler viel mitgeholfen.

Den Mitarbeitern des Institutes für Maschinenkonstruktion der ETH, Herrn Dipl.-Ing. J. Zbojnowicz und Herrn Dipl.-Ing. B. Buluschek danke ich für ihre wertvollen Hinweise und Fräulein H. Suter für die schöpferische Durchführung der Reinschrift. Herrn Prof. Dr. H. Ott möchte ich besonders danken für die Förderung meiner Arbeit an seinem Institut.

Dem Springer-Verlag bin ich für das Entgegenkommen bei der Herausgabe des Buches sehr verbunden.

Die vorliegende erste Bearbeitung des Themas wird nicht fehlerfrei sein. Konstruktive Bemerkungen zu diesem "Prototyp" werde ich daher dankbar begrüßen.

Zürich, im Herbst 1972 V. Hubka

Inhaltsverzeichnis

Übersicht der benutzten Symbole

A	Arbeits...
ARVO	Arbeitsvorbereitung
As	Auswärts
Au	Aussehens...
Bd	Funktionsbedingt
Be	Betriebs...
Bg	Bedingung
BNo	Betriebsnormalisiert
Di	Distributions...
E	Element, Elementar
Ef	Effektivität
Ei	Eigenschaft
Ei^i	Zustand i der Ei
Ei_i	Eigenschaft i
Erg	Ergonomisch
f	Anzahl der Komplexitätsstufen eines MS (final)
Fe	Fertigungs...
Fu	Funktion
Fu^i	Funktion mit i Bedingungen
Fu_i	Funktion i
GN	Gesetzeinhaltung
He	Herstellungs...
I	Information
In	Input (Eingang)
Ko	Konstruktions...
Lö	Lösung
LP	Lieferungs- u. Planungs...
M	Maschinen...
Me	Mensch
ME	Maschinenelement
MS	Maschinensystem
N	Neben...
No	Normiert, genormt
O	Operation
Od	Operand
$Od^{1,2}$	Operand im Zustand 1 (vorhanden) resp. 2 (gewünscht)
Od_i	Operand i
Ot	Operator
Ou	Output (Ausgang)
P	Prozeß
Pr	Problem
S	System
SR	Steuerung, Regelung
T	Technisch
Te	Teil...
TS	Technisches System
Tg	Technologie
Ty	Typisiert
Ü	Übernommen
V	Verhalten
We	Wirtschaftlich
Wi	Wirkung (Einwirkung)
▭	Prozeß
◇	Entscheidungsprozeß
⬭	Maschinensystem
→	Transformationssymbol
—)	Einwirkungssymbol

1 Einleitung

Die Fähigkeit des Menschen, im Erkenntnisprozeß von unwesentlichen oder zufälligen Merkmalen, Eigenschaften und Beziehungen abzusehen und nur das Wesentliche und Wichtige hervorzuheben, um das Erkenntnisobjekt tiefer und echter zu erfassen, gehört zu den wertvollsten Eigenschaften, mit deren Hilfe der Mensch seine führende Stellung in der Natur erreicht hat. Das Abstrahieren hat ihm immer geholfen, auf allen Gebieten zu Kenntnissen zu gelangen, sie zu ordnen, um einzelne Wissenschaften entstehen zu lassen und vertiefen zu können.

Nicht immer stand eine Theorie zur Verfügung, wenn ein Problem zu bewältigen war. Die Technik ist voller Beispiele dafür, daß die Praxis oft der Theorie vorangeht und diese später zur Verbesserung der erreichten Ergebnisse dient. So geschieht es auch mit der Theorie Technischer Systeme.

Verfolgen wir zuerst die Entwicklung der Ansichten über Maschinen. In den früheren Zeiten betrachtete man jede Maschine als ein Ganzes, das aus nur ihm gehörenden, eigentümlichen Teilen besteht. Eine Mühle war entweder die untere oder die obere Mühle. Deshalb wurden in den alten Büchern einzelne Maschinen komplett beschrieben. Oft fehlte es an Begriffen für die Bezeichnung einzelner Maschinen (z. B. fehlt Ramelli, 1588, die Bezeichnung für "Pumpe").

Erst mit der Gründung polytechnischer Schulen (Paris 1794, Prag 1806) beginnt der Sonderungsprozeß. Zuerst werden Mechanismen von der allgemeinen Maschinenlehre abgetrennt (Monge, Carnot, Hâchette und Lanz). Es entstehen zuerst zehn Klassen und später 21 Klassen von Mechanismen für die Verwandlung von Bewegungen in der Maschine. Bei Borgnis (1818) geht es weiter mit der Unterscheidung von 6 Klassen der Maschinenorgane, die nicht nach Bewegungsverwandlungen, sondern nach Funktionen geordnet sind. Dieser Gedanke wird von Coriolis und Poncelet übernommen und erarbeitet. Beide unterscheiden drei wesentliche Teile an Maschinen: Rezeptor, Transmission und Werkzeug. Ihre Auffassung wurde von Vertretern der sich schnell verbreitenden Mechanismenlehre (auch Ampère hat sich daran beteiligt) verworfen und ist in Vergessenheit geraten.

Diese Skizze der Entwicklung wäre nicht vollständig, wenn die Arbeit von Leonardo da Vinci (1452-1519) nicht erwähnt würde. Er erkannte bereits die Mechanismen und Maschinenelemente als ständig sich wiederholende Bestandteile jeder Maschine und untersuchte sie teilweise. In seinen Bemerkungen (Madrider Codex I und II) formuliert er zwei interessante Postulate über Maschinen:

- ein Buch über das Wesen von Maschinen müsse früher geschrieben werden als dasjenige über ihre Anwendung,
- Mechanismen sind ein Paradies für mathematische Wissenschaften, die Mathematik wird durch sie befruchtet.

Leonardo da Vinci gehört zu den Genien, die mit ihren Gedanken die normale Entwicklung einer Wissenschaft überholt haben. So hat sich die systematische Untersuchung der Maschinenelemente und Mechanismen erst im 19. Jahrhundert verwirklicht. Anfangs des 19. Jahrhunderts waren bereits viele Maschinen gebaut, die es erlaubt haben, von den bewährten Konstruktionen ausgehend, nach den zugrundeliegenden Gesetzmäßigkeiten zu suchen. Zu jener Zeit waren neben den Maschinen für Kriegswesen, Bergbau und Wasserbau auch Spinn- und Webmaschinen, einige Werkzeugmaschinen, Druck- und Hebemaschinen bekannt, hinzu trat bald die Dampfmaschine, der dann Elektromotor, Generator, Gas- und Ölmotor folgten. Das wichtigste Problem war damals die Dimensionierung, verbunden mit der Mechanik und speziell mit der Festigkeitslehre. Die Grundlage für die Gewinnung des Arbeitsprinzips der Maschine sah F. Reuleaux (1829-1905) in der angewandten Mechanik, besonders in der Kinematik.

Es war Reuleaux, der 1874 mit seiner "Theoretischen Kinematik" (Untertitel "Grundsätze einer Theorie des Maschinenwesens") den ersten Versuch einer allgemeinen Theorie unternommen hat, gestützt auf die Forschung von F. Redtenbacher (1809-1869). Die damalige Auffassung ist bis heute bestehen geblieben in der "Theorie der Maschinen", wie auch in den Arbeiten von P. Willes und P.L. Chebyshew (I. Artobolevski [45, 46]. In diesem Geist sind auch Werke in den USA verfasst worden [47]. Es werden drei Gebiete der Theorie der Maschinen und Mechanismen genannt: Mechanismensynthese (Getriebesynthese), Maschinendynamik und Automatentheorie.

In Europa existiert zwar eine solche Lehre nicht, die oben beschriebene Auffassung ist jedoch (traditionell, unbewusst) vertreten, sowohl in der Lehre als auch in der Struktur der Wissenschaften. Die traditionellen Elemente der Lehrpläne und der Wissenschaftsstruktur bilden z. B. für den Maschinenbau immer noch die Mechanik (mit der Festigkeitslehre), die Lehre der Maschinenelemente, die Werkstoff- und Fertigungstechnik sowie die Darstellungstechnik die Grundlage. Eine das ganze Gebiet verbindende Theorie ist nicht vertreten.

Neben diesem allgemeinen Strom haben sich selbstverständlich einzelne Gebiete entwickelt, besonders parallel zur Entwicklung in der Basiswissenschaft, z. B. der Thermodynamik für Thermomaschinen oder der Strömungslehre für Strömungsmaschinen oder der Textiltechnik für Textilmaschinen. Aus praktischen Gründen mussten im Rahmen dieser, Produktfamilien erzeugenden, Fachgebiete alle Fragen gelöst werden, die mit Planung, Herstellung und Betrieb zusammenhingen. Somit entstanden abgeschlossene Wissenseinheiten, in welchen (in jeder Berufsgruppe) jede Fachausbildung eine langjährige Erfahrung verlangte. Der Grund dafür war die nichtexistierende Theorie und das daraus resultierende unsystematische Sammeln von "Know-how".

Eine solche Situation war nur in der Phase der ersten technischen Revolution möglich und befriedigend, als der Uebergang von den handwerklichen Herstellungsformen zur industriellen Produktionsform, zum Maschinenzeitalter, sich vollzogen hatte. Die sich stets vergrössernde industrielle Produktion, verschiedene Krisensituationen (besonders der 2. Weltkrieg) und ökologische und Rohstoffprobleme sowie diejenigen, die durch die Automatisierung in der zweiten technischen Revolution entstanden sind, verlangten neue Denkansätze und Theorien. Besonders das Schaffen neuer technischer Mittel, mit den enorm steigenden Anforderungen einerseits und den neu vorhandenen Lösungshilfen (z. B. Computer) anderseits, verlangen neue Wissensgrundlagen.

Es überrascht eigentlich, wie wenige allgemeine Kentnisse über die technischen Objekte (Werkzeuge, Geräte, Maschinen) existieren, wenn man mit dem Zustand in anderen Wissensgebieten vergleicht, in denen die Gegenstände der betreffenden Wissenschaft (z. B. Mineralien, Tiere, Pflanzen) untersucht und in komplizierte Systeme eingeordnet sind.

Eine neue Richtung in der Technik, die aus den Bedürfnissen einer Notlage entstand, machte sich im zweiten Weltkrieg bemerkbar. Zuerst nur als Behandlung einiger Aspekte der allgemeinen Theorie im Rahmen anderer Werke, die thematisch zusammenhängen (Wögerbauer, Kesselring), später in einer mehr integrierenden Form, insbesondere in der Beziehung zur Systemtechnik, so z. B.

1962 Gossling: The Design of Engineering Systems [48]

1970 Roth: Systematik der Maschinen und ihrer mechanisch element. Funktionen [51]

1974	Hubka:	Theorie der Maschinensysteme (sollte bereits 1969 in der CSSR erscheinen) [49]
1974	Hansen:	Konstruktionswissenschaft (Kapitel über die Theorie technischer Gebilde) [50]
seit 1974	Yoshikawa -	verschiedene Arbeiten [57]
1976	Ropohl:	Ansätze zu einer allgemeinen Systematik technischer Systeme [52]

Seit dieser Zeit wurde die Theorie technischer Systeme als notwendige Grundlage mehrerer Fachgebiete anerkannt und als Informationsquelle in das Fachgebiet integriert. Insbesondere die Konstruktionswissenschaft stützt sich auf die Theorie technischer Systeme [53, 54, 55, 56].

1.1 Technisches System, Maschinensystem

Ähnlich wie es schon vor 500 Jahren nicht leicht war, Gemälde, Schöpfungen musikalischer sowie belletristischer Art und Skulpturen unter dem Begriff "Kunstwerk" zu vereinigen, so ist es in der Technik ebenso schwierig, einen treffenden Ausdruck für technische Werke zu finden. Dies insbesondere deshalb, weil es sich nicht nur um die Verschiedenheit von Formen, Funktionen und Kompliziertheit handelt, sondern weil auch die Verschiedenheit der für die Erreichung der erforderlichen Auswirkungen verwendeten Prinzipien zu berücksichtigen ist. Viele Begriffe sind schon "besetzt" durch langjährige Anwendung in bestimmten Gebieten, obwohl der Inhalt zum größten Teil nur gefühlsmäßig bestimmt ist.

Es gibt zwei mögliche Wege, einen zutreffenden Ausdruck für ein technisches Mittel - eine "abstrakte Maschine" - zu finden. Entweder könnte man der "Maschine" einen umfassenderen Inhalt zuschreiben und damit alle Maschinenerzeugnisse, z. B. Anlagen für die Zuckerproduktion, Waschmaschinen, Getriebe, Thermometer, Wellen, Zapfen und Schrauben, miteinschliessen oder einen neuen Ausdruck suchen. Der zweite Weg wurde gewählt und technische Mittel wurden mit Rücksicht auf ihren Systemcharakter als Systeme mit entsprechendem Attribut bezeichnet. Die Bezeichnungen sind bereits heimisch geworden, auch wenn sie nicht überall einheitlich benutzt werden. Dadurch ist eine weitere Polemik überflüssig. In den folgenden Abschnitten werden diese Begriffe noch genauer definiert.

Ausgehend vom Systembegriff können wir eine Gliederung der Systeme laut Abb. 1.1 vornehmen. Da wird nur ein Aspekt des Ursprungs berücksichtigt.

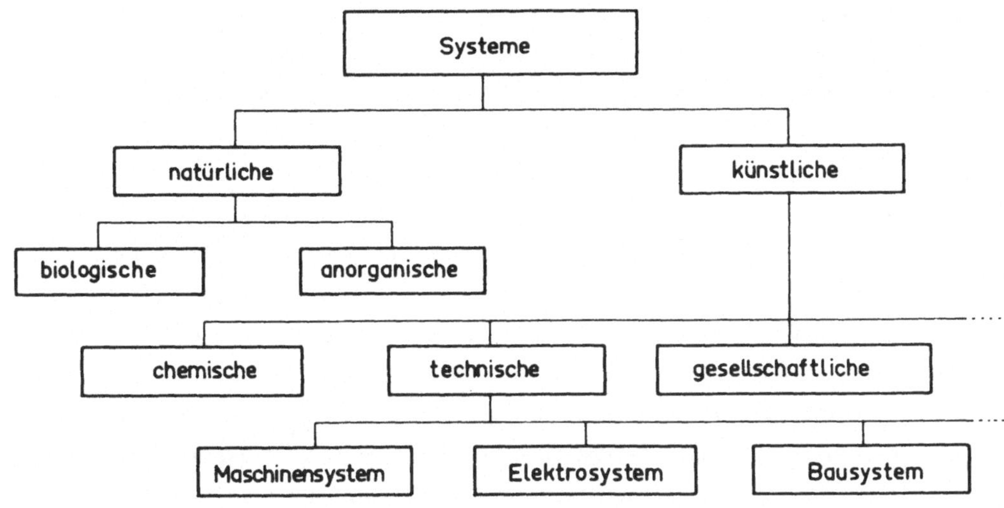

Abb. 1.1 Gliederung der Systeme nach ihrem Ursprung

Mittels dieser Gliederung sehen wir die Grenzen der einzelnen Begriffsanwendungen bereits klarer, denn es geht hier zugleich um bekannte Wissensgebiete. Ein Problem besteht jedoch bei der Klassifizierung technischer Systeme. Die im Schema aufgenommenen Klassen entsprechen der bekannten Gliederung der Technik und Industrie in Maschinenbau, Elektrotechnik, Bauwesen, usw. Diese mehr nach praktischen und organisatorischen Gesichtspunkten durchgeführte Teilung erlaubt keine genaue Definition des Maschinen- oder Elektrosystems, weil keine genaue Grenze gezogen wird, wenn man z. B. diese Systeme als Produkte des Maschinenbaus oder der Elektrotechnik bezeichnet.

Auch wenn einzelne Systeme nach der Zugehörigkeit ihrer Wirkprinzipien - mechanisch, elektrisch, hydraulisch, usw. - geordnet werden, bekommen wir keine einheitlichen Kriterien und zugleich keine vorteilhaften Klassen von Technischen Systemen, weil die heutigen Produkte hybride Systeme sind.

Diese Gründe haben dazu geführt, daß überwiegend der Begriff "Technisches System" für die Bezeichnung der "abstrakten Maschine" benutzt wird. Dadurch hat sich auch der Titel meines Buches geändert und heisst "Theorie Technischer Systeme", statt "Theorie der Maschinensysteme".

1.2 Theorie Technischer Systeme

Technische Systeme (TS) sind weder bloße Mechanismen noch bloße Automaten. Folglich kann die "Theorie der Maschine", wie sie Artobolevskij [45] auffasst, kaum das Gebiet voll decken, denn er behandelt nur einen Teil der Gesamttheorie.

Beschreiben wir nun die Konzeption der neuen Auffassung:

a/ Ziel der Theorie:

Es besteht darin, das Wissen über Technische Systeme (= Gegenstand der Theorie) in ein System von Aussagen über ihr Wesen und Gesetzmäßigkeiten im Aufbau, Entstehen, Entwicklung wie auch über einzelne empirische TS-betreffende Befunde einzugliedern. Zugleich soll ein zweckmässiges Begriffsystem geschafft werden, damit die Bedeutung dieser Begriffe keiner Erklärung bedarf und sich weitere Begriffe von der Grundgruppe ableiten lassen. Die angestrebte Form der deduktiven Wissenschaft kann erst in mehreren Schritten erreicht werden, weil die Arbeit sich erst im Anfangszustand befindet.

b/ Die Struktur der Theorie.

Die strukturellen Teile der Theorie entsprechen den wichtigen Fragestellungen, die die Theorie mit ihren Aussagen beantworten soll:

- Begriffsystem
- Transformationssystem
- Technische Prozesse - Element des Transformationssystems
- Technische Systeme (Objektsysteme) - Element des Transformationssystems
- Zielsysteme von TS (Zweck)
- Aufbau von TS
- Eigenschaften der TS, Bewerten der TS
- Entstehung von TS
- Entwicklung von TS in der Zeit
- Systematik, Arten und Familien von TS

c/ Arten der Theorie.

Je nach dem Gültigkeitsbereich unterscheidet man:

- Allgemeine Theorie, die für alle TS bzw. MS gültig ist;
- spezielle Theorien, welche die allgemeine Theorie für einzelne Gattungen, Arten oder Familien von TS konkretisieren.

Der Aufbau von speziellen Theorien kann hierarchisch sein (z. B. Theorie der Werkzeugmaschinen, Theorie der Drehbänke). Eine besondere Stellung nehmen die speziellen Theorien ein, die für mehrere Fachbereiche anwendbar sind, wie z. B. Theorie der Mechanismen, Maschinenelemente, Elektroelemente u. ä.

d/ Beziehungen der Theorie zu anderen Disziplinen.

Die Theorie baut auf mehreren Wissenschaften auf, deren Zahl stets mit der Breite des Einsatzes von TS und mit steigenden Anforderungen an diese wächst. Neben den "klassischen" Wissenschaften, wie Physik (mit allen ihren Bereichen) und Chemie, wird in zunehmendem Maße die Biologie und eine Reihe weiterer Disziplinen, wie Systemtheorie, Wirtschaftswissenschaften, Ergonomie, Logik, beigezogen. Die Theorie bildet anderseits einen Rahmen und ein gewisses Ordnungssystem für viele Ingenieurwissenschaften, die im Zusammenhang mit Konstruieren, Fertigen, Prüfen, Verkaufen, Lagern, Transportieren, Betreiben oder Vernichten von TS vorkommen. Diese Ingenieurwissenschaften "detaillieren" in einem bestimmten Sinne die Aussagen der allgemeinen Theorie TS.

Einige Beispiele:

- Festigkeitslehre untersucht Beziehungen zwischen Festigkeit (Eigenschaft des TS) und geometrischen und werkstofflichen Eigenschaften des TS; ähnlich tun es Zuverlässigkeit, Lebensdauer, Fertigungstechnik: Sie behandeln eine Fragestellung, ein Detailgebiet der Gesamttheorie.
- Strömungslehre erforscht Prozesse der Strömung: Sie ist also eine spezielle Prozeßtheorie in der Auffassung der Theorie TS.
- Mechanismentheorie behandelt Mechanismen als Teilsystem von TS: Sie ist also eine spezielle Theorie Technischer Systeme.

e/ Anwendung der Theorie Technischer Systeme.

Die Theorie hat neben der breiten Anwendung in der Praxis auch eine erhebliche erkenntnistheoretische Bedeutung. Die Behandlung eines Systems von objektbezogenen Disziplinen (wie einzelne Fachgebiete der Technik) hat mehrere Effekte zur Folge - einheitliche Ordnung, klare Beziehungen und Grenzen einzelner Disziplinen. Aufgrund dieser Eigenschaften hat die Theorie Technischer Systeme eine besondere Bedeutung für die allgemeine Bildung im Fach Technik und noch ausgeprägter in der Ingenieurausbildung, wo sie als integrierende Theorie dienen kann und soll.

Zum Schluß fassen wir noch einige Gründe zur Bildung der Theorie Technischer Systeme bzw. der Maschinensysteme und die Vorteile der Anknüpfung an die Systemtheorie zusammen.

- Die Theorie liefert für alle technischen Produkte gültige Gesetzmäßigkeiten. Sie dient der Uebertragung fortschrittlicher Erfahrungen von einem Gebiet auf das andere aufgrund der Verwandtschaft der Systemkategorien (Homomorphismen zwischen technischen Objekten).
- Die Vereinigung aller technischen Erzeugnisse in die Klasse der Technischen Systeme ermöglicht die Entwicklung einer produktneutralen Arbeitsmethodik des Inge-

nieurs, die übertragbar auf alle Fachgebiete ist; man kann also das Konstruieren Technischer Systeme, nicht nur das Konstruieren von Pumpen oder Hebezeugen, lehren und lernen.

- Das Arbeiten mit abstrakten Begriffen zwingt den Ingenieur, die wissenschaftlichen Methoden anzuwenden, weil seine Vorstellungskraft allein nicht ausreicht. Dadurch ist auch eine gute Voraussetzung geschaffen, von veralteten Traditionen und Schablonen abzugehen.
- Die Systemtechnik gibt Anlaß, das Problem in seiner Ganzheit zu behandeln. Beim Konstruieren und anderen Ingenieurarbeiten ist das eine Voraussetzung für erfolgreiches Arbeiten.
- Die Anknüpfung an die Kybernetik und ihre Begriffsbestimmungen bietet für den Ingenieur eine bessere Verbindung mit den Wissenschaftlern an. Sie erleichtert auch die Formalisierung einiger logischer Operationen im Prozeß des Konstruierens, denn die vermehrte Ausnützung der Rechenanlagen beim Konstruieren setzt eine Bildung von Algorithmen für logische Operationen voraus. Somit ist die Einführung von CAD mit der Theorie Technischer Systeme eng verbunden.
- Die Bildung von Klassen Technischer Systeme aufgrund gleichartigen Verhaltens bietet dem Ingenieur eine Grundlage für das Finden einer grösseren Anzahl von Mitteln an, die das bestimmte Verhalten, die bestimmte Funktion erfüllen. Damit wird die Voraussetzung geschaffen, aus der Lösungsvarietät eine günstige Lösung des Problems zu finden. Eine praktische Form solcher Informationen sind z. B. die Konstruktionskataloge.

Die Theorie führt den Ingenieur teleologisch dazu, zweckgebunden zu denken, große Zusammenhänge zu sehen, die Ganzheit als Prinzip zu verstehen und anzuwenden und wichtige Analogien und Relationen allgemein zu erkennen. Diese Fähigkeiten sind besonders für den Konstruktionsingenieur von Bedeutung, was die besondere Verbreitung der Theorie in ihrem Wirkungskreis erklärt.

2 Grundbegriffe

Zur Äußerung von Gedanken benützen wir in der Umgangssprache Begriffe, die wir uns unbewußt angeeignet haben. Diese Methode ist für den Aufbau einer wissenschaftlichen Disziplin nicht anwendbar, denn hier müssen die Ausdrucksmittel eine genau abgegrenzte, für das gegebene Wissens- oder Fachgebiet verbindliche Bedeutung haben. Etliche Begriffe sind dabei auf keinem andern Gebiet benützt (wie z. B. die Knickfestigkeit). Bei anderen Begriffen handelt es sich um eine verschiedenartige Bedeutung der gebräuchlichen Wörter, die einerseits im ähnlichen Sinne wie in der Umgangssprache, aber mit einem genauen Inhalt verwendet werden (z. B. das System, die Spannung), anderseits eine ganz andere Bedeutung haben (z. B. die Krankatze, der Preßbär).

Es geht hier wohl um eine recht unpopuläre Tätigkeit (nämlich Begriffe zu bilden), denn das Lesen von Begriffsbestimmungen und das Festlegen neuer Begriffe wird bei den meisten Lesern auf Widerstand stoßen. Doch können wir beim Aufbau der Theorie Technischer Systeme nicht auf diesen Schritt verzichten, wollen wir nicht gegenseitig Mißverständnisse erleben.

Ein anderes Problem hängt mit der treffenden Wahl von Begriffen für Fachausdrücke (termini technici) zusammen. Wie schon der Fall des Suchens nach einem allgemeinen Ausdruck für Maschinenerzeugnisse gezeigt hat, ist die Entscheidung nicht leicht. Man muß immer mit Kritik rechnen, insbesondere von dort her, wo an der gleichen Aufgabe gearbeitet wurde und unter Umständen für einen analogen Inhalt ein anderer Ausdruck gewählt wurde. Je früher eine Konfrontation, eine Diskussion und die nötige Vereinheitlichung zustandekommen, desto geringer ist diese Gefahr. Für das Gebiet des Maschinenbaus sowie der Technik allgemein trifft dies in besonderem Maße zu, weil hier eine allgemeine Entwicklung von der Empirie zur Theorie stattgefunden hat. Dadurch ist die Tradition entstanden, Begriffe rein intuitiv zu übernehmen, ohne sie genau zu definieren; z. B. hat der zentrale Ausdruck "Maschine", als Stamm einer ganzen Reihe von Begriffen, je nach Fach, Ort und Zeit einen sehr verschiedenartigen Inhalt.

Die terminologischen Schwierigkeiten werden noch durch den verschiedenen Begriffsinhalt in diversen Sprachen verstärkt. Denken wir nur an die Unterschiede zwischen der englischen und deutschen Sprache: So deckt sich z. B. "Technik" nicht mit "Engineering", und der "Konstrukteur" entspricht nicht dem "Designer".

Vollständigkeitshalber sei hier noch erwähnt, daß auch in einigen Grundwissenschaften vorläufig keine volle Einigkeit über einige Fachbegriffe herrscht. Dies gilt auch für die Kybernetik, Systemtheorie, welche für uns wichtige Ausgangspunkte bedeuten. Diese Uneinigkeit zwingt uns aber dazu, einige wichtige elementare Begriffe zu behandeln, statt einfach auf die Literatur zu verweisen.

Die Wahl der in diesem Buch benutzten Ausdrücke für Fachbegriffe wurde aufgrund der folgenden Prinzipien vorgenommen:

- die weitgehende Anwendung der bestehenden Ausdrücke in ihrer eingebürgerten Bedeutung, die nur genauer präzisiert werden muß,
- die Anknüpfung an die allgemeinen Wissenschaften, wie z. B. an die Mathematik, Kybernetik und andere, so daß Verbindungen unter den Terminologien zustandekommen und auch die Technik durch die eingeführten Begriffe bereichert wird,
- die Anwendung eines womöglich internationalen Wortschatzes, um die internationale Verständigung zu erleichtern.

Einige zusätzliche Arbeiten können die Suche nach weiteren Definitionen unterstützen [58, 50, 54, 61].

Von verschiedenen Begriffen werden außer der Definition auch Symbole empfohlen. Diese Symbole sind der weiteren Formalisation behilflich und, als eine Art Stenographie für das kurze Notieren von Begriffen, ersparen sie dem Ingenieur viel Arbeit. Es ist aber Sache jedes Lesers, ob er diese Möglichkeit ausnutzt. Im Text dieses Buches werden nur sehr wenige dieser Symbole benutzt, wie z. B. TS, MS; alle anderen werden voll ausgeschrieben, so daß keine "Decodierung" notwendig ist.

Bei den Begriffsdefinitionen wird in zwei Schritten vorgegangen. Zuerst wird im nächsten Abschnitt die Auswahl wichtiger Grundbegriffe definiert. Die eigentlichen Fachbegriffe der Theorie TS kommen dann später im Zusammenhang mit der behandelten Thematik an die Reihe.

Die Auswahl der hier präsentierten Grundbegriffe richtet sich in erster Linie nach der Reihenfolge, wie diese Grundbegriffe für die Definitionen der Fachbegriffe unserer Theorie TS gebraucht werden. Für eine einfachere Orientierung sind die Grundbegriffe in geeignete Kreise zusammengefasst - wie Menge, System, Arten von Systemen, usw. Die Relationen zwischen den einzelnen Begriffskreisen entscheiden über die Reihenfolge. Z. B. benutzt die Definition eines Systems den Begriff der Menge, folglich geht die Definition der Menge der des Systems voraus.

Die Auswahl kann bei weitem nicht alle Grundbegriffe umfassen, die benutzt werden oder benutzt werden könnten. So wurde z. B., trotz guter Eignung, die formale Logik, besonders die Aussagelogik und die Prädikatenlogik, nicht aufgenommen; weil dieses Gebiet noch ungenügend verbreitet ist, wird das Lesen der logischen Zeichen vielen Lesern Mühe bereiten.

Zu den Definitionen:

M e n g e

Die <u>Menge</u> ist eine Zusammenfassung von bestimmten Objekten der Anschauung oder des Denkens, der <u>Elemente</u> der Menge zu einem Ganzen. Nach der Anzahl der Elemente unterscheidet man endliche und unendliche Menge. Man schreibt $X \in M$, wenn X das Element der Menge M ist.

Zwei Mengen M, N sind <u>äquivalent</u>, wenn jedem Element der Menge M genau ein Element der Menge N zugeordnet ist und umgekehrt.

Die <u>Teil-Menge</u>: Sind alle Elemente der Menge N in M enthalten, so ist N Teil-Menge von M: $N \subset M$.

Die Gesamtheit M minus N, also aller nicht zu N gehörenden Elemente von M, heisst ihr <u>Komplement</u>.

Die <u>Vereinigungsmenge</u> $M \cup N$ enthält alle Elemente, die entweder zu M oder zu N gehören.

Der <u>Durchschnitt</u> $M \cap N$ enthält alle Elemente, die sowohl zu M als auch zu N gehören.

S y s t e m (S)

Als <u>System</u> bezeichnen wir ein, aus einer endlichen Menge von <u>Elementen</u> nach bestimmten Regeln geordnetes Ganzes. Damit existieren zwischen den Elementen ganz bestimmte <u>Beziehungen</u>.

Es ist möglich, daß das System auch die isolierten Elemente, deren Relationen gleich Null sind, und die isolierten Gruppen von Elementen ohne Relationen zu anderen Elementen des Systems einschliessen kann.

Das Element und das System sind <u>relative</u> Begriffe. Ein Element kann auch als ein System betrachtet werden, ein System kann wieder zum Element eines grösseren Systems werden. Zum Beispiel: Eine Maschine ist ein System, das von Maschinenelementen gebildet wurde, zugleich aber kann eine Maschine auch ein Element einer Anlage sein.

Ein System kann in Teilsysteme verschiedener Komplexität zerlegt werden; somit kann ein System auf verschiedenen Unterscheidungsebenen studiert werden. Diese Ebenen sind nicht nur vom Fachgebiet, sondern auch von den Fähigkeiten unserer Sinnesorgane bzw. unserer technischen Mittel abhängig. So gelangen wir z. B. beim Konstruieren von TS nicht bis zu den Molekülen oder Atomen; die niedrigste Unterscheidungsebene ist hier das Maschinenelement, welches aber wiederum als ein System von geometrischen Körpern aufgefasst werden kann. Ein Projektionsingenieur arbeitet anderseits nur auf der Unterscheidungsebene von Maschinen, manchmal sogar von Anlagen. Demgegenüber gelangt der Metallurge bei seinen Betrachtungen bis zu den Molekülen als Elementen.

Mit dem Begriff "System" ist eine Reihe von weiteren Begriffen verbunden: Zweck, Verhalten, Struktur, Umgebung, Input, Output, Eigenschaften und Zustand.

System-Zweck

Jedes künstliche System dient einem bestimmten Zweck. Der Zweck kann durch ein bestimmtes Zielsystem beschrieben werden. Wenn das Ziel als ein als möglich vorgestellter Sachverhalt definiert wird, dessen Verwirklichung erstrebt wird, dann ist ein Zielsystem eine Menge von Zielen mit gegenseitigen Beziehungen. Einige Ziele stehen in hierarchischer Beziehung untereinander (Oberziele, Unterziele). Ein Unterziel kann das Oberziel konkretisieren. Oft ist aber ein Unterziel bereits ein Mittel zur Erreichung von Oberzielen.

System-Verhalten

Verhalten kann als Menge der zeitlich aufeinanderfolgenden Zustände (s. weiter) eines Systems definiert werden. Bei den biologischen Systemen wird die Summe von Reaktionen (auf Reize) als Verhalten gedeutet.
Das Verhalten ist nicht bei allen Arten von Systemen eine sinnvolle Eigenschaft, wie z. B. bei Begriffssystemen oder Zielsystemen. Für Technische Systeme ist jedoch ein ganz bestimmtes Verhalten das Oberziel für die Schaffung des Systems.
Oft bezeichnet man das zweckgebundene Verhalten eines Objektsystems als seine Funktion (= teleologische Funktion [58]). Unter Funktion versteht man dann etwas stabiles, eine gewünschte Wirkungsfähigkeit, die jedoch nicht immer durch das Verhalten des Systems gewährleistet ist; ein System kann sich auch falsch verhalten. Der Begriff "Verhalten" kann sinngemäß breiter angewendet werden als Funktion, die immer an die gewünschten Wirkungen gebunden ist.

System-Struktur (Str)

Mit dem Begriff der Struktur wird allgemein die innere Gliederung, Ordnung, der Bau oder Aufbau eines Systems bezeichnet. Man kann in demselben Sinne über ein Netz oder ein Gefüge von Elementen sprechen.

Struktur ist also die Menge der Elemente eines Systems und die Menge der, die Elemente miteinander verbindenden, Relationen.

Wenn die Menge $E = \{e_1, e_2 \dots e_n\}$ die Menge von Elementen
und $R = \{r_1, r_2 \dots r_n\}$ die Menge von Relationen ist,
dann ist die Struktur $Str = \{E, R\}$ die Menge von E und R.

Auf ein und demselben Objekt können viele Systeme und damit auch Strukturen definiert werden. So kann man z. B. auf einem Menschenkörper ein Knochensystem (Struktur von Knochen und ihrer Beziehungen), ein Kreislaufsystem, ein Nervensystem, ein Ernährungssystem usw. definieren.

Struktur ist die wichtigste Eigenschaft eines Systems neben dem Verhalten.

Beim Gebrauch des Wortes Struktur kann man eine Doppelsinnigkeit verzeichnen, weil besonders in der Philosophie Struktur nur für die Menge der Relationen in einem System benutzt wird.

System-Beziehung zwischen Verhalten und Struktur

Das Verhalten des Systems ist durch die Struktur des Systems gegeben.

Das relativ geschlossene System mit einer gegebenen Struktur hat nur ein einziges Verhalten; die Struktur determiniert das Verhalten.

Das Verhalten legt die Struktur nicht eindeutig fest. Das selbe Verhältnis (Funktion) kann durch unterschiedliche Strukturen verwirklicht werden.

System-Umgebung (Umg)

Die Umgebung (Umwelt) eines Systems S ist theoretisch genommen alles, was nicht in das betreffende System einbezogen wird. Praktisch aber beschränken wir uns nur auf die Umgebung, die durch die Gesamtheit aller Systeme gebildet wird, der Systeme, die mindestens ein Element enthalten, dessen Output zugleich Input (Definition siehe unten) eines Elementes des Systems S ist, oder die mindestens ein Element umfassen, dessen Input auch Output eines Elementes von S ist. Wir werden diese "nahe", "direkte" Umgebung Wirkumgebung bezeichnen.

In jeder Systemumgebung findet man folgende Bestandteile: Geosphäre, Atmosphäre, Biosphäre (inkl. Menschen), Technosphäre und Astrosphäre.

System-Input (In), Output (Ou)

Input (Eingabe, Eingang) stellt die äußere Relation Umwelt→System dar. Die Eingangsgröße kann Wirkung, Kopplung oder Zustandsgröße des Operanden sein je nach Art des Systems. Die Gesamtheit aller Inputs bildet ein Gesamtinput (kann zu einem Vektor der einzelnen Inputs zusammengefaßt werden).

Output (Ausgabe, Ausgang) stellt die äußere Relation System→Umwelt dar. Die Ausgangsgröße kann Wirkung, Kopplung oder Zustandsgröße des Operanden sein je nach Art des Systems. Die Gesamtheit der Outputs kann in einem Gesamtoutput (Outputvektor) zusammengefaßt werden. Output eines Systems ist die Menge der Outputs aller Elemente, die nicht Inputs anderer Elemente des Systems werden. Die Ein- und Ausgangsgrößen sind das einzige, was ein System mit der Umwelt verbindet. Man sollte gleich an dieser Stelle unterstreichen, da Inputs/Outputs alle Arten von Kopplungen darstellen: erwünschte wie auch unerwünschte (Störungen), Kopplungen stofflichen, energetischen oder informativen Charakters.

Zu diesen zwei Begriffen ist zu bemerken, da ziemlich große Uneinigkeit in ihrer Verwendung besteht. Für einige Autoren sind Input und Output Eingangselemente (Rezeptoren) resp. Ausgangselemente (Effektoren). Durch diese kommen dann die Stimuli in das System (die Einwirkung der Umgebung) bzw. die Reaktionen (Antworten) treten als die Einwirkung des Systems auf die Umgebung ein. Für andere ist Input/Output dasjenige, was von einem System aufgenommen wird (z. B. Nahrung für ein biologisches System). Im Hintergrund solcher Auffassungen stehen Ziele und Vorstellungen, die zur Systembildung geführt haben. Im folgenden Abschnitt kommen wir nochmals auf die Differenzierung der Begriffe Input/Output zurück.

S y s t e m - E i g e n s c h a f t e n (E i) , S y s t e m - B e w e r t e n

Jedes System, seine Elemente, seine Relationen besitzen eine Reihe von Eigenschaften, die dieses System innehat und die es genauer definieren - Größe, Gewicht, Geschwindigkeit, Form, Stabilität, aber auch Eignung zur Herstellung, zum Transport und besonders auch die Fähigkeit, etwas zu tun - das Verhalten.

Es gibt keine eigenschaftslosen Objekte. Doch die Ausprägung, das Maß (Wert, Qualität, Güte) der Eigenschaft ist verschieden. So ist z. B. eine Eigenschaft des Menschen die Höhe. Wenn ein bestimmter Mensch 170 cm groß ist, dann beträgt die Größe der Eigenschaft Höhe den Zahlenwert 170 cm (cm als Einheit). In diesem Zusammenhang stoßen wir zwangsläufig auf das Problem der Quantifizierung einiger Eigenschaften (vgl. Kapitel 7).

Eigenschaft (Ei) ist also jedes Merkmal, das einem beliebigen Objekt eigen ist und das dieses Objekt charakterisiert.

Einige Bemerkungen zur Terminologie dieses Gebietes: Mit den Eigenschaften befasst sich in der Prädikatlogik das einstellige Prädikat. In der Sprache benutzt man Prädikate für die Beschreibung von Eigenschaften. In der Philosophie werden wesentliche Eigenschaften als Attribut bezeichnet. Für technische Produkte bedeutet der Begriff Parameter eine wesentliche Eigenschaft, welche die Funktion des Produktes näher umschreibt.

Um eine Gesamtcharakteristik eines Objektes z. B. beim Bewerten abgeben zu können, sucht man nach Kennzeichen, in denen meist mehrere Eigenschaften beinhaltet werden. Es wird dann vom Teilwert, vom Gesamtwert, von der Gesamtqualität oder von der Güte gesprochen. (Diese Begriffe werden im Unterschied zu anderen Gebieten, wie z. B. der Philosophie oder der Psychologie, mit einem anderen Inhalt verwendet.)
Um den Gesamtwert zu gewinnen, müssen einzelne Eigenschaften quantifiziert und die Einzelwerte zu einem Gesamtwert verarbeitet werden.

System-Zustand

Die Gesamtheit der Werte aller Eigenschaften des Systems zu einem bestimmten Zeitpunkt bezeichnet man als den Zustand eines Systems.
Ähnlich wie die Qualität kann auch der Zustand bildlich als ein "Vektor" mit den einzelnen Eigenschaften als Komponenten dargestellt werden. Bei der Festlegung einer Qualität oder eines Zustandes abstrahiert man meist von unwesentlichen oder uninteressanten Eigenschaften.
Zwei Systemzustände können entweder gleich oder verschieden sein. Der Unterschied heißt die Differenz. Eine Differenz besteht entweder zwischen den Zuständen eines Systems beim Uebergang des Systems von einem Zustand in einen anderen. Bei diesem Uebergang können die Unterschiede entweder differentiell (wenn sie kontinuierliche Uebergänge zur Folge haben) oder diskret sein.

System-Modell

Das Modell des Systems in Abb. 2.1 veranschaulicht die Definitionen und ihre Beziehungen.

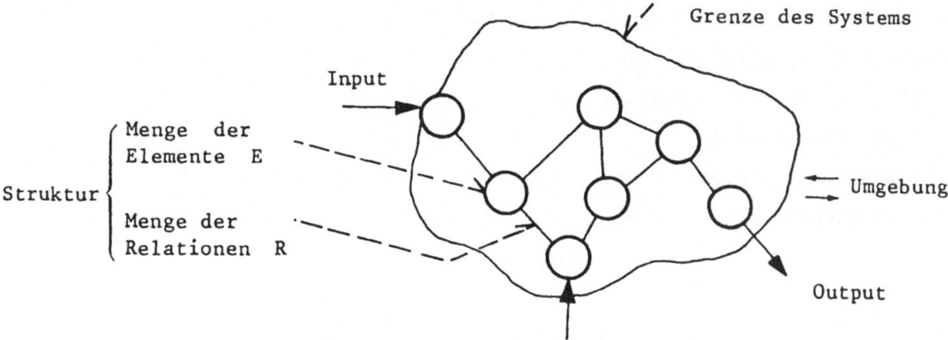

Abb. 2.1 Modell des Systems

System-Arten

Es ist möglich, viele Arten von Systemen nach verschiedenen Kriterien zu unterscheiden. Hier sind einige wichtige Klassen, auf die wir uns später beziehen werden, aufgezählt und definiert.

a/ Nach der Lage des Systems in der Hierarchie:
- Obersystem, System, Teil- oder Subsystem.

b/ Nach der Verbindung mit der Umgebung:
- offenes: mit definierter Umgebung, d. h. minimal mit einem Input oder Output
- geschlossenes: ohne Verbindung mit der Umgebung

c/ Nach Zustandsänderungen:
- dynamisches: Zustand in der Zeit veränderlich
- statisches: Zustand in der Zeit nicht veränderlich (relative Aussage in bezug auf beobachtete Eigenschaften)

d/ Nach dem voraussichtlichen Verhalten:
- deterministisches: eindeutige Aussage des Verhaltens in Abhängigkeit von den Zuständen des Systems ist möglich
- stochastisches: nur Voraussage der Varietät des Verhaltens ist möglich

e/ Nach der Art der Elemente in bezug auf Konkretheit:
- konkretes: Elemente sind reale Objekte
- abstraktes: Elemente sind nicht reale Objekte

f/ Nach dem Schöpfer des Systems:
- natürliches: von der Natur geschaffen
- künstliches: vom Menschen geschaffen

g/ Nach der Abhängigkeit des Outputs:
- kombinatorisches: Output abhängig nur vom Input
- sequentielles: Output abhängig vom Input und anderen Größen

h/ Nach der Komplexität der Struktur:
- äußerst komplexes: z. B. Gehirn, Volkswirtschaft
- sehr komplexes: z. B. vollautomatische Fabrik, Betriebswirtschaft
- komplexes: z. B. Personenwagen, Universitätsbibliothek
- einfaches: z. B. Familienbibliothek, Schraube

i/ Nach der Art der Elemente:
- Objekt(systeme): Elemente Dinge - z. B. Haus, Motor, Maschine
- Prozeß (systeme): Elemente Operationen - z. B. Fertigen, Sieben, Destillieren, Kochen.

System-Typen von Aufgaben

Mit den Systemen sind drei charakteristische Typen von Aufgaben verbunden.

Synthese - gegeben: Verhalten und weitere Anforderungen
gesucht: Struktur, die die gestellten Anforderungen erfüllt

Analyse - gegeben: Struktur
gesucht: Verhalten

"Black Box Problem" - gegeben: das System, dessen Struktur nicht bekannt oder nur teilweise bekannt ist
- gesucht: das Verhalten und eventuell auch die Struktur

System-Symbolische Darstellung

System wird symbolisch mittels eines geometrischen Gebildes wie des Vierecks, des Kreises oder ihrer Kombination dargestellt. Für unsere Zwecke werden wir verschiedene Symbole für die Prozeß- und Objektsysteme benützen, wie in Abb. 2.2 dargelegt wird.

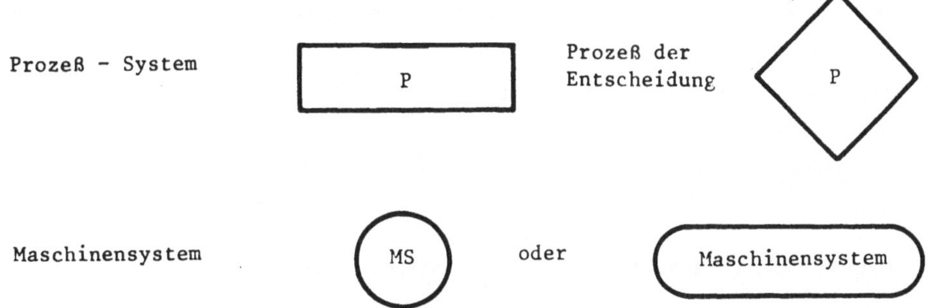

Abb. 2.2 Graphische Symbole für die zwei Systemarten

Prozeß (P)

Allgemein bedeutet Prozeß ein Vorgang, ein Geschehen; etwas verändert sich im Lauf der Zeit. In der Natur spielt sich unaufhörlich etwas ab. Auch ein Gegenstand, der uns als sehr stabil, unveränderlich erscheint - Fels, Berg - unterliegt natürlichen Änderungen, Prozessen, wie Alterung, Verwitterung, Erosion, Abtragung. Oder denken wir an die langen Entwicklungsprozesse bei Lebewesen.

Neben den natürlichen Prozessen organisiert der Mensch künstliche Prozesse, um die für ihn notwendigen oder erwünschten Änderungen zustandezubringen. Solche Änderungen dienen der Befriedigung seiner Bedürfnisse. Er muß sich den Gesetzen der Natur beugen, kann jedoch einige Naturvorgänge oder Natureigenschaften beschleunigen, vermehren oder verbessern.

Für den Menschen ist der Prozeß der gezielten Änderung gewisser Objekte lebenswichtig. Wir bezeichnen diese Art künstlicher Prozesse als Transformationen (= Operationen), in denen bestimmte Eigenschaften des Operanden (s. weiter) dem Ziel (Zweck) entsprechende Änderungen unter Mitwirkung des Menschen und meist technischer Mittel erfahren, wodurch der gewünschte Zustand des Operanden erreicht ist.

Operand (Od) ist hier als allgemeine Bezeichnung für alle Gegenstände der Änderung gewählt.

Eine Änderung ist die Folge ganz bestimmter Einwirkungen, die auf physikalischen, chemischen und biologischen Phänomenen (Erfahrungen) basieren und mit einer Vorschrift - Rezept, Algorithmus, Technologie - beschrieben werden. Die Wissenschaften, die Transformationen in bestimmten Gebieten untersuchen, sind z. B. Verfahrenstechnik, Fertigungstechnik (Mechanische Technologie), Nahrungsmitteltechnik, Thermodynamik.

Eine Reihe von Operatoren beteiligt sich an der Ausübung von notwendigen Einwirkungen. Der Output der Operatoren sind ihre Auswirkungen auf den Operanden. Allgemein wird der Begriff "Wirkung" benutzt, ohne zu unterscheiden, ob es sich um Aus- oder Einwirkung handelt.
Das allgemeine Modell des Transformationsprozesses ist in Abb. 2.3 dargestellt. Die Wirkung der Operatoren verläuft als Stoff-, Energie- und Informationsfluß. Im nächsten Kapitel wird das Transformationssystem noch näher untersucht.

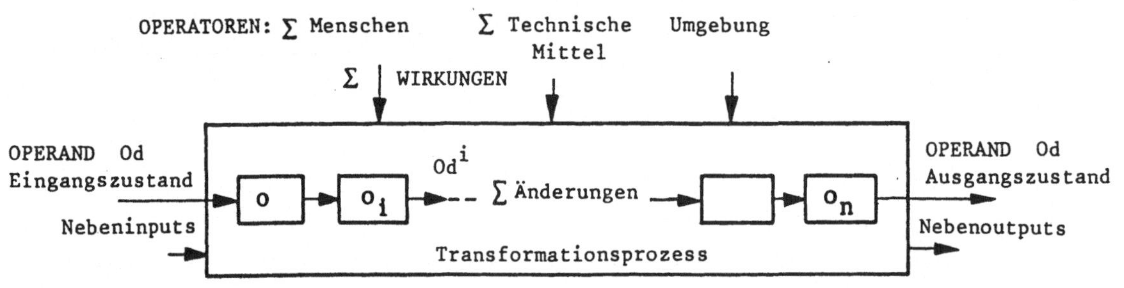

Abb. 2.3 Modell des Transformationsprozesses

Ein wichtiger Begriff bleibt noch zu klären - der Algorithmus. Wenn ein Prozeß als System von Operationen aufgefaßt wird, ist der Algorithmus eine eindeutig bestimmte Folge von Operationen, die entweder im voraus ein für allemal festgelegt sind oder vom Ergebnis der vorangehenden Operationen abhängen. Im zweiten Fall müssen also bestimmte Bedingungen erfüllt werden, bevor die nächste Operation beginnen kann. Auf diese Weise könnte man Algorithmus als eine Menge von Operationen und deren Relationen und Bedingungen definieren, also als Struktur des Prozesses. Es ist hier eine große Ähnlichkeit mit dem Begriff Technologie festzustellen, der als eine Zusammenfassung der einzelnen, zur Herstellung eines bestimmten Werkstükkes oder Stoffes dienenden Arbeitsvorgängen betrachtet wird.
Sehr typische Prozeßarten in der Technik sind "Steuern" und "Regeln":
Steuern ist ein Prozeß in einem System, bei dem eine oder mehrere Größen als Eingangsgrößen, andere Größen, die als Ausgangsgrößen gelten, aufgrund der dem System

eigentümlichen Gesetzmäßigkeiten beeinflussen. Kennzeichnend ist der offene Ablauf - die Steuerkette.

Regeln ist ein Prozeß, bei dem eine Größe, welche die zu regelnde Größe (Regelgröße) fortlaufend erfaßt, mit einer anderen Größe (der Führungsgröße) verglichen wird, wobei sie abhängig vom Ergebnis dieses Vergleiches, in einer Ausgleichung an die Führungsgröße, beeinflußt wird. Der resultierende Wirkungsablauf findet in einem geschlossenen Regelkreis statt.

R e l a t i o n (R) (B e z i e h u n g , Z u s a m m e n h a n g)

Das sachlich oder bedeutungshafte Voneinanderabhängen oder Aufeinanderwirken von zwei oder mehreren Objekten, Erscheinungen, abstrakter oder konkreter Art. Beim Konstruieren sind objektive, exakte, beschreibbare Relationen der Naturwissenschaft von Bedeutung. Relationen verbinden einzelne Elemente zu verschiedenen Systemen.

Die Relationsaussage "Objekt X ist in Relation mit Objekt Y" wird symbolisch R (X, Y) ausgedrückt. Relation kann reflexiv, symmetrisch oder transitiv sein.

R e l a t i o n - E i g e n s c h a f t e n

- Reflexivität: jedes Objekt ist äquivalent zu sich selbst
- Symmetrie: ist ein Objekt einem zweiten äquivalent, so auch das zweite dem ersten
- Transitivität: sind zwei Objekte einem dritten äquivalent, so sind sie auch untereinander äquivalent

Wenn alle drei Eigenschaften erfüllt sind, heißt die Relation Äquivalenzrelation. Die Relation zwischen zwei Objekten wird auch als Korrelation bezeichnet. Die Korrelation ist eine mathematische Darstellung der allgemeinsten Form der Zusammenhänge.

R e l a t i o n - A r t e n

a/ Ähnlichkeit

Eigentümliche, ausgezeichnete Relation zwischen zwei oder mehreren Systemen (Objekten, Prozessen, Aussagen) aufgrund gewisser gemeinsamer Eigenschaften. Reicht von vollständiger Gleichheit (Identität) bis zur entferntesten Ähnlichkeit. Es kann sich also um funktionelle, strukturelle usw. Ähnlichkeit handeln. Es geht um eine erweiterte Auffassung, wenn Ähnlichkeit als Formgleichheit (aber in der Regel nicht Größengleichheit) verstanden wird.

Ähnlichkeit hat große Bedeutung beim Modellieren und bei Modellversuchen. Ähnlichkeitsgesetze sollen die Voraussetzungen formulieren, damit Modellversuche in wirklichen Verhältnissen Gültigkeit haben. Z. B. aerodynamische Strömungen sind ähnlich bei gleichen Reynolds'schen Zahlen.

Ähnlichkeitsbedingungen geben dann konkrete Voraussetzungen, unter welchen die Ergebnisse des Modellversuches in die Großausführung übertragen werden können.

Ähnlichkeitsbereich kann als Durchschnitt der Eigenschaftsmengen der in Relation stehenden Systeme definiert werden.

b/ Analogie

Übereinstimmung von Objekten der Erscheinungen in wesentlichen Merkmalen, Eigenschaften, besonders also in der Funktion und Struktur bei den Systemen (also eine Art von Ähnlichkeit). Keine einheitliche Anwendung des Begriffes, oft wird er im Sinne von Ähnlichkeit angewendet.

c/ Homomorphie

Relation zwischen zwei Systemen, wenn man von jedem Bestandteil und jeder Relation des einen Systems auf einen Bestandteil und Relation im zweiten System schließen kann, jedoch nicht umgekehrt.

Ähnlichkeitsbedingungen geben dann konkrete Voraussetzungen, unter welchen die Ergebnisse des Modellversuches in die Großausführung übertragen werden können.

Ähnlichkeitsbereich kann als Durchschnitt der Eigenschaftsmengen der in Relation stehenden Systeme definiert werden.

d/ Isomorphie

Relation zwischen zwei Systemen, dann wenn sich jedem Bestandteil des einen ein bestimmter Bestandteil des anderen Systems zuordnen läßt und umgekehrt (Symmetrie). Ferner, wenn jeder Relation zwischen den entsprechenden Bestandteilen die gleiche Relation des anderen Systems entspricht und umgekehrt.

e/ Äquivalenz des Objekts

Objekte heißen äquivalent, wenn zwischen ihnen eine Äquivalenzrelation besteht. Ähnlich spricht man von Äquivalenz bei Mengen oder Aussagen. Man versteht darunter auch Gegenwert, Wertgleichung.

f/ Identität

Relation zwischen Objekten, Sachverhalten, Aussagen, welche die Übereinstimmung in gewissen Merkmalen bedeutet. Bei absoluter Identität müßen alle Merkmale übereinstimmen, bei relativer nur einige (Ähnlichkeit).

Genau betrachtet drückt Identität nicht den gleichen Sachverhalt wie Äquivalenz aus, weil sie nur die Reflexivität enthält. In der Technik werden jedoch beide Begriffe meist als Synonyme benutzt, d. h. als absolute Identität.

g/ Mathematische Funktionen

Eine wichtige Klasse von Relationen sind mathematische Funktionen als eine gesetzmäßige Abhängigkeit von der Veränderlichen:

$$y = f(x)$$

Die mathematischen Funktionen drücken eine genaue Relation zwischen x und y aus, einen determinierten Zusammenhang.

h/ Kausalität, Kausale Kette

Eine zweistellige asymmetrische Relation zwischen Ursache und Wirkung. Die Ursache geht der Wirkung voraus. Es existiert eine strenge (determinierte, wenn-dann) oder abgeschwächte Form von kausalen Beziehungen. Kausale Kette entsteht, wenn die Wirkung erneut als Ursache weiterer Wirkungen auftritt.

i/ Kopplung

Eine Kopplung ergibt sich, wenn bestimmte Outputs des Elements (Systems) zugleich als Inputs eines Elementes (Systems) figurieren.

Die Kopplung kann entweder in Serie, parallel, als Rückkopplung oder als Kombination angeordnet werden (siehe Abb. 2.4).

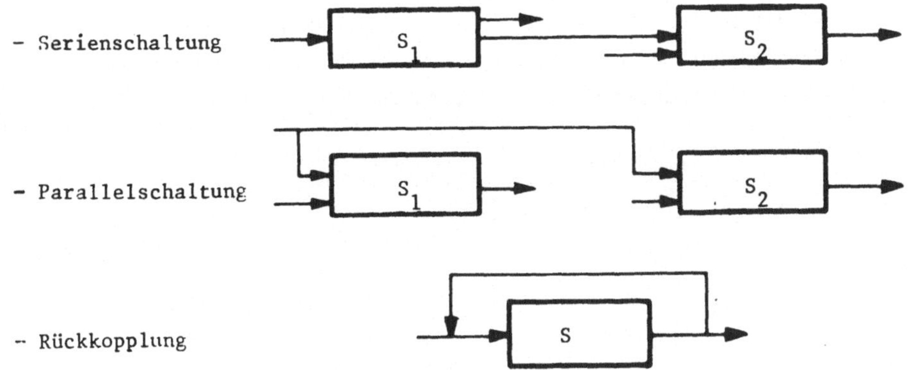

Abb. 2.4 Kopplungsarten zwischen Systemen

Kopplungen können stofflich, energetisch oder informationell sein.

j/ Ziel-Mittel Relation

Zweistellige asymmetrische Relation zwischen Zielsystem (Zweck, Aufgabe) und Mittel zur Verwirklichung der Ziele.

k/ Räumliche Relation

Beschreibt die gegenseitige Lage (Anordnung der Elemente der Relation) im Raum. Die Lehre, die sich mit räumlichen Relationen beschäftigt, ist die Topologie.

l/ Logische Relation

Allgemein werden mit logischen Relationen (in der Logik zwei- und mehrstellige Prädikate) Beziehungen unter Objekten bezeichnet, wie z. B.

e_1 ist kleiner als e_2

e_3 liegt neben e_4.

Die bekanntesten Konstanten (Funktoren) sind: und, oder, oder/und, nicht wahr, daß, entweder/oder, wenn-so, nur wenn-so, genau dann-wenn, ist gleich.

Aus dieser Aufzählung ist ersichtlich, daß eine Reihe von den beschriebenen Relationen auch logische Relationen sind.
Die Verwirklichung dieser Relation im Rechner erfolgt mit Hilfe von logischen Elementen.

m/ Zeitliche Relation
Beschreibt die Anordnung von Prozessen, Geschehen an der Zeitachse.

2.1 System – Aussagen

Auss.

2.1 Das Verhalten des Systems ist durch die Struktur des Systems gegeben.

2.2 Das relativ geschlossene System mit einer gegebenen Struktur hat nur ein einziges Verhalten; die Struktur determiniert das Verhalten.

2.3 Das Verhalten legt die Struktur nicht eindeutig fest. Dasselbe Verhalten (Funktion) kann durch unterschiedliche Strukturen verwirklicht werden.

3 Transformationssystem

Wenn wir nach Antworten auf die Fragen suchen, die im letzten Abschnitt im Zusammenhang mit der Theorie Technischer Systeme aufgeworfen worden sind, so steht im Vordergrund die Frage nach dem Zweck, dem Ziel: Wofür werden Technische System-Prozesse und Objekte hergestellt.

Wie jedes Lebewesen hat auch der Mensch ganz bestimmte Bedürfnisse, deren Erfüllung für die Lebenserhaltung notwendig ist. Er braucht Nahrung, Schutz vor Kälte und vor Regen, er muß in Sicherheit schlafen können; wenn er krank ist, muß er behandelt werden. Anders als bei anderen Lebewesen entsteht daraus, im Zusammenhang mit der Zivilisation, dem Fortschritt und Wohlstand, eine Menge von Bedürfnissen und Wünschen, die ständig wächst. Die erhöhten Ansprüche rufen Probleme der Befriedigung hervor, weil die Kräfte des Menschen, seine Körper- und Sinnesfähigkeiten nicht ausreichen. Man muß also nach Lösungen suchen, um diese Probleme beseitigen zu können.

In der Natur findet der Mensch nur wenige vollwertige Mittel zur Befriedigung seiner Bedürfnisse. Er muß die Mittel, die er findet, auf unzählige Arten verändern, vermehren, befördern, um vollbefriedigende Mittel zu gewinnen. Er muß kochen, backen, salzen, schmelzen, schneiden, zerlegen, transportieren, lagern, Energie erzeugen, säen, düngen, mähen, mahlen, schichten, messen, wägen, rechnen und vieles mehr.

In all diesen Prozeßen wird einem Operanden ein zusätzlicher Wert an Eigenschaften zugeführt, so daß der für die Befriedigung notwendige Zustand oder Zwischenzustand erreicht wird.

3.1 Modell des Transformationssystems

Wir haben diese Klassen von Prozessen "Transformationen" genannt und einige Begriffe und Merkmale definiert. Für die übersichtliche allseitige Einordnung aller Elemente und Einflüße, die sich an jeder dieser Transformationen beteiligen, steht das Modell in Abb. 3.1 zur Verfügung.

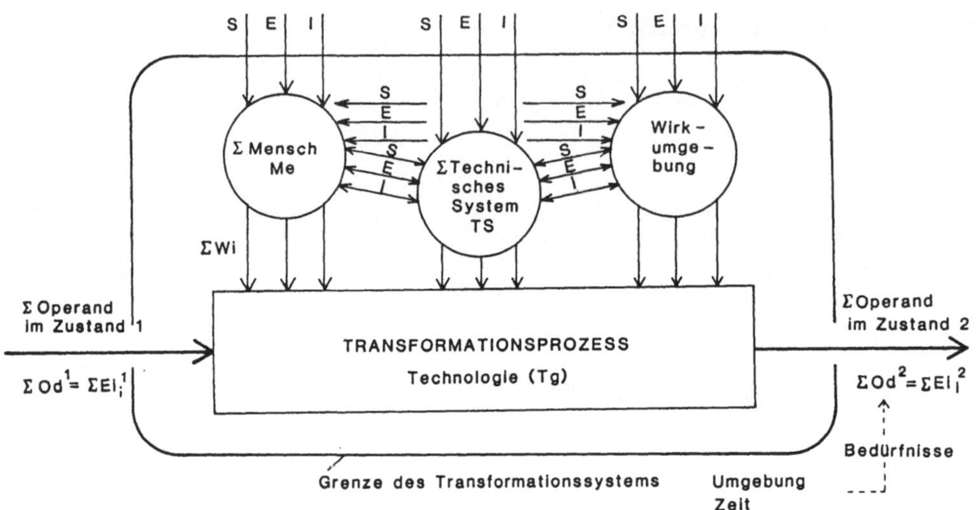

Transformation			Technologie	Notwendige Wirkungen	Beteiligung der Operatoren an der Wirkung		
Allgemein:		Od → Od ΣEi → ΣEi	Tg	ΣWi	ΣMe	ΣTS	Wirkumgebung
				Beispiele	Beispiele		
Beispiele	1	Stahlgegenstand	Härten	Erwärmung (in der Schmiedeesse)	Arbeiter (Messung der Temperatur)	Schmiedeesse	Luft ← Wärme →
		weich → hart		Abkühlung (im Wasserbad)	Transport des Gegenstandes	Wassergefäss	Wärme →
	2	Korn vermehren ein → mehr	Korn in vorbereiteten Boden (= Wirkmedium) anbauen, ernten und lagern	Boden Lockerung Wendung Saat Einbringung Dosierung Unkraut Vernichtung Keimung Wachstum Mähen Dreschen Lagerung Transport	Ackermann (Steuern) Lenker Arbeiter Lenker	Hacken Pflug Sämaschine Traktor Kultivator Erntemaschine Silo Lastwagen	Boden Pferd, Boden Sonne Regen
	3	Σ Werkstoff Rohling → Personenkraftwagen	Konstruieren Arbeitsvorb. Fertigen Montieren Probieren	Konzeption finden Aufzeichnung Wahl der Technologie Material-Bearbeitung Teile-Verbindung Messung Adjustierung	Konstrukteur Konstrukteur Technologe Arbeiter Monteur Versuchstechnik Schlosser	Bücher, Zeitschrift Zeichenmasch. Werkzeugmaschine Presse Messgerät	Werkstatt (Schutz)
	4	Σ Mensch in London	Fliegen	Rollbahn Bildung Auftrieb Schutz des Me	(Lotse) Pilot (Steuerung)	Flügel-Form Fortbewegung, Rumpf des Flugz.	Rollbahn
		→ in Frankfurt	auf Strasse befördern	Strasse Bildung Bewegung - Transl. Antrieb Steuerung	Lenker, Polizist	Rädersystem Verbrennungm. Steuerungssystem	← Strasse Benzinpumpe Verkehrsregeln

Abb. 3.1 Modell des Transformationssystems

Dieses Modell baut auf folgenden Prämissen auf, die auf der menschlichen Erfahrung beruhen:

- Die notwendigen Transformationen von Operanden werden durch gezielte Auswirkungen stofflicher, energetischer und informationeller Art erreicht.
- Die drei Arten von Auswirkungen im beliebigen Fall der Transformation werden von drei Systemen ausgeübt (von drei Wirkungsquellen geliefert): von Mengen von Menschen, von TS und von (Wirk)umgebung.

Auf dem Gesamtsystem der Erde mit der menschlichen Gesellschaft und mit weiteren dazugehörenden Elementen der Sonnensysteme kann eine fast unendliche Menge von Transformationssystemen gebildet werden. Einzelne Elemente gehören oft zugleich mehreren Transformationen an, z. B. ein Mensch, der in einem Speisewagen ißt, seine Zeitung liest und zugleich mit seinen Kollegen die politische Lage bespricht.

Die Interpretation des Modells rekapituliert zugleich den Kern der Aussagen, die wir über die Transformation gemacht haben. Kurz zusammengefaßt:

- Für die Befriedigung der direkten und indirekten Bedürfnisse des Menschen wird ein Objekt - Operand - im entsprechenden (Soll-)Zustand gewählt oder der Zustand ist durch gewisse Umstände gegeben. Dieser Ausgangszustand (Od^2) ist das Ziel der Transformation.
- Als Operanden der Transformation kommen in Frage folgende Klassen: biologische Objekte, insbesondere Mensch, Stoff, Energie und Information.
- Man sucht nach einem geeigneten Zustand des Operanden als Eingangsgröße (oder dieser ist gegeben). Der Ist-Zustand des Operanden Od^1 ist unbefriedigend. Meist existieren mehrere Eingangszustände Od^1 für die Erreichung Od^2.
- Die Änderung $Od^1 \rightarrow Od^2$ heißt Transformation.
- Transformation wird ausgelöst: entweder durch den unbefriedigenden Zustand Od^1 (z. B. Mensch krank) oder durch den Gebrauch des Zustandes Od^2 als Mittel.
- Transformation wird aufgrund einer Technologie ausgeführt, die das System von Teiländerungen definiert, das auf Naturphänomenen beruht.
- Für die geplante Transformation $Od^1 \rightarrow Od^2$ existieren meist mehrere Technologien.
- Die Transformation oder Teiltransformation wird mittels Einwirkungen (stoffliche, energetische, informationelle) auf den Operanden verwirklicht (vgl. Auss. 3.1).
- Die Einwirkungen werden von drei Operatoren - Systemen, Menschen, TS und Wirkumgebung, ausgeübt (vgl. Auss. 3.2).
- Alle genannten Operatoren haben Kopplungen mit der Umgebung des Systems und auch untereinander, und zwar stofflicher, energetischer und informationeller Art.

Das Modell deckt - wie es auch die Beispiele in Abb. 3.1 zeigen - generell alle Arten von Transformationen an Operanden aller Arten und bei beliebiger Beteiligung der Operatoren an den Auswirkungen.

Wenn das "Innere" der Operatoren analysiert wird, dann werden da ganz bestimmte Prozesse, die auch als Transformationen bezeichnet werden können, festgestellt. Im Technischen System wird eine Drehbewegung in Längsbewegung umgewandelt, eine Kraft vergrößert und ähnliche Änderungen. Das Ziel ist eine bestimmte Auswirkung, wie im Modell ersichtlich. Wegen dem unterschiedlichen Zweck und Charakter dieser Änderungen im Vergleich zu früher beschriebenen Transformationen ist klarer, wenn über Wirkprozesse, Wirkketten gesprochen wird.

Es existiert eine kausale Beziehung zwischen Transformations- und Wirkprozeß, nämlich die, daß die Änderungen eines Operanden im Transformationsprozeß ($\sum Ei$) durch Auswirkungen des Technischen Systems als Ursache hervorgerufen werden. Und diese Ursache (= Auswirkung des TS) ist wiederum Folge der Wirkungskette im TS, ausgehend vom Input des TS.

3.2 Elemente des Transformationssystems

Ein Transformationssystem setzt sich aus den in Abb. 3.1 dargestellten Elementen zusammen. Noch einige Erkenntnisse oder Bemerkungen zu den einzelnen Elementen.

Operand ist ein passives Mitglied unseres Systems. Er kann den vier oben genannten Klassen angehören. Oft handelt es sich um Kombinationen dieser Kategorien. Der Zustand des Operanden kann neben dem, aus einzelnen Eigenschaften gebildeten, Gesamtwert auch von einzelnen Operanden-Bestandteilen gebildet werden. In diesem Fall geht es um die Transformationen "Verbinden" oder reziprokes "Trennen".

Transformationsprozeß als verbindendes Glied des Systems wird eingehend im nächsten Abschnitt untersucht, und zwar unter dem Titel "Technischer Prozeß", weil für die Technik die Gattung der Transformationsprozesse interessant ist, in welcher Technische Systeme intensiv eingesetzt werden und die als Technische Prozesse benannt werden.

Menschen als Operator des Transformationssystems ist diejenige Untermenge aller Menschen, welche nur die Menschen einschließt, die für die bestimmte Transformation jegliche Art von Auswirkungen ausüben.

Technische Systeme als Operator des Transformationssystems sind die Untermenge aller Technischen Systeme, die für die bestimmte Transformation Auswirkungen jeglicher Art ausüben. Technische Systeme als Zentralpunkt unseres Interesses werden nach den Technischen Prozessen ausführlich erörtert in Kapitel 5. Es muß noch erwähnt werden, daß die für einige Transformationen notwendigen TS oft ein Ausmaß annehmen, das überraschend ist. So genügt z. B. für die Transformation, Änderung eines Ortes (s. Beispiel 4), nicht nur ein Personenwagen als Taxi, sondern es sind noch Straßensystem, Brücken, Tankstellen dazu notwendig. Erst mit all diesen Operatoren kann Transformation dauerhaft und determiniert erfolgen.

Operator Wirkumgebung umfaßt alle Quellen der Auswirkungen in der "nahen" Umgebung der Transformation, die meist nicht explizit genannt werden. In die Wirkumgebung werden nur die Teilsysteme mit Kopplungen zu den Elementen des Transformationssystems aufgenommen: Geosphäre, (bzw. Erde und Wasser), Biosphäre, Technosphäre, Atmosphäre und ein Teil des Sonnensystems (Klima).

Eine besonders wichtige Kopplung für Technische Systeme (aber auch für die Menschen) ist die Verbindung mit dem System "Geosphäre". Ohne diese können sie ihre Funktion nicht erfüllen. Sie kann auch über Wirkmedien erfolgen, wie z. B.: Das Schiff bewerkstelligt die Verbindung über das Wasser und das Flugzeug über die Luft. Für die Raumfahrt existieren andere Bedingungen und der Umgebungsteil "Sonnensystem" gewinnt da an Bedeutung.

Biosphäre - Lebewelt umfaßt alle Organismen und ihre Lebensstätten. Es sind also Menschen, Tiere und Pflanzen, die mit ihren Lebensstätten zu dieser Sphäre gehören.

Aus der Geo-, Bio- und Atmosphäre können verschiedene Oekosysteme gebildet werden. In diesen entstehen, durch ganz bestimmte Wechselbeziehungen (s. Abb. 3.2) Prozesse welche Stoffe und Energien, die für das Leben notwendig sind, erzeugen und umwandeln. Das Gleichgewicht dieser Systeme soll bei technischen Erwägungen respektiert werden.

Technosphäre beinhaltet alle Technischen Systeme, die von Menschen in beliebigem Raum und in beliebiger Zeit hergestellt worden sind.

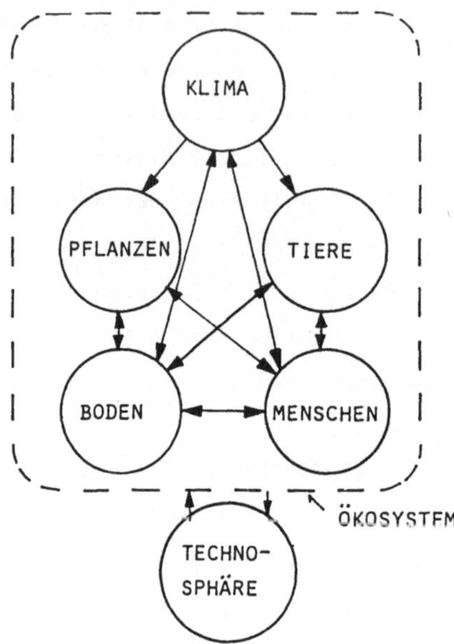

Abb. 3.2 Oekosystem und Technosphäre

3.3 Transformationssystem – Aussagen

Rekapitulieren wir die grundlegenden Erkenntnisse aus diesem Bereich in folgenden Aussagen:

Auss.

3.1 Die menschliche Gesellschaft hat viele Bedürfnisse, die von ihren Zielen (Zielsystemen) abhängen. Jedes Bedürfnis wird als Forderung nach einem bestimmten Objekt in einem bestimmten Zustand formuliert. Das Objekt ist als ein Mittel zu diesem Ziel zu betrachten. Wenn der gewünschte Zustand nicht vorhanden ist, entsteht ein weiteres, dadurch hervorgerufenes Ziel und ein Bedürfnis nach Änderungen, welche es erlauben, das Ziel (Zustand) zu erreichen.

3.2 Die Änderungen des Zustandes werden als Transformationen und das Objekt als Operand bezeichnet.

3.3 Die Transformation ist ein künstlicher Prozeß, in welchem die Änderungen durch Ausnützung der Naturphänomene erreicht werden.

3.4 Die Transformation wird durch einen unbefriedigenden Ist-Zustand des Operanden oder durch die Definition des Ausgangszustandes des Operanden als erwünschtes Mittel zu einem Ziel hervorgerufen.

3.5 Klassen von Operanden der Transformationsprozesse:

- Biologische Systeme - Lebewesen
- Stoffe
- Energie
- Information (Nachricht)

3.6 Die Transformation wird aufgrund einer Technologie, die das System von Teiltransformationen definiert, ausgeführt.
Allgemein stehen immer mehrere Technologien mit verschiedenen technologischen Prinzipien für eine Transformation zur Verfügung.

3.7 Die Transformationen bzw. Teiltransformationen werden durch ganz bestimmte Einwirkungen verwirklicht. Wirkungen sind Mittel für Transformationen.

3.8 Die Wirkungen werden von 3 Operatoren-Systemen geliefert - Menschen, Technische Systeme und Wirkumgebung.

3.9 Transformationssystem ist die Bezeichnung der Menge aller sich an der Transformation beteiligenden Elemente. Das allgemeine Modell des Systems ist Abb. 3.1.

3.10 Die Wirkungen entstehen in den wirkenden Operatoren durch Wirkprozesse (Wirkketten), die den Input des Operatoren in den Output umwandeln.

3.11 Es existiert eine kausale Beziehung zwischen Transformation (als Folge) und Wirkprozeß (als Ursache).

4 Technische Prozesse

Im letzten Kapitel wurde mit Technischem Prozeß diejenige Gattung des Transformationsprozesses bezeichnet, in welcher Technische Systeme als Operatoren eingesetzt werden.

Technische Prozesse nehmen in Transformationssystemen eine zentrale Stelle ein, weil nur durch Transformationen das Transformationssystem zustandekommen kann. Im Technischen Prozeß werden dazu alle Elemente des Transformationssystems bei der Handlung zusammengebracht.

Die heutige Welt ist voll Technischer Prozesse, die sich ständig abspielen. Jeder Mensch betätigt oft mehrere Transformationen simultan, um entweder direkt seine Bedürfnisse zu befriedigen oder indirekt (auf Vorrat) Mittel für die oft auftretenden Bedürfnisse herzustellen. Das Schlüsselwort ist das Bedürfnis.

In welchem Zusammenhang steht ein Bedürfnis mit dem Technischen Prozeß? Rekapitulieren wir:

- Zuerst gibt es einen unbefriedigenden Zustand oder eine Situation, die der Mensch ändern will oder muß.
- Dieser Zustand erzwingt die Formulierung des Bedürfnisses.
- Das Bedürfnis kann durch eine ganze Reihe von Mitteln befriedigt werden.
- Die Mittel mit passenden Eigenschaften sind in der Natur nicht vorhanden.
- Man muß den bestehenden Zustand des Mittels auf einen gewünschten umändern.
- Die Umformung, die Transformation, wird in einem Technischen Prozeß durchgeführt.

4.1 Modell Technischer Prozesse – „TP-Modell"

Technischer Prozeß ist ein Element des Transformationssystems (Abb. 3.1). Sein Modell ist auf den Beziehungen im Transformationssystem aufgebaut, wie es Abb. 4.1 zeigt.

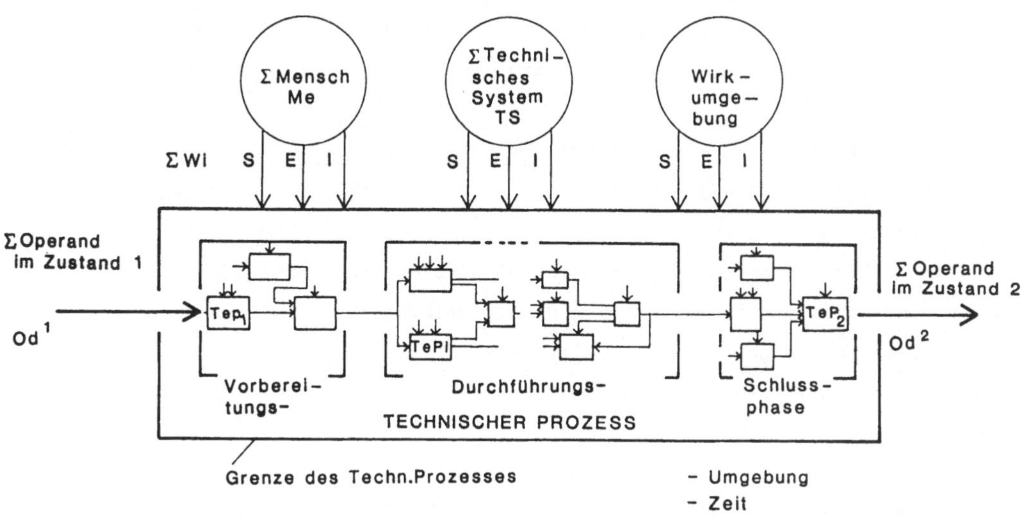

Bei-spiel Nr.	Operand Art	Zustand Ein.-1	Zustand Aus-2	Transformationsverfahren: Technogisches Prinzip TgPz / Teilprozesse TeP	Wirkungen ausgeübt im Bereiche Stoff, Energie und Information von i: ↓S	↓E	↓I
1	Stoff St 50	Halbzeug Form 1 Abm.1	Werkstück Form 2 Abm.2	$TgPz_I$: Spanen (Spanabhebende Bearbeitung)			
				TeP_1: Zubringen, Spannen	TS	Me	Me
				TeP_2: Werkstück drehen	TS	TS	Me
				TeP_3: Werkzeug rel. zum Werkstück bewegen	TS	TS	Me
				TeP_4: Messen	TS	Me	Me+TS
				TeP_5: Lösen, Wegbringen		Me	Me
2	Energie	Kohle mit chem. Energie	Wärmeenergie	$TgPz_I$: Brennen: $C + O_2 = CO_2$ + Kcal			
				TeP_1: Kohle aufbewahren und anzünden	TS	Me+TS	Me
				TeP_2: Brennen, Zufuhr von Luft (O_2) sichern, Wärme abführen, übergeben, Schlacke, Asche beseitigen	TS	TS	Me
				TeP_3: Löschen, Reste beseitigen		Me	Me
3	Mensch	nicht funkt. Nieren	funktionsfähige Nieren	$TgPz_I$: Künstliche Nieren - Transplantation			
				TeP_1: Menschen vorbereiten, hygienische Bedingungen schaffen	TS	Me+TS	Me+TS
				TeP_2: Kranke Nieren beseitigen	TS	Me	Me+TS
				TeP_3: Künstliche Nieren einsetzen	TS	Me	Me+TS
				Tep_4: Beobachten		Me	Me+TS
4	Wasser (Stoff)	in Brunnen	in Reservoir $-\Delta H$	$TgPz_I$: Saugen - Drücken			
				TeP_1: Vakuum bilden, einlassen, führen	TS	TS	TS
				TeP_2: Überdruck Δp bilden, auslassen	TS	TS	TS
				TeP_3: zum Reservoir führen	TS	TS	TS
5	Mensch (Tier)	Ort 1	Ort 2	$TePz_I$: Verkehrsmittel benützen			
				TeP_1: Mensch Ort 1 mit Verkehrsmittel verbinden		Me	Me
				TeP_2: (Mensch + Verkehrsmittel) → Ort 2	TS	TS	Me-TS
				TeP_3: Mensch vom Verkehrsmittel trennen im Ort 2		Me	Me

Abb. 4.1 "TP-Modell" Modell Technischer Prozesse

Technische Prozesse beschreiben die komplette Transformation des Operanden, ohne genauer Berücksichtigung eines "womit", "wer", "wann" und "wo".

Jeder Technische Prozeß soll also folgende Fragen beantworten:

a/ Was ist der Operand und welche sind seine Zustände (Eingangs-, Ausgangs- und Zwischenzustände)?

b/ Durch welche Transformationen (Technologie) wird die Gesamttransformation $Od^1 \rightarrow Od^2$ erreicht und zwar im Rahmen der existierenden Bedingungen - Naturphänomene, Gesellschaftsgesetze oder weiterer Restriktionen?

c/ Welche sind die Auswirkungen, die der Verwirklichung einzelner Teiltransformationen dienen (stofflicher, energetischer und informationeller Art)? - Mindestens grobe Angaben (vgl. Punkt f. der Bemerkungen).

d/ Welche Operatoren werden die einzelnen Auswirkungen ausführen (realisieren)?

Die in der Tabelle Abb. 4.1 angeführten Beispiele illustrieren genügend die Antworten auf die gestellten Fragen und ihre Form. Bei einem konkreten Fall sind jedoch diese Angaben direkt in der graphischen Darstellung des TP eingetragen, wodurch die Zusammenhänge noch deutlicher hervortreten.

Wenn wir von der Prämisse ausgehen, daß der Output des TP der gewünschte Zustand ist, dann sind im TP folgende Größen, seine charakteristischen Merkmale, zu bestimmen:

- der Ausgangszustand des Operanden;
- technologisches Prinzip;
- Teilprozesse/Operationen sind weitgehend durch technologische Prinzipien gegeben, aber die genaue Art der Operationen und die Reihenfolge sind festzulegen;
- Auswirkungen werden aus den Operationen abgeleitet;
- die Zuteilung der Auswirkungen an die Operatoren muß der Aufgabenstellung und Problemsituation angepaßt werden.

Die genannten Merkmale stellen theoretische Freiheitsgrade bei der Wahl, Gestaltung und Optimierung Technischer Prozesse dar.

Einige Erklärungen zum Modell.

Für das Verständnis des allgemeinen Modells und für die Ausarbeitung von Aufgaben spezifischer Technischer Prozesse können folgende Erklärungen behilflich sein:

a/ Der "Hauptfluß" im TP betrifft die Operanden, deren Zustände verändert werden. In jedem Teilprozeß, jeder Operation ist Input/Output das gleiche Objekt. Man kann da von einer Homogenität des Flusses sprechen. Die obengenannte Regel wird verletzt, wenn versucht wird, einen Technischen Prozeß aufzubauen, in dem Input z. B. ein Treibstoff und Output eine Fahrt ist.

b/ Ein Output kann nur aus den im Prozeß veränderten oder unveränderten Bestandteilen bestehen, die in den Prozeß als Input eingeflossen sind. Es muß also eine transparente Operanden-Bilanz möglich sein. Die Bilanz stimmt nicht, wenn z. B. der Input Kaffeepulver und Wasser ist und wenn man als Output eine Tasse Kaffee erwartet. Streng genommen, sollen zum Input Stahl-Halbzeug, als Output Stahl-Werkstück und Späne angeführt werden (nicht nur das Werkstück!).
Man kann grundsätzlich eine stoffliche, energetische und informationelle Bilanz durchführen. Praktisch ist es erst dann möglich, wenn das Transformationssystem bereits realisiert ist. In der Phase der Projektierung des TP kann lediglich eine grobe Bilanz der Operanden, d. h. des Transformationsflusses gemacht werden.

c/ Der Technische Prozeß soll rigoros nur Operationen mit Operanden beinhalten. Es zeigt sich jedoch vom pragmatischen Standpunkt aus als vorteilhaft, an Operatoren auch gewisse Vorbereitungs- oder Reinigungsarbeiten und dergleichen den TP einzuordnen, und zwar dann, wenn sie direkt mit der Transformation verbunden oder von der Transformation hervorgerufen sind. Somit entsteht eine vollständigere Vorstellung der mit der Transformation verbundenen Arbeiten. Wirtschaftliche Ueberlegungen bekommen dadurch eine sichere Grundlage.

d/ Das Modell beruht auf einer wichtigen Vereinbarung: In jedem der modellierten Teilprozesse oder Operationen sind neben der Transformation auch die von der Transformation hervorgerufenen Neben-, Antriebs-, Steuer- und Regel- sowie Verbindungs- und Stützprozesse beinhaltet (vgl. Abschnitt 4.3).

e/ Die Angaben der zusätzlichen stofflichen, energetischen und informationellen Inputs oder Flüsse, die für die Realisation der Transformation notwendig sind (beachte Punkt d), kann relativ grob geschehen, wie es Abb. 4.2 als "Vergröße-

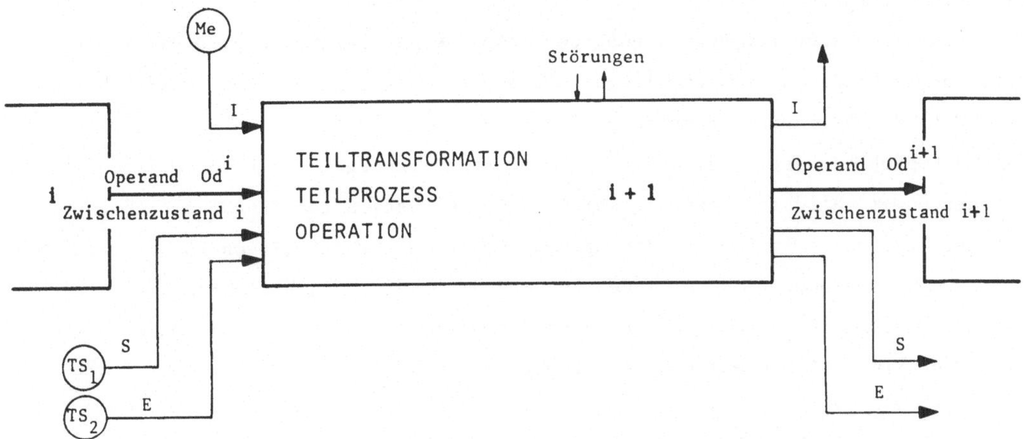

Abb. 4.2 Detail des Teilprozesses (Operation) aus dem "TP-Modell"

rung" eines Details des TP-Modells veranschaulicht. Zugleich wird hier auch die Möglichkeit gezeigt, wie man die Operatoren für einzelne Auswirkungen bezeichnen kann.

f/ Jeder Prozeß/Teilprozeß, jede Operation verläuft in drei Etappen: Vorbereitung, Durchführung und Abschluß. Jede dieser Etappen ist verbunden mit einem bestimmten Fragenkomplex.

g/ Der konkrete TP (Teilprozeß, Operation) spielt sich in einem bestimmten Raum und einer bestimmten Zeit ab. Bei jedem TP-Modell sollen diese Umstände angegeben werden. Sie umfassen die physikalischen Daten (Temperatur, Druck, Feuchtigkeit, Staubgehalt usw.) sowie soziale und finanzielle Daten. Zudem sollen auch die zeitlichen Daten den Zeitraum näher charakterisieren.

h/ Die Transformation im TP kann auf eine grobe oder feinere Weise beschrieben werden; darüber entscheidet der Zweck, der Kenntniszustand und die Verarbeitungsphase. Es ist empfehlenswert, die einzelnen Operationen möglichst auf dem gleichen Niveau zu halten.

i/ Die Realisierbarkeit jeder Operation soll überprüft werden. Im Zweifelsfall kann ein Forschungsantrag zur Klärung gestellt werden.

j/ Die Ueberprüfung des aufgestellten TP und die Variantenbildung kann von folgenden Fragen unterstützt werden:
- Kann der Teilprozeß oder die Operation weggelassen werden?
- Soll eine Operation dazukommen?
- Ist es möglich/vorteilhaft, daß eine Operation durch eine andere ersetzt wird?
- Kann die Reihenfolge der Operationen verändert werden?
- Können oder sollen Operationen getrennt oder zusammengefaßt werden?
- Können die Operationen nicht umgekehrt verlaufen?

k/ Die Beschreibung der Prozesse bzw. Operationen geschieht mit Operand (Gegenstand der Transformation) und Tätigkeitswort, z. B. Energie umwandeln, Teil erwärmen, Menschen befördern.
Noch eine Bemerkung zur Bezeichnung der Prozesse mit Zeitwörtern. Diese können sehr unterschiedlich sein und liegen oft auf unterschiedlichen Abstraktionsebenen. Weil die Art der Beschreibung einen Einfluß auf die Wahl der Mittel nimmt, ist es empfehlenswert, ziemlich allgemeine Formulierungen zu wählen. Vergleichen wir den Unterschied an diesem Beispiel: Scheibe absägen oder Scheibe trennen.

l/ Bei der Transformation werden die Operationen in einer zeitlichen Folge abgewickelt. Wenn eine Operation vollendet ist und damit ein Zwischenzustand des Operanden erreicht ist, kommt erst die nächste Operation an die Reihe. Dadurch liegt der Fluß des Operanden grob auf der Zeitachse.

Zur Auffassung des Modells.

Das diskutierte TP-Modell stellt gewiß nur eine der theoretischen Möglichkeiten dar. Man könnte das Modell auf sehr verschiedene Arten und Weisen konzipieren und seine Elemente im Rahmen der Gegebenheit beliebig auswählen. So könnten z.B. auch alle notwendigen Antriebs- und Steuerungsoperationen anstelle der Energie- und Informationsflüsse in das Modell eingegliedert werden. Die am Modell präsentierte Einschränkung der Auswahl auf Transformations- oder Arbeitsprozesse (bzw. Operation) hat den Vorteil, daß man sich auf dieser Ebene auf das Wesentliche und Erkennbare konzentriert.

Anwendung des Modells.

Das TP-Modell läßt sich für das Geschehen in der Technik fast unbeschränkt anwenden. Eine andere Frage ist die Zweckmäßigkeit. Die vorgestellte allgemeine Fassung ist dort zweckmäßig, wo sich der Mensch an Transformationen beteiligen kann und auch tatsächlich beteiligt und wo die eingesetzten TS den Charakter einer "Maschine" haben, d. h. wo sie eine vollständige Auswirkung (ohne Mitwirkung weiterer TS) ausüben können. Ein solches TS kann ein Spaten sein oder ein Pflug oder ein Traktor, nicht aber die Hinterachse eines Traktors oder ein Getriebekasten oder ein Lager.

Wie bereits im letzten Kapitel erwähnt, sind die Technischen Prozesse in Technischen Systemen eine sehr spezielle Art der allgemeinen, wegen des Zweckes und des einzigen Operators. Damit bleibt als einziger varietätsbildender Faktor die Wirkweise. Die Beispiele in Abb. 4.3 zeigen einige "Technische Prozesse" Technischer Systeme.

4.2 TP-Operanden

Operand des TP ist auch Operand des Transformationssystems. Wir unterscheiden 4 Klassen von Operanden:

a) Biologische Objekte - im technischen Prozeß verändert sich der Zustand (krank → gesund) bzw. der Ort des Objektes, sei es Mensch oder Tier. Es ist jedoch nicht richtig, diese Klasse unter Materialien und Stoffe einzugliedern, schon aus dem Grund, weil es sich um sehr spezifische Prozesse und Randbedingungen handelt

b) Materialien, Stoffe - im technischen Prozeß werden Grundeigenschaften (chemische Prozesse) oder Gestalt, Dimensionen, Ort u. ä. verändert

c) Energie - im technischen Prozeß werden verschiedene Arten von Energien (Energieträger) in andere Arten umgewandelt und auch ihre Parameter geändert ($p_1 \rightarrow p_2$, $t_1 \rightarrow t_2$)

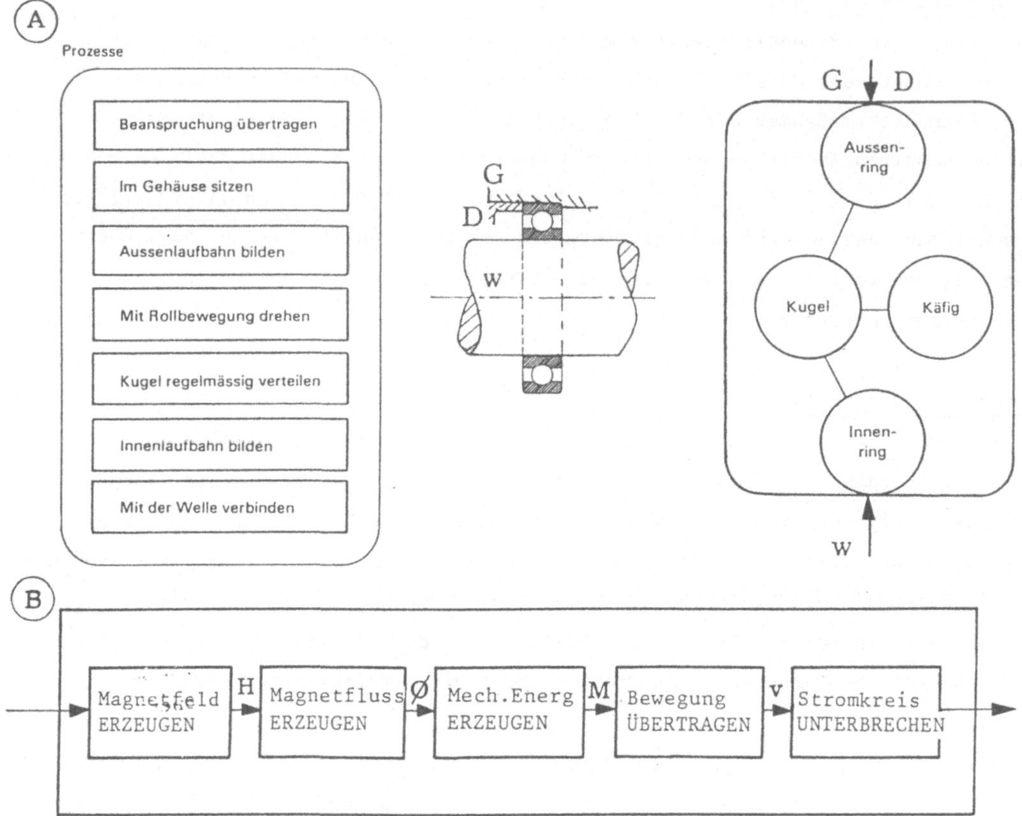

Abb. 4.3 "Technische Prozesse" (= Wirkprozesse) in Technischen Systemen. Beispiel: Wälzlager, Relais

d) Informationen - die technischen Prozesse ändern Form, Qualität, Quantität sowie Ort der Informationen in den Informationsträgern.

Der Zustand des Operanden wurde schon als "Vektor" seiner Eigenschaften definiert. Analog wie in der Mathematik können wir schreiben:

$$Od^1 = \begin{pmatrix} Ei_1^1 \\ Ei_2^1 \\ \vdots \\ Ei_n^1 \end{pmatrix} \qquad Od^2 = \begin{pmatrix} Ei_1^2 \\ Ei_2^2 \\ \vdots \\ Ei_n^2 \end{pmatrix}$$

wenn: $Ei_{1 \, \ldots \, n}$ - Eigenschaften des Operanden

$Ei^{1,\,2} \, ..$ - Größe, Maß der Eigenschaft

4.3 TP-Struktur

Die Transformation der Operanden ist oft sehr kompliziert. Der Operand nimmt schrittweise zahlreiche genau vorgeschriebene Zwischenzustände an, mit fortschreitenden Änderungen der einzelnen Eigenschaften. Die Veränderung der Eigenschaften kann entweder stetig (z. B. Erwärmung) oder sprungweise erfolgen (z. B. Drehen). Zu den Zwischenzuständen der Operanden gelangt man durch Teilprozesse im Rahmen des Technischen Prozesses.

Als Elementarprozeß wird die Operation angesehen, die nur aus Arbeitsleistungen besteht. Die Definitionen der Operation weichen ziemlich voneinander ab. Für das technische Gebiet ist die Operation ein zeitlich ununterbrochener Teil des Verfahrens, der als unabhängige Aufgabe einem Arbeiter oder einer Arbeitsgruppe zugewiesen wird, an einem Arbeitsplatz durchgeführt wird und nur einen Operanden betrifft. Durch die Operation wird gewöhnlich die gewünschte Änderung einer einzigen Eigenschaft erzielt.

So erhält man z. B. durch Drehen Rotationskörper, durch Fräsen Nuten, durch Härten härtere Oberflächen. In Abb. 4.4 sind drei Operationen mit Änderung der zwei Eigenschaften E_1 und E_2 als Beispiel dargestellt. E_1 ändert sich schrittweise um ΔE_1 in

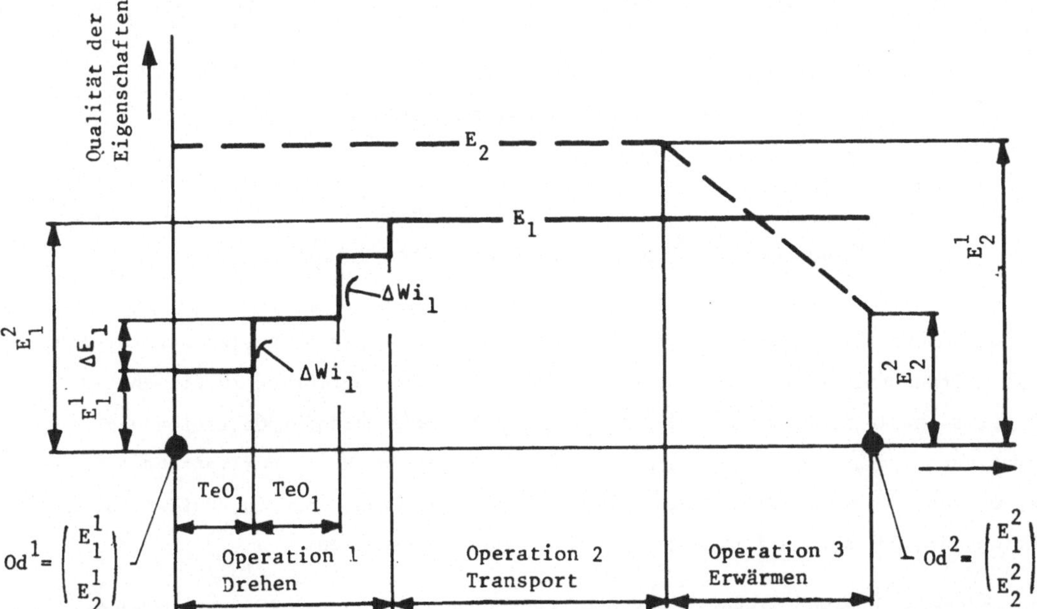

Abb. 4.4 Transformation ändert einzelne Eigenschaften. Beispiel: Werkstück

den Teiloperationen Te O_1, wobei der Operand der Wirkung ΔWi_1 unterworfen wird. Die Transformation $E_2^1 \rightarrow E_2^2$ verläuft kontinuierlich in der dritten Operation, ohne die Eigenschaft E_1 zu ändern. Im Verlauf der zweiten Operation (Transport) bleibt der bestehende Zustand der anderen Eigenschaften unverändert.

Die Gesamtheit der Operationen (und ihrer Folge) wird als Arbeitsvorgang - Technologie - bezeichnet. Technologie hängt von den Anforderungen ab, aber auch von den Operatoren der Transformation, wie vorhandenen Fachkenntnissen, besonders jedoch von den Technischen Systemen, die zur Verwirklichung des Prozesses eingesetzt werden. Ein Arbeitsvorgang ist zeitlich veränderlich, entsprechend den fortschreitenden Erkenntnissen. Die Struktur des Technischen Prozesses ist in erster Linie von der Technologie abhängig und ist allgemein in Abb. 4.5 dargestellt.

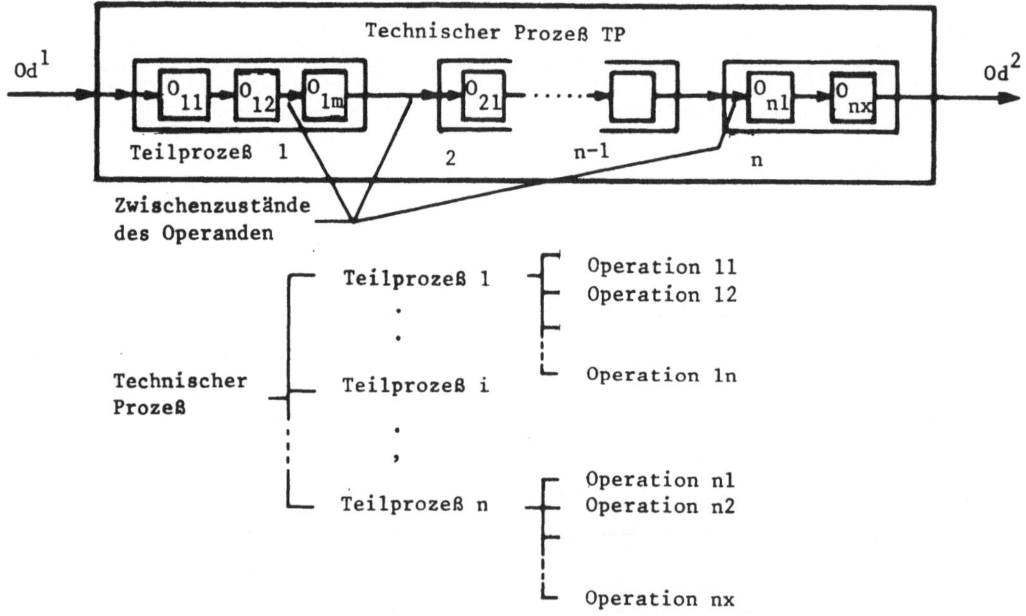

Abb. 4.5 Die Struktur des Technischen Prozesses

Bei der beschriebenen Auflösung des Prozesses auf seine Bestandteile kann folgende Frage auftauchen: Ist es möglich, eine solche Stufe der Auflösung zu finden, an welcher sich die Struktur aus kleiner Menge sich wiederholender Operationen - Grundoperationen - zusammensetzt? Die Antwort ist bekannt, z. B. in der Verfahrenstechnik, wo Verfahren wie Zerkleinern, Trennen, Agglomerieren, Fördern, Oxidation, Reduktion oder Polymerisation solche Grundverfahren darstellen.

Eine andere Gruppe von Grundverfahren bilden folgende Transformationen: Umwandeln, Umformen, Ort ändern und Speichern.

Eine weitere wichtige Frage ist die nach Strukturvariation. Hier läßt sich die allgemeine Aussage 2.3 folgenderweise konkretisieren:
Die Transformation (= Verhalten des Systems - Prozesses) $Od^1 \rightarrow Od^2$ läßt sich durch unterschiedliche Strukturen (= Technologien) verwirklichen.

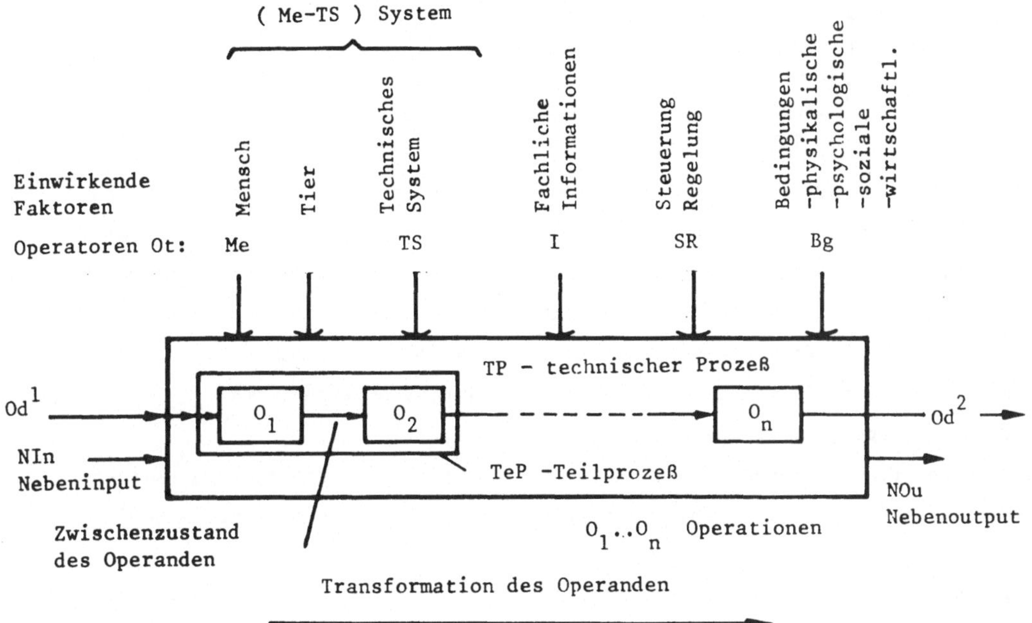

Abb. 4.6 Transformation erfordert verschiedene Einwirkungen auf den Operatoren. Beispiel: Werkstück

4.4 Einwirkung, Auswirkung, Wirkung

Um die gewünschte Änderung der Eigenschaften zu erreichen, muß man in geeigneter Weise auf den Operanden einwirken. Man muß etwas erwärmen, mischen, Material abnehmen, befördern, heilen usw. Die erforderliche Einwirkung auf den Operanden im Prozeß werden wir als Arbeitswirkung bezeichnen oder Transformationswirkung.

Die Arbeitswirkung erzielt man aufgrund der bekannten Erkenntnisse - Phänomene der Naturwissenschaften. Für die Erwärmung, d. h. Temperaturerhöhung, nutzen wir die Erkenntnisse aus, wie man Wärme von verschiedenen Energiearten gewinnen kann und wie man sie überträgt.

Die gesamte Wirkung (Wi) zur Erzielung einer Transformation $(Od^1 \rightarrow Od^2)$ besteht aus Teilwirkungen (TeWi), die gewisse Eigenschaften verändern z. B. $E_i^1 \rightarrow E_i^2$. Man kann also schreiben

$$E_i^2 - E_i^1 = f(TeWi_i)$$

wobei die Gesamtwirkung die Summe der Teilwirkungen ist

$$Wi = \begin{pmatrix} TeWi_1 \\ \vdots \\ TeWi_i \\ \vdots \\ TeWi_n \end{pmatrix} \qquad \text{oder auch} \qquad Od^2 - Od^1 = f(Wi)$$

Die Arbeitswirkung würde aber für die Verwirklichung Technischer Prozesse nicht ausreichen. Es bedarf noch weiterer Einwirkungen, die bei jedem Prozeß üblich sind, obwohl sie oft nicht deutlich unterschieden werden, da sich die Durchführung von Zusatzwirkungen (Begleitwirkungen) durch menschliche Bedienung eingebürgert hat. Die üblichen Klassen von Einwirkungen dieser Art sind:

- Nebenwirkungen, z. B. Zentrieren, Abheben, Kühlen, Schmieren
- Antriebswirkungen, z. B. Spindelantrieb, Supportantrieb
- Steuer- und Regelwirkungen, z. B. Messung, Maschineneinrichtung, Ingangsetzung
- Verbindungswirkungen, z. B. Maschinensystem als Einheit, Gehäuse der Maschine.

In der Abb. 4.7 sind die einzelnen Wirkungen aufgeführt und den Operatoren zugeordnet.

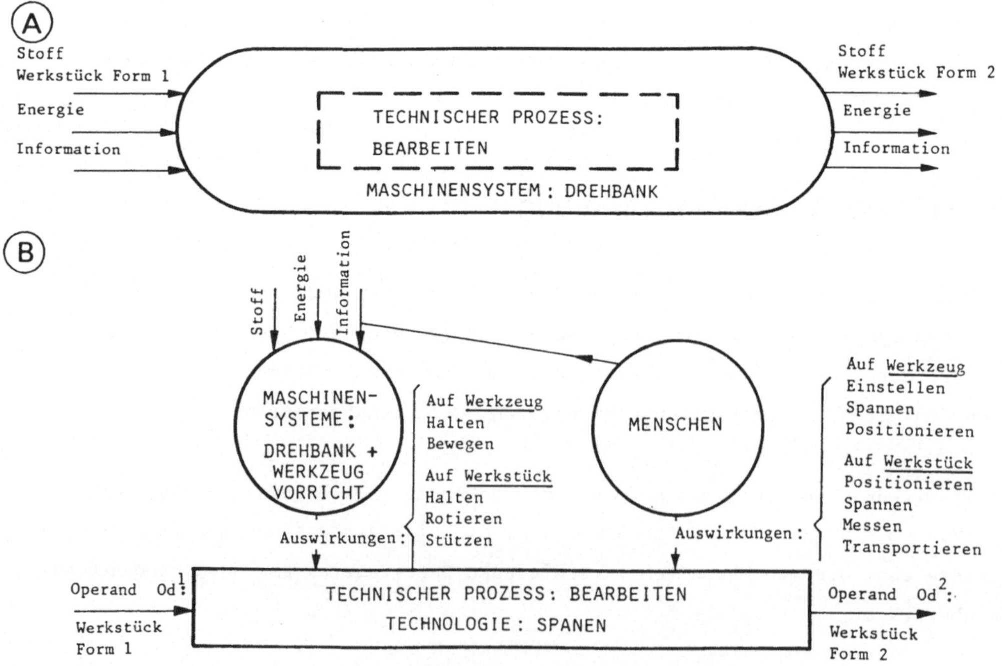

Abb. 4.7 Bildung des Transformationsmodells. Beispiel: Werkstück
A: Werkstück ist ein Input des Technischen Systems
B: Werkstück wird im TP bearbeitet durch Auswirkungen der Drehbank und des Menschen

4.5 TP-Nebeninputs und Nebenoutputs

Nicht nur der Operand tritt beim Prozeß ein und aus. Zur Verwirklichung des Prozesses braucht man noch verschiedene andere Eingangsgrößen, wie Energie, Hilfsmaterial, Schmiermaterial, Katalysatoren und dgl. Ähnlich treten beim Technischen Prozeß verschiedene Stoffe auf, wie Abfall (Späne, Rauch) sowie andere Ausgangsgrößen, wie z. B. Wärme, Vibration, Geräusch. Im allgemeinen werden wir diese Eingangsgrößen bzw. Ausgangsgrößen als Neben-Inputs (N In) und Neben-Outputs (N Ou) bezeichnen.

Die Bedeutung der Neben-Inputs und -Outputs müssen wir zur Kenntnis nehmen, da die Menschheit bereits heute durch Outputs aus Technischen Prozessen bedroht ist. Die Umgebung des Prozeßschauplatzes erlebt unerwünschte Veränderungen (Umweltverschmutzung). Die Ursache dieses Zustandes liegt darin, daß bis jetzt diesen Neben-Outputs zu wenig Beachtung geschenkt wurde. Der Umweltschutz ist heute aber zu einer der wichtigsten Forderungen geworden.

Für die Verwirklichung des TP muß demgegenüber der Einfluß der nicht erwünschten, aber existierenden, Input-Störungen berücksichtigt werden. Beim Projektieren von TP sollen alle potentiellen Störungen der Umgebung analysiert werden und eventuell kritische Pegel einzelner Inputs beim Betrieb überwacht werden . Dies ist der Fall bei der Vorschreibung der Grenzwerte für Temperatur und Feuchtigkeit bei sehr präzisen Werkzeugmaschinen.

4.6 TP-Operatoren

Eine wichtige Frage für die Transformation ist: Womit kann man die nötige Wirkung im Technischen Prozeß erreichen? Verfolgen wir z. B. die Operation der Härtung. Einerseits kann der Arbeiter ein erwärmtes Werkstück mit Hilfe der Zange ins Kühlbad eintauchen und herausnehmen. Oder er setzt auf der automatischen Straße die Werkstücke auf das Förderband, läßt sie im Durchlaufofen auf die nötige Temperatur erwärmen, dann in die Kühlwanne eintauchen und über ein zweites Förderband in eine vorbereitete Kiste fallen. Im ersten Fall hat der Mensch außer dem Maschinensystem (Feuerstelle bzw. Ofen und Kühlwanne) die meisten Neben-, Steuer- und Antriebswirkungen, einschließlich Transport zwischen den Maschinensystemen selbst durchgeführt. Im Falle der automatischen Straße hat sich die Arbeit des Menschen auf Herrichtung und Ingangsetzung der Straße bzw. auf Materialhandhabung, Betriebskontrolle und Wartung beschränkt.

Die Gesamtheit der nötigen Wirkungen im Technischen Prozeß wird durch das System Mensch - Technisches System verwirklicht, mit verschiedenem Anteil der beiden Komponenten.

Bemerkung: Der Vollständigkeit halber sollten wir hinzufügen, daß heute, wenn auch selten, doch noch Fälle vorkommen, wo als Operator auch das Tier in den Prozeß eingeschaltet wird, wie z. B. das Pferd am Pflug oder der Hund am Schlitten. Das vollständige System sollte daher lauten: Mensch - Tier - Technisches System.

Für das Gesamtergebnis des Technischen Prozesses sind aber noch weitere Operatoren wichtig, die vor allem die Effektivität des Prozeßverlaufes beeinflussen. Manchmal können diese aber auch die Verwirklichung der Transformation (ver)hindern. Deshalb müssen wir mit diesen Operatoren rechnen und ihre Reichweite für den Fall eines zufälligen Versagens zur Kenntnis nehmen. Es sind dies vor allem:

- Fachinformation über Naturphänomene, Ingenieurwissenschaft, Verfahrens- und Fertigungstechnik u. ä.. Die Gesamtheit der Informationen zu einer gegebenen Zeit repräsentiert den Stand der Technik.
- Prozeßsteuerung, d. h. Operativsteuerung und Koordination der Tätigkeit, Kont-Materialbeschaffung usw..
- Bedingungen der Umgebung:
  - physikalische - Temperatur, Druck, Raum, Staubgehalt;
  - psychologische - Beziehung unter den Menschen;
  - soziale - Zustand und Interesse der Gesellschaft im gegebenen Zeitpunkt;
  - finanzielle - Geld zur Durchführung des Prozesses.

Über das Ergebnis des Technischen Prozesses, d. h. über den Ausgangszustand des Operanden (gewünschter Zustand), entscheiden also außer dem System "Mensch - Technisches System" auch weitere Operatoren und zwar: Fachinformationen, Prozeßsteuerung und Umgebungsbedingungen.

Man kann die oben genannten Faktoren sowohl in stofflichen, energetischen als auch informationellen Flüssen sehen. Diese Vorstellung stößt auf keine Schwierigkeiten bei Faktoren wie Fachinformation, Methoden oder Steuerung, die alle als eine Art von Informationen betrachtet werden können.

4.7 TP-Charakteristik und Bewertung

Im allgemeinen ist der Technische Prozeß durch den Output charakterisiert, d. h. durch die Qualität des Prozeßoperanden am Ausgang. Wenn alle gewünschten Eigenschaften des Operanden erreicht werden, so erfüllt der Prozeß die technischen Anforderungen vollkommen. Anderseits ist er durch das Niveau der Operatoren des Prozesses gekennzeichnet, nämlich durch

- Niveau der Technologie,
- Niveau der Arbeiter und der Technischen Systeme (Mittel),
- Niveau der Fachinformationen, der Steuerung, der Bedingungen.

Unter diesen Kennzeichen können wir dann auch die Ursachen suchen, falls der Technische Prozeß seine Aufgabe, die Operandentransformation, nicht erfüllen sollte.

Als Gesamtkennzeichen, das den Prozeß charakterisiert und eine Vergleichsmöglichkeit mit anderen Prozessen bietet, ist die Effektivität des Prozesses anzusehen, definiert als:

$$Ef = \frac{\text{Nutzen des Prozesses (Ertrag)}}{\text{Aufwand an Transformation}}$$

Der Nutzen des Prozesses wird durch die geleistete Einwirkung, vor allem durch Eigenschaftsänderungen des Operanden bestimmt. Aber auch die Neben-Outputs sind oft verwendbar und können den Nutzen noch steigern.

Den Aufwand repräsentieren alle Posten des Transformationssystems, seien es Operandeneingang, Neben-Inputs oder alle Operatoren, d. h. Kosten für Operanden, Energie, Hilfsmaterialien, Arbeitslöhne, Sozialkosten, Abschreibungen, Wartung, Gemeinkosten, Sonderkosten usw.

Um den Technischen Prozeß eindeutig zu bestimmen, resp. zu charakterisieren, ist es nötig, die Werte seiner Eigenschaften als Kennzeichen des Technischen Prozesses anzuführen. Es geht um eine ganze Menge von Kennzeichen, die in der für praktische Arbeit anwendbaren Form in Tabelle Abb. 4.8 angegeben sind. Sie sind in drei Klassen aufgeteilt: technische, wirtschaftliche und planerische Kennzeichen.

Die formale Durchführung der Vergleiche und Bewertungen ist ähnlich wie bei der Bewertung von Objektsystemen (s. weiter). Als Beispiel sei die Grobbewertung von Energieübertragung (als Prozeß) durch "plus - minus" Bewertung in Abb. 4.9 gezeigt. Eine Alternative dazu wäre die Punktbewertung, eventuell mit denselben Kriterien.

Kennzeichen Gruppe	Beispiele von Kennzeichen "technische"	wirtschaftliche	Planungs-
Operand Input Output	Werkstoff, Abmessungen Form, Oberflächenzustand Druck, Temperatur und weitere Parameter	Preis Kosten	Stückzahl Termin Lieferant
Technologie (Arbeitsvorgang)	Spezifikation der Operationen Folge der Operationen	Kosten	Arbeitszeit Arbeiter Arbeitsplatz
Arbeiter	Fachkenntnisse Erfahrung persönliche Eigenschaften	Lohnkosten	Arbeitsstunden Anzahl d.Arbeiter
Maschinen-System	Funktionseigenschaften Betriebseigenschaften Aussehenseigenschaften Ergonomische Eigenschaften Distributionseigenschaften und weitere s. Abb. 5.1	Preis Betriebskosten	Liefertermin Stückzahl Lieferant
Fachinformation	Informationsverzeichnis Quelle der Informationen	Kosten	Termine Bearbeiter Arbeitsplatz
Steuerung u. Regelung des Prozesses	Organisationssystem Planungssystem Lohnsystem Administration	Kosten	Termine Bearbeiter Arbeitsplatz
Bedingungen der Umwelt	physikalische - Raumanordnung - Raumbedarf - Temperatur - Feuchtigkeit - Licht - Lärm	Kosten	Termine Arbeiter Arbeitsplatz
	psychologische Arbeitsklima		
	soziale politische Situation	wirtschaftliche Situation	

Abb. 4.8 Kennzeichen Technischer Prozesse

		ENERGIEÜBERTRAGUNG	MECHAN.	HYDRAUL.	ELEKTRISCH
KRITERIEN	1	Lange Strecke (Entfernung)	–	+	+ +
	2	Steuerung der Übertragung	–	+	+
	3	Sicherheit		gleich	
	4	Wirkunggrad	+	–	–
	5	Erreichbarkeit von Komponenten	–	+	+ +
	6	Konstruktive Adaptivität	–	+	+ +
	7	Preis der Ausführung	–	–	+

Abb. 4.9 Bewertung Technischer Prozesse. Beispiel: Energieübertragungsprozesse

An dieser Stelle sei noch auf die Konsequenzen, welche die Entscheidungen über die TP auf soziale und wirtschaftliche Sphären haben, aufmerksam gemacht. Die Entscheidung (oder Empfehlung) des Ingenieurs bildet Voraussetzungen für Beschäftigung der Meschen, wirtschaftliche Situation und eine Reihe von anderen Effekten.

4.8 Systematik Technischer Prozesse

Die Technischen Prozesse können wir nach verschiedenen Gesichtspunkten in Kategorien ordnen. In Tabelle Abb. 4.10 sind etliche Gesichtspunkte mit den zugehörigen Klassen der Prozesse enthalten. Eines der wichtigsten Gliederungsmerkmale ist die Art der Operanden. Wenn diese mit den Grundverfahren Struktur-, Form- und Ortsänderung sowie Lagern (Speichern) kombiniert werden, bekommen wir in der Tabelle Abb. 4.11 grundlegende Arten von Technischen Prozessen.

4.9 Betriebstätigkeiten, verbunden mit dem Prozeß

Der Technische Prozeß ist ein kompliziertes System. In der Praxis kommen viele Situationen vor, wo eine Reihe von Faktoren gegeben ist und die fehlenden gesucht werden. Entsprechend der gesuchten Größe können verschiedene Aufgaben entstehen, wie dies in Tabelle Abb. 4.12 angedeutet ist. Diese Tabelle veranschaulicht, wie man durch eine systematische Anordnung die ganze Reihe der Betriebstätigkeiten genau definieren kann.

Gesichtspunkt	Klassen der Prozesse	Bemerkung
Operand	- stoffverarbeitende Prozesse - energieverarbeitende Prozesse - informationverarbeitende Prozesse - biologische Objekte behandelnde Prozesse	
Phänomen zur Erzielung der Arbeitswirkung	- physikalische - mechanische - elektrische - thermische usw. Prozesse - chemische Prozesse - biologische Prozesse - kombinierte Prozesse	
Arbeitswirkung	- Transport-Prozeß - Sortier-Prozeß - Zerkleinerungsprozeß - Bearbeitungsprozeß - Montageprozeß	
Art der Antriebswirkung	- Prozesse mit Handarbeit - Prozesse mit Tierkraft - mechanisierte Prozesse	
Art der Steuer- und Regelwirkung	- menschgesteuerte Prozesse - automatisierte Prozesse	
Kompliziertheit des Prozesses	- Operationen - Teilprozesse - komplizierte Prozesse	
Verhältnis zwischen Input und Output	- Verbindungs-Prozesse: Anzahl der Inputs größer als Outputs - Trennungs-Prozesse: Anzahl der Inputs kleiner als die der Outputs	
Verlauf der Transformation	- kontinuierliche Prozesse - diskontinuierliche (diskrete) Prozesse	

Abb. 4.10 Systematik Technischer Prozesse: Einige Klassen Technischer Prozesse

TRANSFORM.			TRANSFORMATION der Struktur	der Form	räuml.Koordin.	zeitl.Koordin.
PROZESS			UMWANDELN	UMFORMEN	ORTÄNDERN	LAGERN
OPERANDEN	St STOFF	Allg.	St.umwandeln	St. umformen	St.transportier.	St. lagern
		Beispiel	Eisenerz → Stahl	Rohling → Werkstück	Zement im Lager → am Bauplatz	Schrott lagern
	En ENERGIE	Allg.	En. umwandeln	En. umformen	En. transport.	En. speichern
		Beispiel	hydraul.En → mechanische	50 000 V → 220 V	En.Kraftwerk → Verbraucher	Elektr. En. im Akkumulator
	I INFORM.	Allg.	I. umwandeln	I. umformen	I. transportier.	I. speichern
		Beispiel	graphische I → digitale	Text deutsch → englisch	Nachricht Sender → Hörer	Rede auf dem Magnetband
	Me MENSCH	Allg.	Me.umwandeln	Me. umformen	Me. transportier	Me an einer Stelle
		Beispiel	Hand → Prothese	Me.krank → gesund	Me in Zürich → in Berlin	Me in der Wohnung

Abb. 4.11 Grundlegende Technische Prozesse

4.10 TP-Darstellung

Die Darstellung Technischer Prozesse kann auf verschiedene Weise erfolgen und hängt besonders von der Prozeßart, dem Zweck der Darstellung und den geltenden Vorschriften, bzw. der Tradition ab. Es geht vor allem um folgende Darstellungsarten:

a. Block-Darstellung. In dieser Art werden Prozesse als Rechtecke abgebildet und mit Text oder Bild wird der betreffende Prozeß charakterisiert. Die Abbildungen in diesem Buch benützen überwiegend diese Methode.

b. Graph-Darstellung. Die Kanten des Graphen werden als Prozesse und die Knoten als Zustände des Operanden benutzt. Man kann mit weiteren Pfeilen die Inputs oder Outputs der Prozesse beschreiben (s. Abb. 4.13).

c. Weg-Zeit-Diagramm beschreibt besonders deutlich die Reihenfolge und genaue zeitliche Ordnung, was z. B. für Zwecke der Steuerung vorteilhaft sein kann (s. Abb. 4.13).

d. Mathematische Gleichungen beschreiben meist sehr genau den Prozeßablauf und seine Abhängigkeiten.

e. Verbale Beschreibung kann die Prozesse gut charakterisieren, jedoch nicht eindeutig oder die Beschreibung ist zu lang und unübersichtlich.

f. Beschreibung mit einer speziellen Sprache. Als Beispiel die "Ljapunov Sprache".

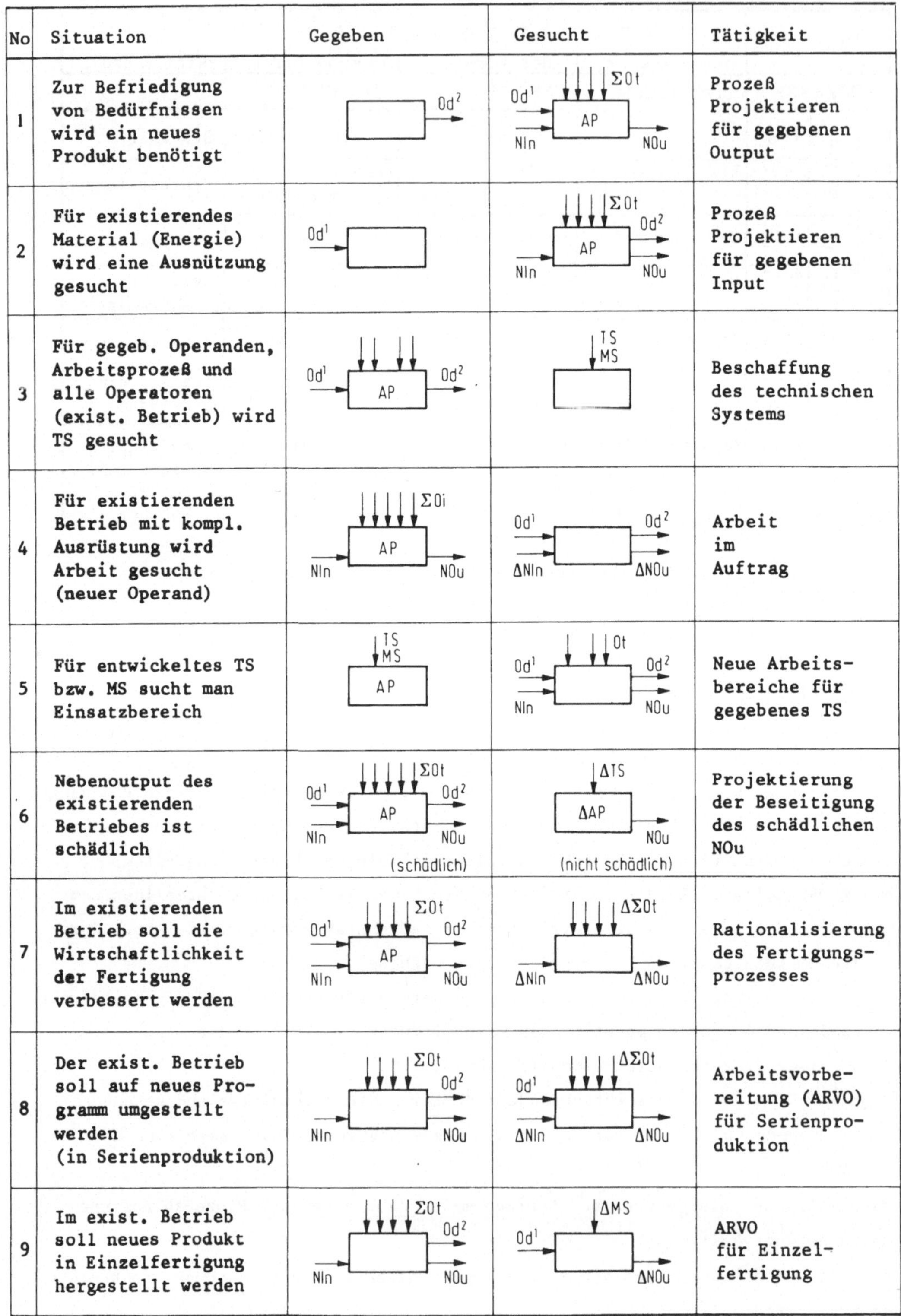

No	Situation	Gegeben	Gesucht	Tätigkeit
1	Zur Befriedigung von Bedürfnissen wird ein neues Produkt benötigt	Od²	ΣOt, Od¹, AP, NIn, NOu	Prozeß Projektieren für gegebenen Output
2	Für existierendes Material (Energie) wird eine Ausnützung gesucht	Od¹	ΣOt, Od², AP, NIn, NOu	Prozeß Projektieren für gegebenen Input
3	Für gegeb. Operanden, Arbeitsprozeß und alle Operatoren (exist. Betrieb) wird TS gesucht	Od¹, AP, Od²	TS, MS	Beschaffung des technischen Systems
4	Für existierenden Betrieb mit kompl. Ausrüstung wird Arbeit gesucht (neuer Operand)	ΣOi, AP, NIn, NOu	Od¹, Od², ΔNIn, ΔNOu	Arbeit im Auftrag
5	Für entwickeltes TS bzw. MS sucht man Einsatzbereich	TS, MS, AP	Ot, Od¹, Od², NIn, NOu	Neue Arbeitsbereiche für gegebenes TS
6	Nebenoutput des existierenden Betriebes ist schädlich	ΣOt, Od¹, Od², AP, NIn, NOu (schädlich)	ΔTS, ΔAP, NOu (nicht schädlich)	Projektierung der Beseitigung des schädlichen NOu
7	Im existierenden Betrieb soll die Wirtschaftlichkeit der Fertigung verbessert werden	ΣOt, Od¹, Od², AP, NIn, NOu	ΔΣOt, ΔNIn, ΔNOu	Rationalisierung des Fertigungsprozesses
8	Der exist. Betrieb soll auf neues Programm umgestellt werden (in Serienproduktion)	ΣOt, Od², NIn, NOu	ΔΣOt, Od¹, ΔNIn, ΔNOu	Arbeitsvorbereitung (ARVO) für Serienproduktion
9	Im exist. Betrieb soll neues Produkt in Einzelfertigung hergestellt werden	ΣOt, Od², NIn, NOu	ΔMS, Od¹, ΔNOu	ARVO für Einzelfertigung

Abb. 4.12 Typische Ingenieurtätigkeiten im Prozeßbereich

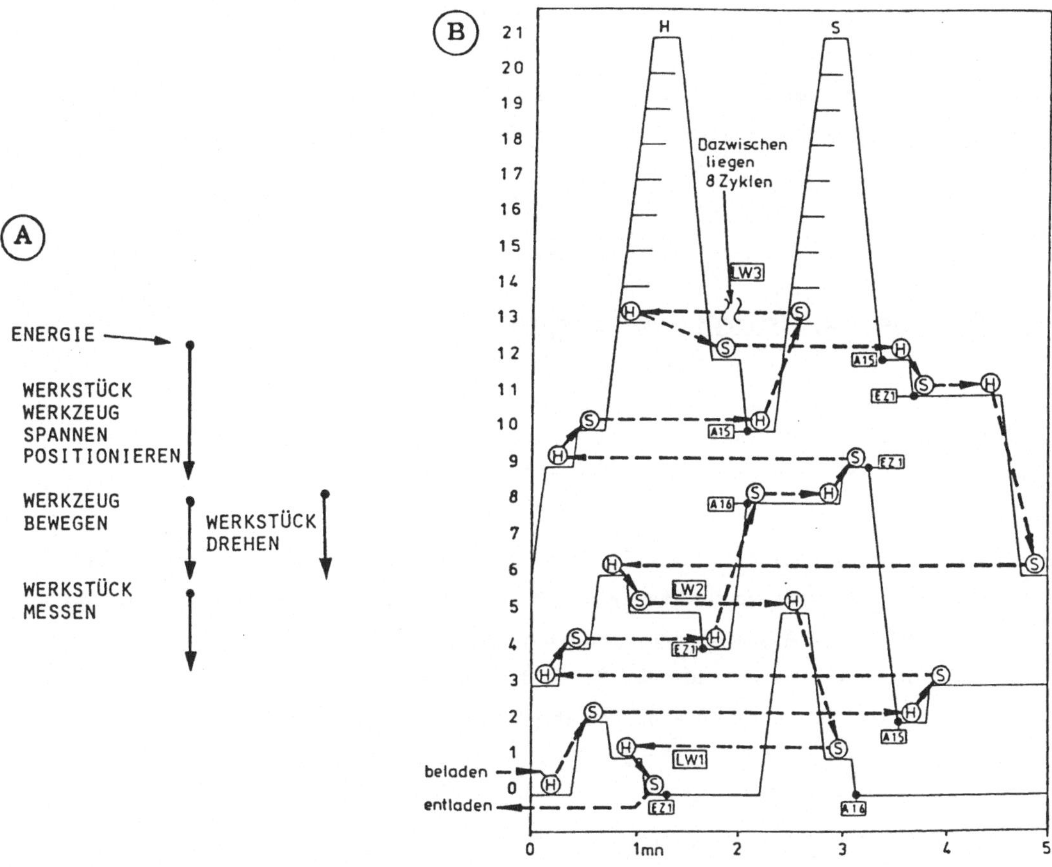

Abb. 4.13 Darstellung Technischer Prozesse. Beispiele

Für die symbolische Beschreibung werden für die Operationen große lateinische Buchstaben und für die Bedingungen die kleinen gebraucht. So bedeutet z. B. p(Ø 90 H7), daß eine Bedingung gegeben wird, den Durchmesser 90 in der Toleranz H7 zu erzielen. Gemäß der "Ljapunov Sprache" wird jeder logischen Bedingung ein "Pfeil" zugeordnet, wobei $\uparrow$ den Anfang und $\downarrow$ das Ende von demselben Pfeil bedeuten. So bedeutet z. B.

$\downarrow^1 A q \uparrow^1 B$:

Führe die Operation A aus (z. B. Drehen), dann überprüfe, ob die Bedingung q (z. B. Ø 90 H7) erfüllt ist. Wird sie erfüllt, dann führe die Operation B aus (z. B. Fräsen einer Nut). Wird sie nicht erfüllt, so muß dem zu q gehördenden Pfeil $\uparrow^1$ gefolgt werden. Da er vor der Operation A endet, muß man das A neu ausführen.

4.11 Spezielle Theorien Technischer Prozesse

Unsere Überlegungen sind bisweilen auf ein allgemeines Modell, anwendbar für alle Arten Technischer Prozesse, konzentriert worden. In der Technik existieren in der

Hierarchie der Prozesse viele typische Gattungen, Familien der Prozesse, die oft Gegenstand der Untersuchung etlicher Ingenieurwissenschaften sind, wie z. B. Strömungslehre, Thermodynamik, Fertigungstechnik, Verfahrenstechnik oder Steuerung, Regelung. Eine solche Spezialisierung bietet die Möglichkeit, auf alle Details einzugehen.

4.12 Technischer Prozeß – Aussagen

Die Erkenntnisse über TP lassen sich in folgenden Aussagen rekapitulieren. Beachten wir, daß sich die Aussagen des Kapitels 3 in vollem Maß auf den TP beziehen.

Auss.

4.1 TP ist eine spezielle Art von Transformationsprozeß, in welchem Technische Systeme als künstliche Werkzeuge des Menschen eingesetzt sind; folglich gelten hier alle Aussagen über Transformationsprozesse.

4.2 Die TP-Struktur besteht aus der Menge der Teilprozesse oder Operationen und der Menge der Zwischenzustände des Operanden.

4.3 Die Teilstrukturen können für die Vorbereitungs-, Durchführungs- und Schlußphase gebildet werden.

4.4 Die Prozesse, in welchen nicht der transformierte Operand, sondern das Technische System als Operand auftritt, sind nur als Ausnahme zugelassen (aus pragmatischen Gründen).

4.5 Jeder Transformationsprozeß (- den Operatoren verändernden Prozeß, Arbeitsprozeß) ruft eine Reihe von Neben-, Steuer-, Regel-, Verbindungs- und Stützprozessen sowie energieverarbeitender Prozesse hervor. In der Darstellung sind sie alle im Transformationsprozeß beinhaltet (Vereinbarung).

4.6 Bei der Arbeit mit TP sind immer die Umgebung (Raum) und die Zeit zu berücksichtigen und anzugeben.

4.7 Nebeninputs und Outputs (inkl. Störungen) gehören gleichfalls dem TP-System an und müssen analysiert werden.

4.8 Obwohl im TP Technische Systeme die bedeutendsten Operatoren sind, müssen auch restliche Operatoren untersucht werden.

5 Technisches System (TS)

Die wohl bekanntesten Elemente des Transformationssystems (Abb. 3.1) sind Technische Systeme, die laut Kapitel 3 die notwendigen Auswirkungen auf Operanden (neben Menschen und Wirkumgebung) ausüben, welche zur geforderten Transformation führen. Sie sind also technische Mittel der Transformation.

Die Technik offenbart sich in den technischen Werken analog wie die Kunst in ihren Kunstwerken. Die in den einzelnen Zweigen der Technik entstandenen Erzeugnisse sind praktisch zahllos in ihrer Menge und unbegrenzt in ihrer Vielfalt. Besonders die Maschinensysteme - Erzeugnisse des Maschinenbaus - tragen wesentlich zur Vielfalt und Mannigfaltigkeit technischer Mittel bei. Eine unübersehbare Menge von Maschinen, Geräten, Apparaten, Waffen, Transportmitteln, Vorrichtungen, Werkzeugen und wie sie alle heißen, dienen dem Menschen oder schaden ihm oder stehen unbenutzt da, je nachdem er es versteht, mit ihnen umzugehen.

Wir wollen diese Vielfalt überbrücken und zu einer Ordnung kommen, um hier die allgemeinen Gesichtspunkte, unter denen die Technischen Systeme und besonders die Maschinensysteme wahrgenommen werden können, aufzufinden und die allgemeinen Gesetzmäßigkeiten, die für die scheinbar unübersehbare Menge Technischer Systeme gelten, festzustellen. Diese Fragen sind, trotz ihrer Selbstverständlichkeit, in der Wissenschaft noch nicht befriedigend beantwortet worden.

5.1 Wesen Technischer Systeme (Habitus)

Wenn im Mittelpunkt unserer Betrachtungen Technische Systeme stehen, müssen zuerst Schlüsselfragen beantwortet werden: Ihr Zweck, ihre Wirkweise, ihr Aufbau. Daneben untersuchen wir auch, welche Zustände ein jedes TS erreicht.

Technische Systeme gehören ohne Einschränkung in das kausal-mechanistische Weltbild, genau erfüllend das Kausalitätsprinzip: Jedes Geschehen im TS hat eine oder mehrere Ursachen und ist zugleich Ursache eines anderen Geschehens. Ohne Ursache geschieht nichts.

In der Geschichte der Philosophie tritt das Kausalitätsprinzip als ein mehr oder weniger strenger Zusammenhang des Geschehens auf; es ist Gegenstand ständiger Polemik. Diese Polemik betrifft jedoch das Gebiet der Technik und besonders Technische Systeme nicht, sondern mehr die "Maschinentheorie des Lebens" und andere Fragen [70].

Wenn man die Ursache näher betrachtet, zerfällt sie in drei Komponenten [69, 70]:
- Umstände, unter denen etwas geschieht;
- innere Bedingungen, durch die das Geschehen zustande kommt;
- Auslösung, die den unmittelbaren Anlaß gibt.

Immer nur dann, aber immer dann geschieht die "Wirkung", wenn diese "Ursachen" stattgefunden haben oder gleichzeitig stattfinden.

Diese Behauptung beruht auf unzähligen Beobachtungen der Natur und Erfahrungen der Menschen, die als Phänomene der Physik, der Chemie oder der Biologie gesammelt worden sind und das Menschenwissen bilden. Der Kausalitätsbegriff ergibt sich als Verallgemeinerung dieser Erfahrungen.

Die Menschen sind jedoch auf ihre Ziele ausgerichtet und wollen zweckgerichtetes Geschehen. Von der Seite der Kausalität her gesehen, erstrebt man eine Wirkung genau dann und dort, wann und wo sie gebraucht wird. Es geht also, gegensätzlich zur Kausalität, um die Finalität, mit deren Hilfe der Mensch sein Leben "determinierter" gestalten kann. Er ist gezwungen, die physikalischen und chemischen und womöglich auch biologischen Abläufe für sich nutzbar zu machen, unter Berücksichtigung technisch-wissenschaftlicher Anforderungen.

Man muß also, die Kausalität ausnützend, solche Ursachen und Ursachensysteme (Wirkketten) schaffen, die dann nach Auslösung (zum gewünschten Zeitmoment) die gebrauchten Wirkungen liefern, der Kausalität zufolge.

Die geschilderte Umkehrung der Kausalität (also Finalität) geschieht beim Konstruieren (= Vorausdenken der Ursachen) Technischer Systeme, die im Sinne der Kausalität die Ursachensysteme realisieren und Wirkungen liefern. Dabei müssen ganz bestimmte Umstände (besonders der Wirkumgebung) respektiert und die inneren Bedingungen und die Auslösung durch Menschen und Technische Systeme geschaffen werden.
Nach diesem für das Verständnis des Wesens Technischer Systeme bedeutsamen Exkurs in die Philosophie wird nun genauer auf den Zweck Technischer Systeme eingegangen.

Zweck

Bei der Frage nach dem Zweck wenden wir uns dem Transformationsmodell zu (Abb. 3.1). Aus diesem geht hervor, daß Technische Systeme planmäßige und zielbewußte Auswirkungen auf die Operanden Technischer Prozesse haben sollen. Ihre Aufgabe ist Haltung, Bewegung, Speicherung, Erwärmung, Verbindung, Förderung, Trennung, Dichtung, Antrieb, Steuerung und weitere unzählige und vielfältige Auswirkungen, die der Befriedigung menschlicher Bedürfnisse dienen.

Geläufig werden diese Fähigkeiten als Funktionen Technischer Systeme bezeichnet. Weil jedoch auch die Fähigkeit des TS, "seine Eingangsgrößen in relevante Ausgangsgrößen zu überführen" als ("technische") Funktion definiert ist (F. Hansen [50] und die Mehrheit deutscher Autoren), ist die Bezeichnung der Aufgabe des TS als Auswirkung oder als Zweckfunktion eindeutiger. Zweckfunktion steht zur (technischen) Funktion in der Beziehung "Ziel - Mittel". Dieser Unterschied bleibt im Konstruktionsgespräch meist verdeckt, besonders bei Technischen Systemen niedriger Komplexität, sehr zum Schaden der Verständigung. G. Ropohl [58] hat die Begriffe teleologische (Zweckfunktion) und deskriptive (technische) Funktion gewählt.

In den weiteren Ausführungen wird versucht, den Begriff der Funktion (im Falle der Zweckbezeichnung) zu vermeiden und klar durch "Auswirkung" zu ersetzen. Für die Bezeichnung der "internen Aufgaben" des TS wird "Funktion" beibehalten, weil sich dieser Begriff bereits stark eingebürgert hat, besonders in den Bezeichnungen, Funktionsstruktur oder Funktionsträger.

Der Zweck Technischer Systeme ist also durch das System ihrer Auswirkungen dargestellt. Oft wird dieses System (= Aufgabe) als "Gesamtfunktion des TS" bezeichnet, was zwar für einige Familien Technischer Systeme zutreffend und annehmbar, allgemein jedoch irreführend ist. Wir kommen später nochmals auf diese Frage zurück.

Wirkweise

Technische Systeme nutzen die erkannten Natureffekte, um ihre Aufgabe zu erfüllen, wie z. B. Hebeleffekt, Gravitation, Ausdehnungseffekt mit Temperaturanstieg, Effekt der Kraftwirkung einer Leiterschleife im Magnetfeld sowie chemische und biologische Phänomene.

Die Bestandteile Technischer Systeme sind so zusammengefügt, daß durch ihren Wirkungszusammenhang ein gewünschtes Geschehen (= interner technischer Prozeß) erzwungen wird, wodurch die geforderte äußere Auswirkung erreicht wird.

Dreht sich ein Zahnrad, versetzt es zwangsweise sein Ritzel (kleinerer Durchmesser) in Drehbewegung, wobei sich auch die Drehzahl und der Drehsinn ändern.

Als Beispiel können wir auch eine Lumineszenzlampe erwähnen: Der elektrische Strom erzeugt im Glühfaden Wärmeenergie, die in einer Oxydschicht in Elektronenstrom umgewandelt wird. Mit Hilfe von Quecksilber verursacht der Elektronenstrom eine Ultra-

violettstrahlung, die in der Lumineszenzschicht in eine Lichtstrahlung transformiert wird. Die Wirkung, Licht, ist dadurch erreicht.
Damit man einen bestimmten Ausgang (= Auswirkung) erreicht, werden also verschiedene Phänomene verkettet; damit wird eine Eingangsgröße in eine Ausgangsgröße überführt. Diese Ketten beschreiben die Wirkweise Technischer Systeme (auch Arbeitsweise oder "Funktionieren" genannt).
Die Wirkweisen beschreiben den Weg, auf dem die Inputs Technischer Systeme in ihre Auswirkungen (= Outputs) umgewandelt werden. Die TS-interne Umwandlung kann entweder durch interne Funktionen (Aufgaben) beschrieben und in einer "Funktionsstruktur des TS" dargestellt werden, oder es werden die Mittel (= Organe), welche die Funktionen ausführen, eingesetzt und die gleiche Wirkweise wird mit der "Organstruktur des TS" beschrieben und dargestellt. Je nach dem Kompliziertheitsgrad kann es sich um Organismen, Organe oder Teilorgane handeln.
Jede dieser Funktionseinheiten (d. h. Organe) ruft für ihre Funktionstüchtigkeit eine Menge zugehöriger Funktionen hervor, die durch Organe niedriger Komplexität realisiert werden.
Unterstreichen wir die rein funktionelle Betrachtungsweise, wenn wir über Organe als Mittel zur Verwirklichung beliebiger Aufwirkungen - Funktionen - sprechen. Es soll noch an dieser Stelle klar sein, daß es möglich ist, einzelne Funktionen durch eine Menge unterschiedlicher Organe auszuüben (vgl. Aussage 2.3). Das ausgewählte Organ entscheidet dann über zu erfüllende Funktionen auf der nächstniedrigeren hierarchischen Stufe. Man kann die Organe auf unterschiedlichen Abstraktionsebenen behandeln; dadurch ist auch der Abstraktionsgrad der hervorgerufenen Teilfunktionen bestimmt.

Aufbau Technischer Systeme

Technische Systeme können nur dann hergestellt werden, wenn die einzelnen Bestandteile herstellbar sind und wenn sie in gewünschter Weise montierbar sind. Auch weitere, vorläufig noch nicht beschriebene Eigenschaften (s. Kapitel 7) müssen durch die Baustruktur - so wollen wir das System der Teile und Baugruppen nennen - verwirklicht werden oder in möglichst günstigem Maß erreicht werden. Es müssen in erster Reihe die Funktionsparameter (vgl. Kapitel 7) gesichert werden, dann auch die notwendige Festigkeit, erlaubte Deformation oder Korrosionsbeständigkeit. Auch die Betriebseigenschaften, wie Lebensdauer, Zuverlässigkeit, Wartungs- und Servicefreundlichkeit müssen die erwünschten Werte erreichen. Dazu muß eine optimale Transportierbarkeit, minimaler Lagerungsraumverbrauch oder ein gutes Aussehen und besonders günstige Herstellkosten gewährleistet sein. Im nächsten Kapitel (vgl. Abb. 7.16) werden wir noch sehen, daß die Mittel dazu Konstruktionseigenschaften sind.
Die Betrachtung Technischer Systeme vom Gesichtspunkt des Aufbaues her liefert eine Menge Bauteile, die in genau definierten geometrischen, energetischen und eventuell

anderen Relationen untereinander stehen. Eine derartige Betrachtungsweise ist den meisten Menschen bekannt und verständlich, weil fast jeder sich mindestens einmal bemüht hat, die Reparatur eines Fahrrades, Wasserhahnes oder eines elektrischen Verbindungskabels oder auch eines Bügeleisens selber durchzuführen und dabei gezwungen war, dieses Objekt zu demontieren. Man hat dadurch ein "Röntgenbild" dieses Objektes gewonnen.

Die Baustruktur wird für die Herstellung Technischer Systeme heute meist in den Zeichnungen und Stücklisten genau beschrieben, wie es Abb. 5.1 laut VSM Normen [80]

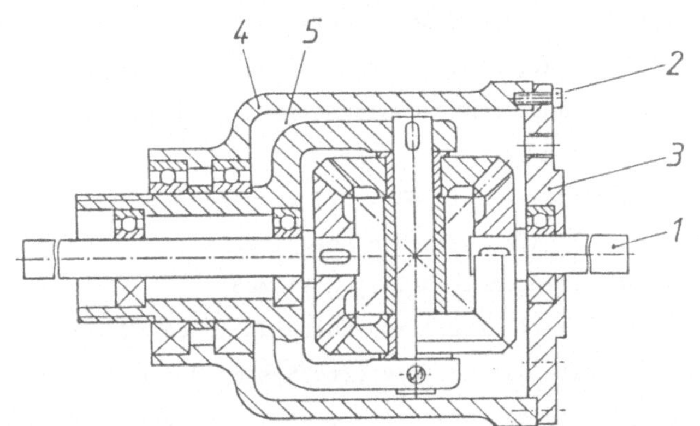

Stufe 0	Stufe 1	Stufe 2	Stufe 3	Stufe 4
Getriebe	Antriebswelle	Welle komplett	Welle	
			Federkeil	
		Kegelrad		
		Lager		
	Deckel			
	Getriebekasten	Gehäuse komplett	Gehäuse	
			Lager	
			Distanzbüchse	
	Zylinderschraube			
		Differentialeinsatz	Differentialgehäuse	
			Lager	
			Antriebswelle	Welle
				Federkeil
				Kegelrad
			Planetenwelle komplett	Planetenwelle
				Federkeil
			Distanzbüchse	
			Kegelrad komplett	Kegelrad
				Bundbüchse
			Stiftschraube	

Abb. 5.1 Zusammenstellung des Getriebes und die Stückliste lt. VSM 80

zeigt. Die Produktstruktur ist dabei entsprechend dem geplanten Zusammenbaufluß gegliedert. Die Entstehung von Baugruppen in vier Stufen richtet sich ausschließlich nach den Forderungen der Fertigung (fertigungsgerechte Gruppenbildung).

Zustände Technischer Systeme

In seinem Werdegang von der Entstehung, dem "Leben" bis zur Liquidierung (vgl. auch Kapitel 10) erreicht ein jedes Technisches System eine Reihe von typischen Zuständen, die unter charakteristischen Randbedingungen stattfinden und wo das Transformationssystem eine andere Zusammensetzung aufweist. Wenn über ein TS gesprochen wird oder ein TS modelliert, dargestellt wird, muß zugleich der entsprechende Zustand genannt werden, um den angenommenen Gesichtspunkt zu definieren und das Transformationssystem zu bestimmen.
Einige der wichtigsten Zustände sind in Abb. 5.2 aufgeführt, begleitet von Erläuterungen und der Kategorisierung des Zustandes bezüglich Abstraktion und Rolle (Operand oder Operator) im betreffenden Technischen Prozeß.
Der konstruierende Ingenieur soll alle diese Zustände in der Vorstellung durchlaufen, um zu überprüfen, wie weit das konstruierte System den einzelnen Zuständen gewachsen ist. Modellversuche können dort helfen, wo die Vorstellung nicht ausreicht.

5.2 Modell Technischer Systeme – „TS-Modell“

Die im letzten Abschnitt enthaltenen qualitativen Aussagen wollen wir nun in einem allgemeinen Modell formalisieren, das an die Modelle des Transformationssystems (Abb. 3.1) und des Technischen Prozesses (Abb. 4.1) anknüpft und das Wesen des TS darstellt (Abb. 5.3). Als Element des Transformationssystems hat ein TS gegenseitige Kopplungen, d. h. es steht im Wirkzusammenhang mit allen restlichen Elementen des Transformationssystems, nämlich mit

- Operanden (durch Wirkungen den Zweck des TS erreichen, d. h. $Od^1 \rightarrow Od^2$ verursachen)
- Menschen-Operatoren (z. B. Betriebs-, Steuerwirkungen)
- weitere TS im Transformationssystem (z. B. bei Aggregation der TS um koordinierte Gesamtwirkung zu erreichen, die Steuerwirkungen)
- Wirkumgebung (bei allen TS die Verbindung des TS mit festem System "Erde" zu erreichen, sei es mittelbar oder unmittelbar, und weitere Verbindungen, besonders an TS-Energielieferanten, z. B. Steckdose).

Neben den genannten geplanten Verbindungen kommt es noch zu unerwünschten, nicht immer determinierbaren, Nebenwirkungen in Bezug auf die Umgebung, die als Störungen bezeichnet werden können.

ZUSTAND TECHN. SYSTEME		DEFINITION BEISPIELE	CHARAKTERISTIK	
			abstrakt- a konkret - k	Operand-Od Operator-Ot
1	Planungs -	Bei Planung Technischer Systeme	a	Od
2	Entstehungs -	Beim Konstruieren,Vorbereiten , Herstellen.Es werden verschiedene Stadien erreicht, die den definierten Strukturen Techn. Systeme entsprechen	a	Od
3	Auf Bestandteile zerlegt	TS als Summe von Gruppen oder Bestandteilen. Nach Herstellung oder Demontage	k	Od
4	Montiert	TS als Einheit,die die räumliche Relationen zwischen den Bestandteilen aufweisen.Nach der Montage,sobald nicht im Betrieb	k	Od
5	Prüf-	TS beim Prüfen,d.h.eine Art des Betriebs für die Ermittlung der Funktionstauglichkeit	k	Od Ot
6	Lagerungs-	TS montiert (auch teilweise) nicht installiert,für längere Zeit gelagert	k	Od
7	Transport -	TS bei Ortänderung im Transportmittel (LKW, Zug,Schiff)	k	Od
8	Betriebs -	Arbeitendes TS, bei der Ausnützung. TS übt die Auswirkungen auf den Operanden aus oder wird dazu vorbereitet	k	Ot
9	Wartungs -	TS beim Reinigen oder bei der Reparatur.	k	Od
10	Liquidations-	TS beim Verschrotten	k	Od

Abb. 5.2 Zustände Technischer Systeme: Übersicht

Die äußeren Wirkungen des TS können alle aktiv, also als Auswirkungen gezeichnet werden; gegen jede Einwirkung an das TS steht seine Auswirkung (Prinzip Aktion-Reaktion).

Es soll noch erwähnt werden, daß die Wirkungen, besonders in Bezug auf die Operanden und Menschen, nur beim "Betrieb-Zustand" (s. Abschnitt 5.1) Technischer Systeme wirklich entstehen. Die Verbindung mit anderen TS und Erde sind demgegenüber auch bei anderen Zuständen vorhanden.

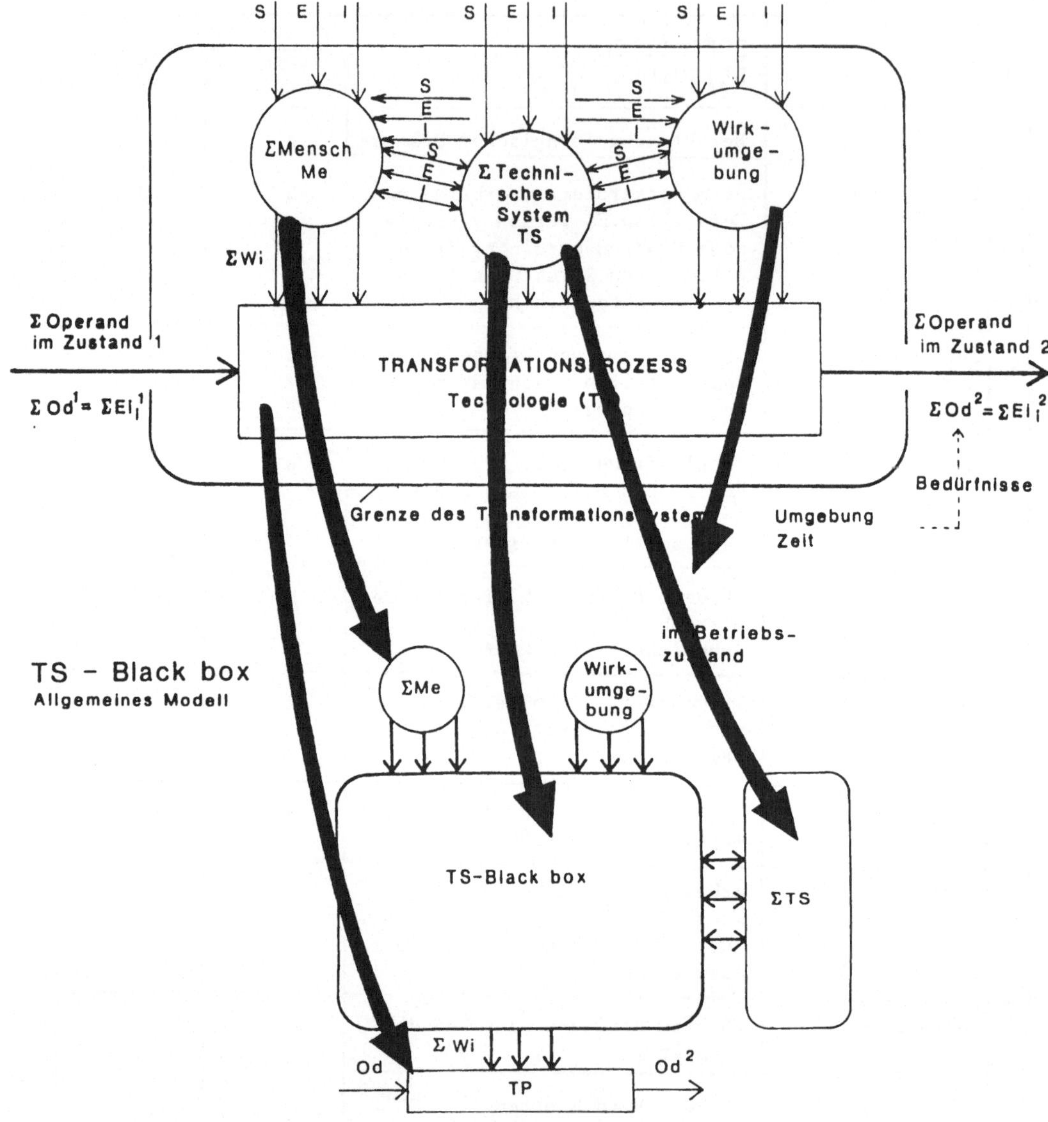

Abb. 5.3 Ableitung des Modells Technischer Systeme vom Transformationssystem

Die beschriebene Situation ist im "TS-Black-box", Abb. 5.4 A, dargestellt, und zwar unter Benützung der vereinbarten Symbolik.

Nun wird die Frage gestellt: Womit erreicht man die geplanten Auswirkungen auf den Operanden, d.h. die eigentliche Aufgabe Technischer Systeme? Im Sinne der Ausführungen im Abschnitt 5.1 stehen hier mehrere mögliche Antworten zur Verfügung, und zwar: Die Auswirkungen werden erreicht, wenn

(1.) ganz bestimmte Einwirkungen (von Menschen, TS und Wirkumgebung) vorhanden sind, die als Inputs des TS angesehen werden können, und

(2a.) ganz bestimmte Aufgaben (Funktionen) durch das TS erfüllt werden, wobei diese Funktionen vom Zusammenhang Input-Output und von der gewählten Wirkweise abhängen oder

(2b.) ganz bestimmte, in 2a erwähnte Funktionen und ihre Relationen erfüllende Organe und ihre Relationen vorhanden sind oder

(2c.) ganz bestimmte in 2b genannte Organe mit ihren Relationen realisierbare Bauelemente und ihre Relationen vorhanden sind.

Es ist zu erkennen, daß die parallelen Antworten a bis c im Punkt 2 das "Innere" des TS auf unterschiedlichen Abstraktionsebenen beschreiben und zwar
2a auf der Ebene der Funktionsstruktur (Abb. 5.4 B)
2b auf der Ebene der Organstruktur (Abb. 5.4 C)
2c auf der Ebene der Baustruktur (Abb. 5.4 D).

Damit diese, vorläufig nicht genau definierten, Begriffe verständlicher werden, geben wir ein Beispiel, den Schraubstock, um einzelne Strukturen an diesem einfachen TS zu zeigen und den allgemeinen Modellen zuzuordnen. Demjenigen Leser, der mit diesen Begriffen nicht vertraut ist, wird empfohlen, mit der ihm gewiß bekannten Baustruktur zu beginnen und dann quasi zurück zu den abstrakten Strukturen zu gehen. Dann wird für ihn der Inhalt dieser Modelle leichter "lesbar". Einige Modelle bedienen sich gewisser Symbolik, die in der Abbildung erklärt ist.

Die drei obengenannten Strukturen gehören den Systemen an, die auf demselben Objekt (= TS) definiert sind und sehr unterschiedliche Abstraktionsstufen aufweisen. Mit den drei Strukturen ist die Möglichkeit der Systembildung nicht ausgeschöpft. Man könnte theoretisch eine beliebige Anzahl von Systemen auf einem TS beschreiben. Der Grund, warum neben der bekannten Baustruktur noch die zwei abstrakten Strukturen gebildet sind, ist besonders in der Konstruktionsmethodik zu suchen [53, 54, 59]. In der Literatur findet man geläufig nur eine abstrakte Struktur - die Funktionsstruktur [53, 54, 81]. Die feinere Abstufung wird noch durch mehr oder weniger abstrakte Ebenen der Funktionen bzw. Organe oder Bauelemente erreicht.

Eine wichtige Orientierung und Erklärung bietet die Beziehung "Ziel-Mittel". Unsere Begriffe können von diesem Gesichtspunkt her folgendermaßen verbunden werden: die Auswirkungen des TS (als Ziel) werden durch bestimmte Funktionsstrukturen (als Mittel) erreicht; diese Funktionsstrukturen (als Ziel) können aus diversen Organstrukturen (als Mittel) verwirklicht werden; die Organstrukturen (als Ziel) können nur aus unterschiedlichen Baustrukturen realisiert werden.

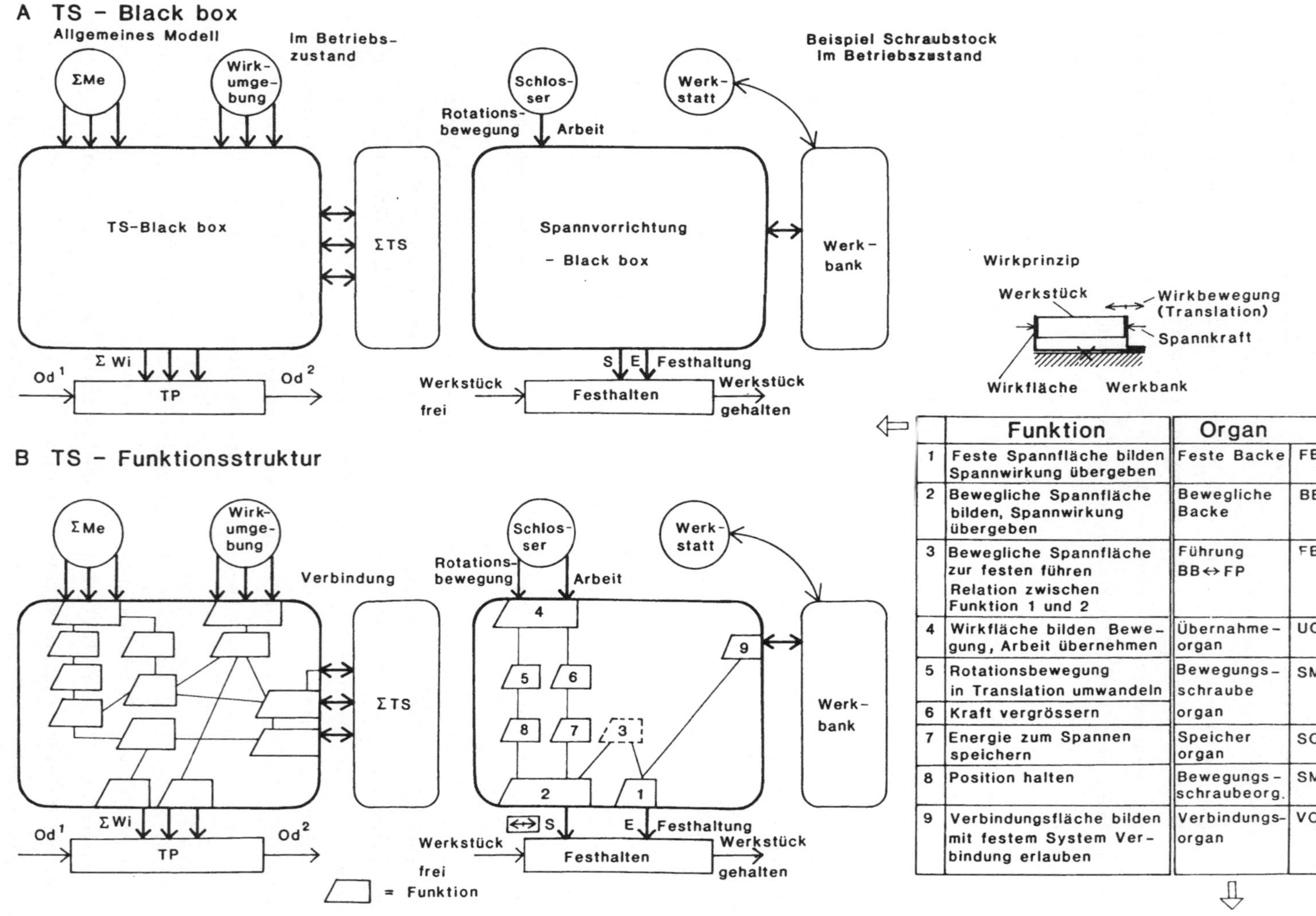

	Funktion	Organ	
1	Feste Spannfläche bilden Spannwirkung übergeben	Feste Backe	FB
2	Bewegliche Spannfläche bilden, Spannwirkung übergeben	Bewegliche Backe	BB
3	Bewegliche Spannfläche zur festen führen Relation zwischen Funktion 1 und 2	Führung BB↔FP	FB
4	Wirkfläche bilden Bewegung, Arbeit übernehmen	Übernahme-organ	UO
5	Rotationsbewegung in Translation umwandeln	Bewegungs-schraube organ	SM
6	Kraft vergrössern		
7	Energie zum Spannen speichern	Speicher organ	SO
8	Position halten	Bewegungs-schraubeorg.	SM
9	Verbindungsfläche bilden mit festem System Verbindung erlauben	Verbindungs-organ	VO

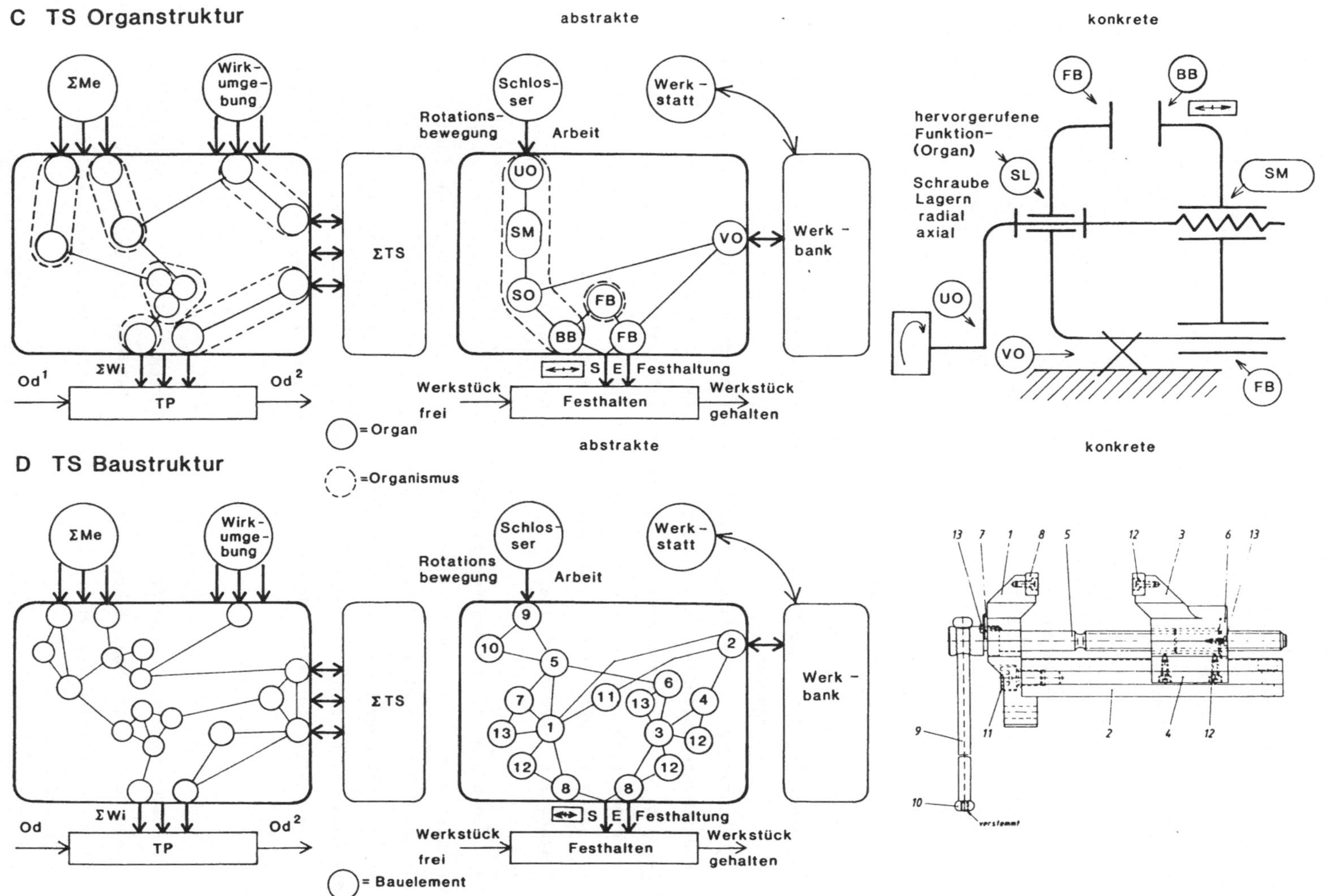

Abb. 5.4 "TS-Modell" - Modelle Technischer Systeme. Allgemein und Beispiel: Schraubstock

Wir werden nun in den nächsten Abschnitten ausführlicher auf die obengenannten TS-Strukturen und ihre Beziehungen eingehen.

5.3 TS-Funktionsstruktur

In diesem Fall wird das TS, als Objekt der Betrachtung, durch die Funktionen definiert. Auf diese Weise entsteht die Funktionsstruktur, d. h. ein Gefüge von Funktionen, die als Menge der Elemente (Funktionen) und Menge der Relationen der Funktionen zueinander definiert ist. In der Funktionsstruktur wird der Bestriebszustand des TS erwogen.

F u n k t i o n (Technische Funktion)
Funktion ist die für einen Zweck ausgenützte Eigenschaft (Fähigkeit) des Systems, eine Eingangsgröße in eine ganz bestimmte Ausgangsgröße zu überführen, dies unter ganz bestimmten Bedingungen. Mit Anwendung des Begriffs "Menge" kann Funktion als eindeutige Zuordnung von Elementen einer Menge unabhängiger Eingangsgrößen zu Elementen einer Menge abhängiger Ausgangsgrößen verstanden werden.
Man kann z. B. einen Schraubenspindel lagern bei bestimmter Belastung und Umdrehungen. Wir können auch über Positionieren des Schraubenspindels mit einem Freiheitsgrad sprechen (eine Welle mit 6 Freiheitsgraden wird durch die Funktion "Lagern" zu einem Zustand mit einem Freiheitsgrad (Rotation) übergeführt).

R e l a t i o n e n unter den Funktionen
Es geht meist um die Kopplungen zwischen den einzelnen Funktionen. Die Funktionsstruktur des Schraubstockes in Abb. 5.4 kann folgendermaßen "gelesen werden": Die Energie der Drehbewegung der Hand wird übernommen (Funktion 4), die Kraft vergrößert (6), die Rotation in Translation umgewandelt (5) und Translation samt Kraft der Backe übergeben (2). Auf diese Weise entsteht eine plausible Darstellung der Arbeitsweise des TS.

F u n k t i o n s a r t e n
In der Literatur sind viele vielfältige Funktionsarten definiert. Wir werden hier nur einige Arten von grundsätzlicher Bedeutung definieren, mit welchen auch weiter gearbeitet wird. Von den vielen Gesichtspunkten der Klassifikation sind besonders drei von Bedeutung:

a/ Komplexität der Funktion. Jede Funktion besitzt einen bestimmten Komplexitätsgrad der Komplexitätshierarchie. Die niedrigste Stelle nehmen elementare Funktionen ein, die nicht mehr auflösbar sind.

b/ Abstraktionsgrad der Funktion. Jede Funktion läßt sich mit unterschiedlicher Konkretheit (Abstraktheit) beschreiben. Dadurch wird die Anzahl möglicher Mittel (Funktionsträger) beeinflußt. Wenn z. B. die Funktion "Bewegung ändern" angegeben wird, so ist das "Mittelfeld" sehr breit. Mit der steigenden Anzahl von zusätzlichen Angaben zur Funktion aus Wirk-, Bedingung- oder Arbeitsmittelbereich (wir erkennen hier die Konstruktionsmerkmale) wird das Mittelfeld immer enger, bis wir zu einem konkreten TS gelangen.

Der Maßstab der Abstraktion ist auf Konstruktionsmerkmalen aus den erwähnten Bereichen aufgebaut. In Abb. 5.5 A ist das allgemeine Schema dieser Abstraktionshierarchie gezeigt, begleitet vom Beispiel der Funktion "Drehbewegung übertragen". Im allgemeinen Schema sind die Funktionen als "Funktion mit i Bedingungen" bezeichnet. Die Reihenfolge der Bedingungen ist nicht genau festgelegt. Zum Verhalten eines konkreten TS gelangen wir auch bei einer veränderten Reihenfolge. Für eine systematische Arbeit ist es jedoch wichtig, eine bestimmte Reihenfolge auszuwählen und einzuhalten.

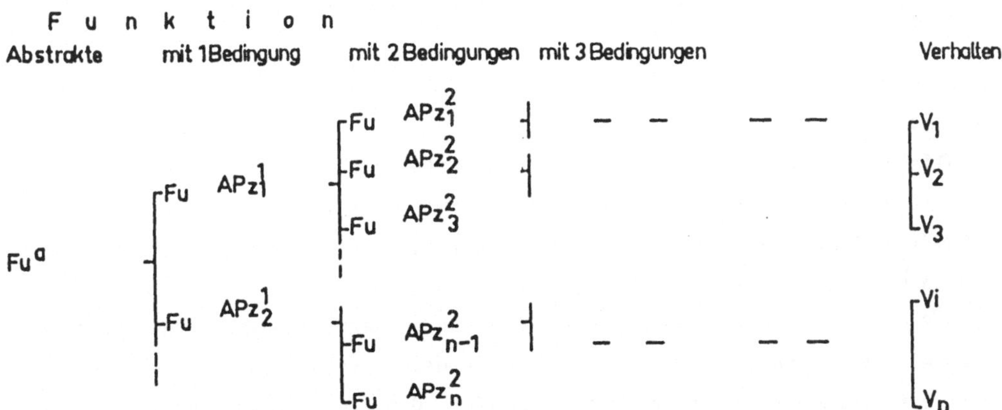

Abb. 5.5 Abstraktionsgrade der Funktion Technischer Systeme

Es soll noch auf den Zusammenhang der Abstraktionsstufe mit dem Komplexitätsgrad aufmerksam gemacht werden. Die Auflösung der Funktion in ihre Teilfunktionen (d. h. Funktionen mit niedrigerem Komplexitätsgrad) ist nämlich erst von einer ganz bestimmten Abstraktionsstufe der Funktion an möglich und sinnvoll. In unserem Fall erst dann, wenn bereits das Wirkprinzip festgelegt ist. Derjenige Konstrukteur, der sich bereits mit dem methodischen Konstruieren befaßt hat, findet hier die Analogie zum morphologischen Kasten, in dem der Weg von der Funktion zum Funktionsträger (= Organ) über Wirkprinzipien führt. Andere dieser Merkmale werden unbewußt übergangen, weil sie entweder implizit in der Aufgabenstellung gegeben sind oder durch die Tradition als "fixe Variablen" angenommen werden.

c/ Zweckkategorien der Funktion. Die Transformationsfunktion, die den eigentlichen Zweck mit gewählter Wirkweise des TS erfüllt, ist obligatorisch von einer Reihe weiterer Funktionen begleitet, die erst ihre Verwirklichung gewährleisten oder unterstützen. Gestützt auf die Aussage 4.2 handelt es sich um:
- Neben- oder Hilfsfunktionen (nicht im Sinne ihrer Bedeutung),
- Antriebsfunktionen oder energieliefernde Funktionen,
- Steuer- und Regelfunktionen mit zugehörigen Funktionen, wie z. B. Messen,
- Verbindungs- und Stützfunktionen, die aus einem TS erst eine "örtliche Einheit" bilden.

Neben den drei behandelten Funktionsarten wollen wir noch einige oft benutzte Funktionsbegriffe definieren:

d/ Logische Funktion. Sie führt eine oder zwei unabhängige Variablen auf eine abhängige Variable über, die nur zwei Werte (z. B. 0, 1) annehmen kann.

e/ Allgemeine Funktion (Roth) ist eine elementare Funktion, die entsteht, wenn allgemeine Operationen (Speichern, Leiten, Übertragen, Umformen, Wandeln und Verknüpfen) mit allgemeinen Größen (Stoff, Energie und Nachricht) verknüpft werden [54].

f/ Grundfunktion (Rodenacker) ist eine elementare Funktion (Verknüpfen, Trennen und Leiten) [35].

g/ Physikalische Elementarfunktion (bzw. Grundoperation) (Koller). Der Begriff wird auf die 12 elementaren Funktionen angewendet: Emittieren, Leiten, Sammeln, Führen, Wandeln, Vergrößern, Richtungändern, Richten, Koppeln, Verbinden, Fügen und Speichern [82].

Die in den Punkten e/ bis g/ definierten Funktionen dienen der Aufstellung der Funktionsstruktur (nach Roth "allgemeine"), welche jeweils die für die entsprechende Methode normierten elementaren Funktionen beinhaltet. Die elementaren Funktionen sind auf der Idee aufgebaut, daß nur die drei Stoff-, Energie- und Informationsflüsse in den Technischen Systemen vorhanden sein können und damit nur ganz bestimmte Operationen (d. h. Grundoperationen) erlauben. Beispiel solcher Struktur s. Abb. 5.6.

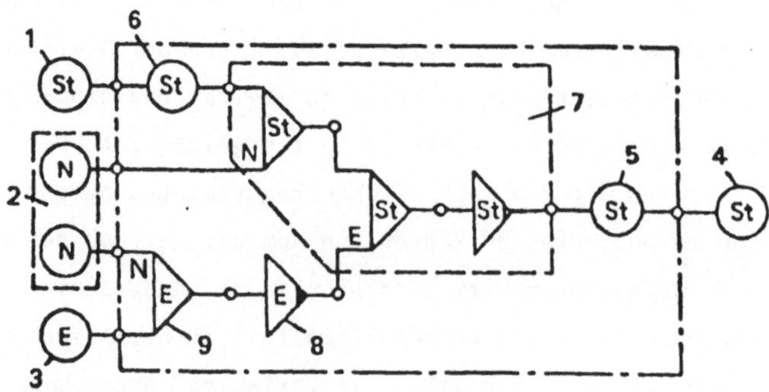

Abb. 5.6 Allgemeine Funktionsstruktur. Beispiel: Kaffeemühle nach Roth 54

F u n k t i o n s g l i e d e r u n g

Es soll nun untersucht werden, wie sich eine hierarchisch höhere Funktion eines TS in ihre Teilfunktionen aufgliedern läßt. Die Auflösung ist nicht so einfach und selbstverständlich, wie dies aus den in der Literatur präsentierten Beispielen erscheinen mag. Es sind drei grundsätzlich unterschiedliche Teilfunktionsklassen festzustellen:

a/ Teilfunktionen, die durch die gewählte Wirkweise bestimmt sind.

b/ Teilfunktionen, welche als obligatorische Funktionen (s. Zweckkategorie) zur gegebenen Funktion hervorgerufen worden sind.

Beide Klassen a/ und b/ werden bei der Ausarbeitung der Funktionsstruktur oder Organstruktur festgelegt.

c/ Teilfunktionen, die zur Verwirklichung anderer notwendiger Eigenschaften - Herstellbarkeit, Transportierbarkeit, Schutz des Menschen u. a. (also zusätzliche Aufgaben) - dienen. Z. B. eine "Verbindung" aus Montage- oder Transportnotwendigkeit; "Abdeckung" beweglicher Teile zum Schutze des Menschen. Diese Art von Teilfunktionen wird besonders beim Uebergang von Organ- zur Baustruktur ermittelt.

D a r s t e l l u n g   v o n   F u n k t i o n s s t r u k t u r e n

Abb. 5.4 B ist eine Darstellung der Funktionsstruktur, die auf die Anordnung der Elemente im Transformationssystem knüpft.

Die typische Anordnung der Funktion in Funktionsstruktur kann im Modell der Funktionsstruktur [59] widerspiegelt werden.

Die diskutierte Darstellung ist nicht die einzigmögliche und in der Literatur finden wir zahlreiche Beispiele anderer Formen [53, 54, 81]. Besonders die Darstellung der allgemeinen Struktur, die als gewisses Schaltschema betrachtet werden muß, hat eine spezielle Form (s. Abb. 5.6) [54].

Nahe der Funktionsstruktur liegt die Funktionsgliederung [81] (Funktionsbaum), in welcher allerdings nur Funktionen, nicht ihre Relationen sichtbar sind. Der Übersichtlichkeit wegen wird dieses Schema viel benutzt.

A u f s t e l l u n g   v o n   F u n k t i o n s s t r u k t u r e n   u n d   i h r e   A u s s a g e

Zwei Wege sind bei der Ausarbeitung von Funktionsstrukturen möglich. Einer geht vom "TS-Black-box" aus, d. h. die Funktionen und ihre Relationen werden als Mittel für die Realisierung der Auswirkungen im Technischen Prozeß gesucht. Das geschieht über die Festlegung der Inputs und der Wirkweise und kann auf verschiedenen Abstraktions- und Vollständigkeitsstufen liegen, wie oben erklärt.

Der andere Weg von Organ- oder Baustruktur wird als Ergebnis entweder eine sehr umfangreiche Funktionsstruktur mit vielen Funktionsarten (vgl. Funktionsgliederung)

erreichen oder man muß von einigen, für die Transformation unwesentlichen Funktionen abstrahieren, um die gleiche Struktur wie beim Weg vom "Black-box" zu bekommen. Eine Reihe von Merkmalen ist in der Funktionsstruktur bereits fixiert, wie z. B. Auswirkungen (als Output des TS) für eine ganz bestimmte Transformationstechnologie, oder Wirkweise durch die Wirkstellen, Wirkbewegungen und Wirkbedingungen definiert (Abb. 5.7); oder Mechanisierungs- und Automatisierungsgrad der Transformationsausführungen und eventuell sogar die grundsätzliche Wirkweise des TS und seine Inputs. Die Anzahl dieser Konstruktionsmerkmale, die durch die Funktionsstruktur festgelegt sind, hängt vom Abstraktionsgrad ab und bestimmt den Vollständigkeitsgrad der TS-Beschreibung (vgl. Abb. 5.11).

WIRKUNG, KENNZEICHEN	1. STUFE		2. STUFE	
	MERKMAL	AUSPRÄGUNG	MERKMAL	AUSPRÄGUNG
Wirkung	Art	Wirkbewegung	Art Sinn Größe Zeitverlauf Anzahl	Freiheitsgrad(s.Abb. 5.10) -Kombination →, ←, ↔ Geschwindigkeit Beschleunigung Zeitdauer,Frequenz 1..... n
		Wirkkraft	Größe Sinn Zeitverlauf Anzahl	Krafteinheit → ← ↔ F= f(t) 1..... n
		Wirkwärme	Größe	Wärmeenergie,Temper.
		Wirkfeld	Art ...	elektrisch,magnetisch
Wirkstelle	Gattung Art Form Lage Größe Anzahl Oberfläche	Raum,Fläche,Linie, Punkt Direkte-feste, Indirekte-Wirkmedium Geometrische Körper horizontal,vertikal.. Längeeinheiten 1 .... n Härtegrad Rauhigkeitsgrad...		
Wirkbedingungen	Medium Druck Temperatur Feld ...	Gas ,Flüssigkeit , Druckeinheiten Temperatureinheiten magnetisch,elektrisch		

Abb. 5.7 Wirkungen Technischer Systeme: Beschreibungsmerkmale und ihre Ausprägungen

5.4 TS-Organstruktur

Die Organstruktur ist ein abstraktes Modell Technischer Systeme, das die Mittel (= Organe) und ihre Beziehungen, die eine bestimmte Wirkweise-Klasse verwirklichen, einschließt. Die Frage nach der materiellen Realisation ist dabei nicht gestellt. Der Betriebszustand Technischer Systeme wird in der Organstruktur analysiert und dargestellt. Die Organstruktur enthält mindestens einen Organismus der Wirkkette und einen Verbindungsorganismus zum festen System.

O r g a n

Organ bezeichnet ein System, das eine bestimmte interne Funktion Technischer Systeme verwirklicht. Organe sind auch unter den Begriffen "Funktionsträger" oder "Funktionseinheit" bekannt. Der Begriff Organ wird in der Biologie für den gleichen Inhalt benutzt wie hier. In der Technik ist er nicht neu, bereits bei F. Reuleaux [32] oder A. Leyer [24] ist er zu finden, jedoch in einem nicht so genau ausgeprägten Sinne wie hier.

Ähnlich wie bei den Funktionen oder Bauelementen kann Organ unterschiedlich abstrakt definiert werden. Sehr abstrakt als Oberbegriff für eine Gruppe von Funktionsträgern (z. B. Lager), oder in symbolischer Darstellung Abb. 5.4 C, oder konkreter z. B. in der Prinzipskizze des Schraubstockes im gleichen Bild. Die letzte Darstellung ist zwar symbolisch, sie vermittelt aber eine, der materiellen Verwirklichung sehr naheliegende, Vorstellung.

R e l a t i o n e n   u n t e r   d e n   O r g a n e n

Die grundsätzlichen Relationen der Organe sind Kopplungen: Der Output eines Organs ist zugleich der Input des Organs, das in der Wirkkette am nächsten liegt. Die Kopplungen können sehr vielfältig sein. Die genannten Relationen sind bereits in der abstrakten Struktur ersichtlich und bilden in der Darstellung der Wirkweise die Verbindungen der Organe. Im Falle der Abbildung der Organstruktur in einer Prinzipskizze sind bereits die räumlichen Beziehungen, minimal in groben Zügen, definiert.

A r t e n   d e r   O r g a n e

So nahe wie Organe und Funktionen beieinander liegen, liegt auch ihre Klassifizierung, bzw. die Gesichtspunkte dafür:

a/ Komplexität der Organe. Man kann (relative) Bezeichnungen unterscheiden, wie: Organismen, Organgruppen, Organe oder Teilorgane.

b/ Abstraktionsgrad der Organe. Analog zu den Überlegungen bei der Funktionsstruktur können Organe abstraktere oder konkretere Funktionseinheiten vertreten.

c/ Zweckkategorien der Organe. Sie entsprechen denjenigen der Funktion: Transformations-, Energie-, Steuer- oder Verbindungsorgane (s. noch den nächsten Abschnitt).

d/ Organe in Bezug auf die Lage zur Grenze Technischer Systeme:
- Organ an der Grenze entweder Rezeptoren oder Effektoren,
- interne Organe.

Transformationsorganismus - Einheiten

Die einzelnen Organe der Organstruktur lassen sich noch nach ihrer Verbindung zum Transformations-Organ in höhere Organismen - Transformations-Organismen - verbinden, welche die Topologie der Organstruktur als charakteristische Einheiten prägen.

Die Abbildung 5.8 zeigt eine solche Einheit, die analog wie die "komplette Funktion" aufgebaut ist.

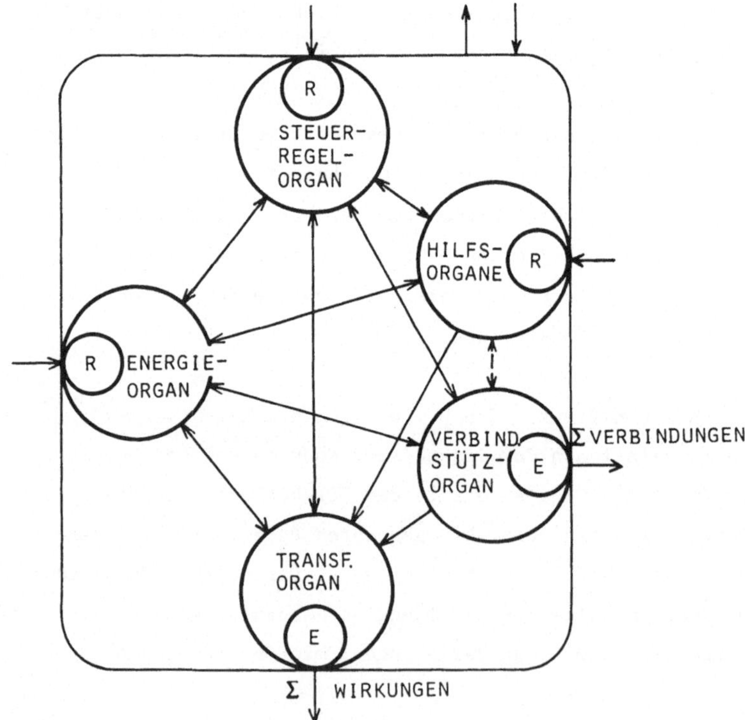

Abb. 5.8 Transformationsorganismus setzt sich aus allen Arten der Organe zusammen

Arten der Organstrukturen

Dem Maschinenbauer, der gewohnt ist, das Maschinensystem eher in Bauteile zu zerlegen, kann die Vorstellung einer Organstruktur ein wenig Mühe bereiten, weil sie andere Strukturierung aufweist, z. B. Schraube und Mutter, Zahnradpaar mit Wellen und

Lager, die hier zu strukturellen Einheiten verbunden sind und nicht als Einzelteile auftreten.

Demgegenüber wird in manchen Fachgebieten längst mit Organen gearbeitet. Schalter, Kondensatoren, Relais oder Widerstände sind Organe der Elektrotechnik; Druckzylinder, verschiedene Ventile, Druckmittelwandler usw. tragen dieselbe Bezeichnung in der Hydraulik wie in der Pneumatik. Sie werden zu Organstrukturen zusammengefügt in einem "Schaltschema". Die Situation ist allerdings insofern einfacher, weil diese Organe zugleich Baueinheiten sind.

Auch beim Projektieren von Anlagen ist die Bildung der Organstrukturen üblich. Die Organe, d. h. strukturelle Elemente, stellen hier grundsätzlich Technische Systeme dritten Komplexitätsgrades - Maschinen, Apparate wie Geräte - dar. Einige Gebiete haben symbolische Sprache für die Ausarbeitung von Organstrukturen entwickelt.

Ein ähnliches Beispiel findet man im Bauwesen. Die grundsätzliche Strukturierung der Räume eines Bauwerkes durch Architekten ist nichts anderes als eine Organstruktur.

Darstellung von Organstrukturen

Organe sind Objektsysteme und können also mit kreisförmigen Symbolen laut unserer Vereinbarung dargestellt werden.

Wie es Abb. 5.4 C zeigt und im letzten Abschnitt erwähnt ist, existieren viele verschiedene Darstellungen von Organstrukturen, die mit einer speziellen, oft normierten Sprache arbeiten. So z. B.

- Halbleiterbauelemente (DIN 40700)
- Elektrotechnische Schaltpläne (Sinnbilder DIN 40710 u. w., SEV 9001)
- Hydraulische Schaltpläne (Sinnbilder DIN 24300, USM 10332)
- Installationspläne (DIN 40717)
- Rohrleitungen und Armaturen (Sinnbilder VSM 10330) (Abb. 5.9)
- Wärmekraftanlagen, Wärmeschaltpläne (DIN 2481)

Für den Maschinenbau ist vorläufig keine Vereinheitlichung der symbolischen Darstellung in den Prinzipskizzen erreicht, es existieren nur einige Empfehlungen.

Aufstellung von Organstruktur und ihre Aussage

Ähnlich wie bei der Funktionsstruktur ist es möglich, die Organstruktur aufzustellen, ausgehend aus der Baustruktur oder Funktionsstruktur entsprechender Technischer Systeme.

Beim Weg von der Funktionsstruktur müssen einige bestimmte Konstruktionsmerkmale festgelegt werden, sei es vollständig oder teilweise, wie z. B. die Inputs/Outputs

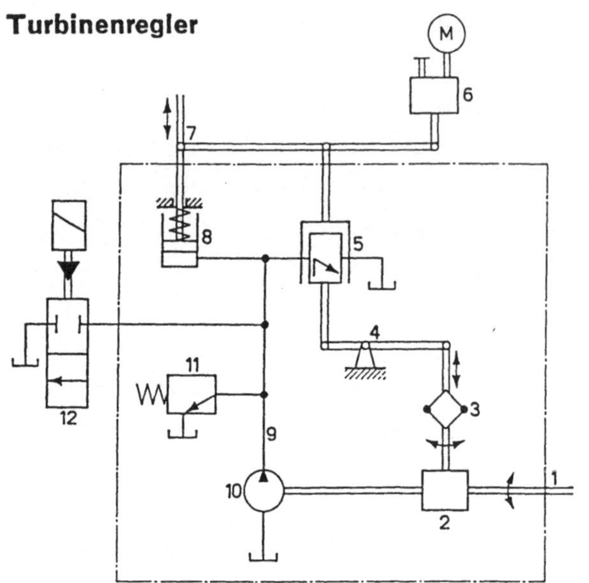

Symbole gemäß VSM 10332

Benennung

1 Turbinenwelle
2 Getriebe
3 Fliehkraftregler
4 Fester Drehpunkt
5 Fühlerventil
6 Verstellgetriebe, motorbetätigt mit Handeinstellung
7 Regelgestänge
8 Servo-Motor (Zylinder)
9 Druckleitung
10 Pumpe
11 Druckbegrenzungsventil
12 Absperrventil mit magnetbetätigter Rückstellkraft

Abb. 5.9 Organstrukturen als "Schaltpläne": Beispiel

auf den Schnittstellen zu anderen Systemen (vollständig); die Wirkweise des TS und ihre ausführenden Organe, Aggregation der Organe-Aufgaben, sowie die grobe räumliche Anordnung. Die Anzahl der Festlegungen und damit die Informationsaussage der Organstruktur hängt mit ihrer Abstraktion und Vollständigkeit zusammen, wie bereits erwähnt.
Wenn von der Baustruktur ausgegangen worden ist, dann wird umgekehrt von einigen Konstruktionsmerkmalen abstrahiert und ein Teil der Vollständigkeit wird aufgelöst. Das Ergebnis und seine Aussage sieht ähnlich aus wie oben beschrieben (vgl. noch Abschnitt 5.6).

5.5 Baustruktur Technischer Systeme – „TS-Baustruktur“

Die Baustruktur stellt das konkreteste Stadium in der Entstehung Technischer Systeme dar und damit muß sie bereits alle Eigenschaften tragen, die als Anforderungen gestellt worden sind, oder zu ihrer Erfüllung notwendig sind. Das bedeutet einen Sprung in der Anzahl von Beurteilungskriterien, welche bisweilen überwiegend nur von Funktionsaspekten her gewählt und beurteilt wurden.

Baustruktur ist also eine Beschreibung Technischer Systeme mit den Bauteilelementen und somit enthält sie die Menge der Bauelemente und die Menge ihrer Relationen.

Die Beschreibung bezieht sich einmal auf den Betriebszustand (z. B. ein Konstruktionsentwurf enthält die angeschlossenen Systeme und Umgebung) oder auf den "zerlegten" oder "montierten" Zustand (z. B. Detail- und Zusammenstellungszeichnungen).

B a u e l e m e n t

Der strukturelle Bestandteil der Baustruktur heißt Bauelement. Ein Bauelement kann vom Gesichtspunkt der Komplexität her gesehen auf allen Komplexitätsstufen liegen (vgl. Kapitel 6), in Abhängigkeit von Komplexitätsstufe des betrachteten Systems und vom Ursprung der Bauelemente (hergestellt - gekauft). Für eine Anlage ist eventuell ein komplexes Gebäude oder komplexe Fertigungsstraße ein Bauelement wie ein einfacher Stift für eine Vorrichtung.

Die Relativität steigt noch, wenn der Standpunkt der Fertigungsorganisation berücksichtigt wird: Das ist ersichtlich aus der Gliederung der Stückliste in Abb. 5.1. Eine Getriebestückliste sieht vier Stufen von Produktstruktur vor. In diesem Zusammenhang sei noch erwähnt, daß die Stücklistennorm (VSM SN 210380) die Bezeichnung "Gegenstand" in ungefähr gleichem Sinne wie Bauelement gebraucht.

Ein normalisiertes Bauelement kann auf eine bestimmte Art und Weise beschrieben werden. So kann ein Code für die Normbezeichnung der Schraube aussehen: M 10x4o, DIN 912. Eine Katalogbezeichnung ist eine andere Möglichkeit der Kurzbeschreibung.

Die hergestellten Bauteile werden durch ihre Konstruktionseigenschaften - Form, Werkstoff, Abmessungen, Toleranz und Oberflächengüte (s. Kapitel 7) definiert.

R e l a t i o n e n   u n t e r   d e n   B a u e l e m e n t e n

Wenn wir uns nun auf den montierten Zustand des TS beschränken, was einmal dem Output aus der Konstruktionsphase und zweitens dem Output aus der Fertigung entspricht, dann sind drei Arten der Relationen in der Baustruktur vorhanden:

- räumliche Relation, durch die Positionierung der Elemente im Raum erreicht,
- mechanische Kopplungen der einzelnen Elemente, in Freiheitsgraden beschrieben (s. Abb. 5.10),
- energetische Relationen, die besonders die Kräfteverhältnisse zwischen Teilen angeben. (Z. B. die Angabe, mit welcher Kraft eine Schraube der Pleuelstange vorgespannt sein muß.)

Einige energetische Relationen sowie die anderen Arten der Relationen (dicht, elektrisch isoliert, wärmeisoliert) entstehen automatisch durch die Bauelemente und ihre räumlichen Relationen (z. B. Schrumpfverbindung).

A r t e n   d e r   B a u e l e m e n t e

Bei der Benutzung folgender, bereits bekannter Gesichtspunkte, können bekannte Arten der Bauelemente entstehen:

Nr.	FREIHEITSGRAD Translation	T	Rotation	R	Σ	BEISPIELE BEKANNTER MECH. KOPPLUNGEN	SYMBOLISCHE DARSTELLUNG
1		0		0	0	Feste Verbindung	
2		1		0	1	Lineare Führung	
3		0		1	1	Drehverbindung	
4		2		0	2		
5		0		2	2	Gabelgelenk	
6		3		0	3		
7		0		3	3	Kugelgelenk	
8		1		1	2	Dreh- und Schiebeverbind.	
9		1		1	2		
10		2		1	3		
11		1		2	3		
12		2		1	3		
13		1		2	3		
14		2		2	4		
15		2		2	4		
16		3		1	4		
17		1		3	4		
18		3		2	5		
19		2		3	5		
20		3		3	6	Zwei Körper ohne Kopplung	

Abb. 5.10 Mechanische Kopplungen nutzen verschiedene Freiheitsgrade

a/ Komplexität der Bauelemente: Teil; TS-Gruppe (in mehreren Stufen); TS-Maschine, Gerät, Apparat, Bauwerk, Anlage, Einrichtung (in mehreren Stufen).

b/ Abstraktionsgrad: von der abstrakten Bezeichnung eines Bauelements, die eine große oder kleinere Klasse der Bauelemente decken kann, bis hin zur Beschreibung eines einzigen Bauelements durch Konstruktionseigenschaften (vgl. Abb. 5.11)

c/ Zweck der Bauelemente: eine breite Palette von Arten spezifisch für jeden Fachbereich. Im Maschinenbau nähert sich die Bauelementebezeichnung derjenigen der Maschinenelemente.

d/ Bauelemente in Bezug auf Lage zur Grenze Technischer Systeme:
- interne Bauelemente,
- Rand- oder Grenzbauelemente.

Man muß erstens über äußere Randelemente sprechen, die auf der Grenze des finalen Technischen Systems liegen und die Auswirkungen ausüben; damit enthalten sie die Wirkstellen und besitzen die Fähigkeit der Wirkbewegungen. Zweitens sind noch innere Randelemente zu unterscheiden, die die Schnittstellen zwischen den internen Teilsystemen verwirklichen.

B a u w e i s e

Die Baustruktur ist nicht nur von den Auswirkungen, von der Wirkweise und von anderen Eigenschaften abhängig, die sie verwirklichen muß, sondern zugleich von einer prinzipiellen Auffassung, mit der der Aufbau Technischer Systeme geleitet wird. Dieses Prinzip nennt man Bauweise(prinzip).

Sehr typisch ist z. B. die modulare Bauweise, die in vielen Arten Technischer Systeme eingeführt worden ist und Vorteile nicht nur für die Fertigung, sondern auch für den Betrieb bietet.

Oft handelt es sich um eine Kombination mehrerer prinzipieller Richtungen, die parallel über den Aufbau Technischer Systeme entscheiden.

D a r s t e l l u n g   v o n   B a u s t r u k t u r e n

Weil es sich bei der Baustrukturbeschreibung meist um die Vorschrift für die Herstellung handelt, gibt es, im Vergleich zu den abstrakten Strukturen, bereits längst eingeführte Usanzen oder Normen, die die Ausführung der Unterlagen einheitlich regeln. Eine andere Situation ist in den Grob- und Konstrunktionsentwürfen zu sehen. Sie stehen zwar in der Darstellung meist sehr nahe der Norm für Detailzeichnungen, damit der Übergang vom Entwurf zur Detailzeichnung einfach sei; die Ausführung ist jedoch unterschiedlich in mehreren Aspekten, die abhängig sind von vielen Faktoren, unter denen besonders die Tradition stark hervortritt.

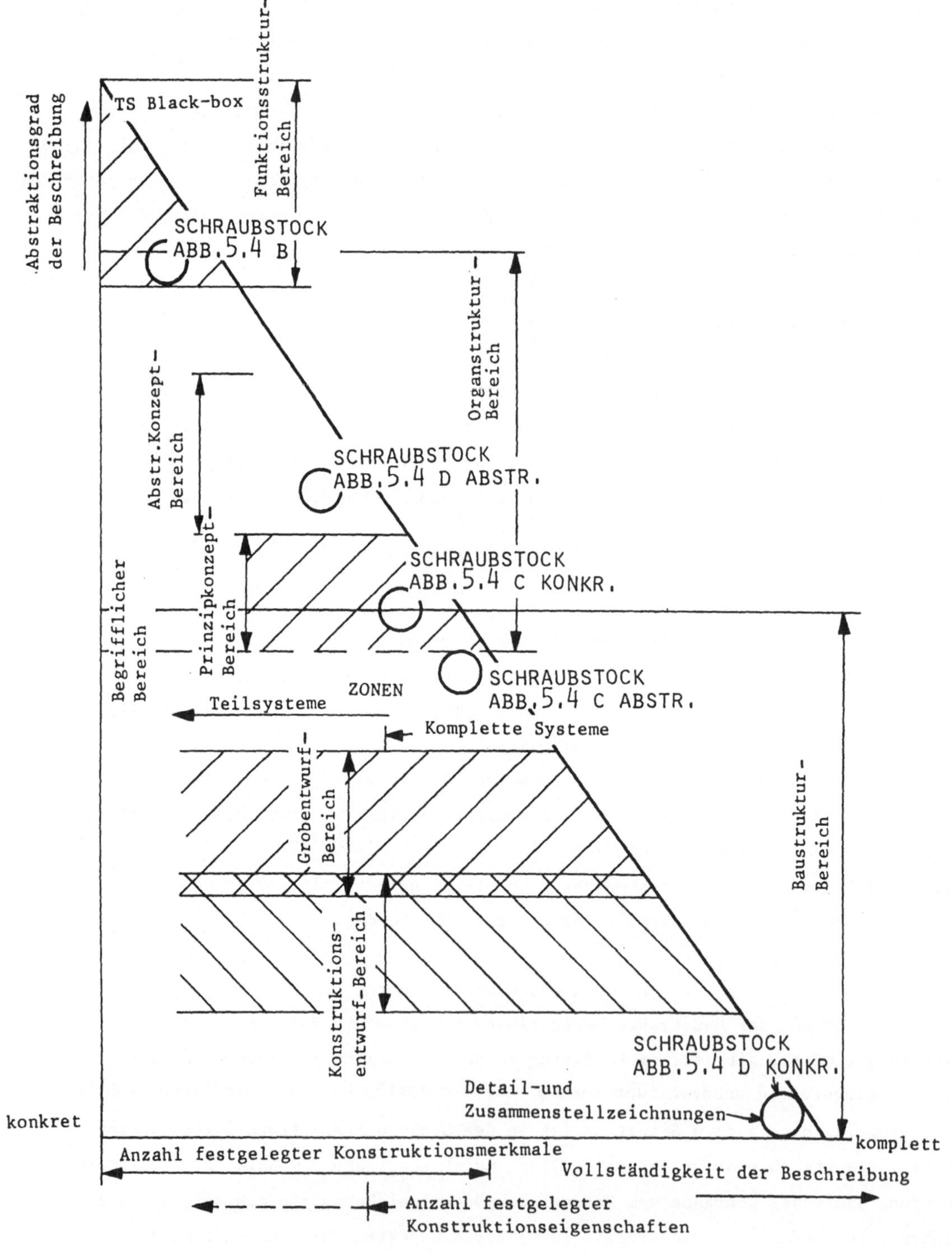

Abb. 5.11 Die Lage von TS-Strukturen im Koordinatensystem "Abstraktions-, Vollständigkeitsgrad"

A u f s t e l l u n g v o n B a u s t r u k t u r e n u n d i h r e A u s s a g e

Die Aufstellung von Baustrukturen kann von Funktions- oder Organstruktur ausgehen. Wegen der Kompliziertheit der Aufgabenstellung für Entwerfen sowie der Beziehungen zwischen Anforderungen und Konstruktionseigenschaften muß der Vorgang iterativ abgewickelt werden.
Üblich ist z. B. der Drei-Schritte-Vorgang im Maschinenbau: Grobmaßstäblicher Entwurf - Konstruktionsentwurf - Detail- und Zusammenstellzeichnungen, welche die Baustruktur mit steigender Konkretheit und Vollständigkeit abbilden. Die Lage dieser Konstruktionsdokumente in dem obengenannten Koordinatensystem ist in Abb. 5.11 zu finden, aus der auch der Zusammenhang mit anderen TS-Strukturen ersichtlich ist.
Die vollständige Baustruktur definiert alle Konstruktionseigenschaften, die im Verlauf des Überganges von Organstruktur zu Baustruktur schrittweise festgelegt worden sind bei Berücksichtigung aller Anforderungen.

5.6 Vergleich der TS-Strukturen und ihre Umwandlungen

Die drei beschriebenen TS-Strukturen lassen sich vergleichen hinsichtlich der Vollständigkeit der Beschreibung Technischer Systeme im Koordinatensystem "Abstraktionsgrad - Vollständigkeitsgrad". Die Abbildung 5.10 stellt ein solches Diagramm dar, in welchem zuerst die grundsätzliche qualitative Beziehung zwischen Abstraktions- und Vollständigkeitsgrad sichtbar wird (Diagonale). Je höher der Abstraktionsgrad liegt, desto unvollständiger kann die Beschreibung sein. Auf jeder Abstraktionsstufe kann durch Festlegung entsprechender Konstruktionsmerkmale oder Konstruktionseigenschaften ein höherer oder niedrigerer Vollständigkeitsgrad erreicht werden.

Für die Erkenntnis der Zusammenhänge sind einige wichtige Modelle Technischer Systeme sowie die grobe Lage der Strukturen des Schraubstockes laut Abb. 5.4 in das Diagramm eingezeichnet. Die komplette TS-Beschreibung kann erst auf der konkreten Stufe durch vollständige Angabe der Konstruktionseigenschaften erreicht werden. Damit ist einleuchtend, daß die Komplexität Technischer Systeme mitberücksichtigt werden muß. Nur wenn ein komplexes System bis auf die Bauteile aufgelöst wird, können Konstruktionseigenschaften zur Beschreibung benutzt werden.

Das Bild vermittelt nur eine qualitative grobe Orientierung, weil die genauen Maßstäbe für die Abstraktion und Vollständigkeit dort nicht präzise definiert und schwer definierbar sind.

Die Transformation einer Struktur in eine andere erreicht man durch die Festlegung (bzw. Abstraktion) einiger Konstruktionsmerkmale oder Konstruktionseigenschaften. Weil jedem dieser Merkmale immer mehrere Ausprägungen angehören, wird das Ergebnis jedes Schrittes von der abstrakten bis zur konkreten Struktur mehrere mögliche Varianten bieten. Somit stehen die behandelten (und auch die weiteren) Strukturen in homomorphischer Relation. Man kann nämlich nur in einer Richtung von einem Bestandteil oder von einer Relation der Struktur auf einen Bestandteil und auf eine Relation in der zweiten Struktur schließen, jedoch nicht umgekehrt.

Die Transformationen der Strukturen Technischer Systeme bilden den Inhalt einiger Ingenieuraufgaben. Diese Lehre muß eine besondere Bedeutung z. B. beim methodischen Konstruieren gewinnen, weil sie da die notwendige Theorie für iteratives Vorgehen bietet und somit ein Algorithmus des Konstruktionsablaufs aufgestellt werden kann.

Die Übersicht der Konstruktionsmerkmale in den vier Gebieten enthält die Tabelle in Abb. 5.12.

Beziehung Ziel - Mittel

Wir sind bereits mehrmals auf diese für unser Gebiet wichtige Beziehung gestoßen; nun wollen wir noch eingehender diese Relation erklären. Aus der Behandlung der Kausalität kann sich der Leser noch den begrifflichen Bezug zur Finalität vorstellen.

Die Beziehung Ziel - Mittel drückt den "Finalnexus" aus und stellt zugleich den Vorgang der Synthese dar, bei der man, vom Ziel ausgehend, nach geeigneten Mitteln sucht, um das Ziel(-System) zu erfüllen.

Bei der Berücksichtigung komplexer Zielsysteme muß die Frage nach den Mitteln ("womit?") mehrmals wiederholt werden, bevor die Ebene der elementaren, komplett beschreibbaren Mittel erreicht ist. Man kann diesen Weg entweder ganz allgemein als Ziel/Mittel-Schritte beschreiben (wobei bei dem nächsten Schritt das Mittel zum Ziel wird), oder man kann direkt für den Bereich Technischer Systeme mit Wirkung (als Ziel) beginnen und TS oder MS als Mittel angeben. Abb. 5.13 beschreibt einen solchen Vorgang und deutet die einzelnen Schritte des "Womit". Zugleich bietet dieses Schema einen Beweis der Gegenseitigkeit der Finalität - Kausalität an. Wenn nämlich der Inhalt auf dem Rückweg interpretiert wird, kommen wir zur Kausalität: "Wenn TS dieser Art, dann diese ganz bestimmte Wirkung". Diese Behauptung wiederholt sich, bis wir zur Endwirkung gelangen, was für die Technik den Endzweck (causa finalis) darstellt.

Der beschriebene Weg kann noch verfeinert werden, indem kategoriebildende Merkmale zwischen die Ziele und Mittel eingeschoben werden. Die Antwort - Konstruktionsmerk-

BEREICH	MERKMALE		DARGEST.	BEMERK.
	CHARAKTERISTIK	BEISPIELE		
Wirkungs-	Merkm.,welche die Art der Auswirkungen des TS(als Ganzes) erklären u.begründen zusätzlich zu den Wirkungen und Wirkbedingungen	Technologisches Prinzip Technologie Reihenfolge der Teil - transformationen Einsatzgrad des TS im TP Anzahl der TS im TP Wirkungen Wirkstellen Wirkbedingungen	Technischer Prozess s. Abb. 4.1	Definition der Auswirkungen s.Abb.5.7
Funktions-	Merkm., welche die internen Wirkketten (int.Aufgaben)charakterisieren u.begründen,in welchen die Auswirkungen aus gewählten Inputs erreicht werden	Inputs , Haupt- Neben- Wirkketten, Wirkweise Hervorgerufene Funktionen Mechanisierungsgrad Automatisierungsgrad Funktionsaggregation Funktionsgliederung	Funktionsstruktur s. Abb. 5.4 B	
Organ -	Merkm.,welche die Art der Mittel(Klassen) u.ihre Gruppierungen charakterisieren u.begründen, die für die Ausführung der Funktionsketten bestimmt worden sind	Wirkprinzip Hervorgerufene Funktionen und Organe Organaggregation Organteilung .. Grobanordnung im Raum Anschluss-(Schnitt-) stellen zu and. TS	Organstruktur s. Abb. 5.4 C	
Ausbau-	Merkm.,welche die Realisierbarkeit des TS u. Erreichen aller anderen Eigenchaften charakterisieren u.begründen	Bauweise Hervorgerufene Funktionen Festigkeitsmerkm. Steifheit u.Elastizitätsmerkmale Verschleissm. Härte Korrosionsbeständigkeit Hitzbeständigkeit .... Gestaltungsprinzipien Bestandteilefamilien ...	Baustruktur s.Abb,5.4 D	
-Alle Konstruktionsmerkmale sind durch die Konstruktionseigenschaften realisiert -Konstruktionseigenschaften treten auch als Anforderungen auf				

Abb. 5.12 Konstruktionsmerkmale Technischer Systeme: Übersicht

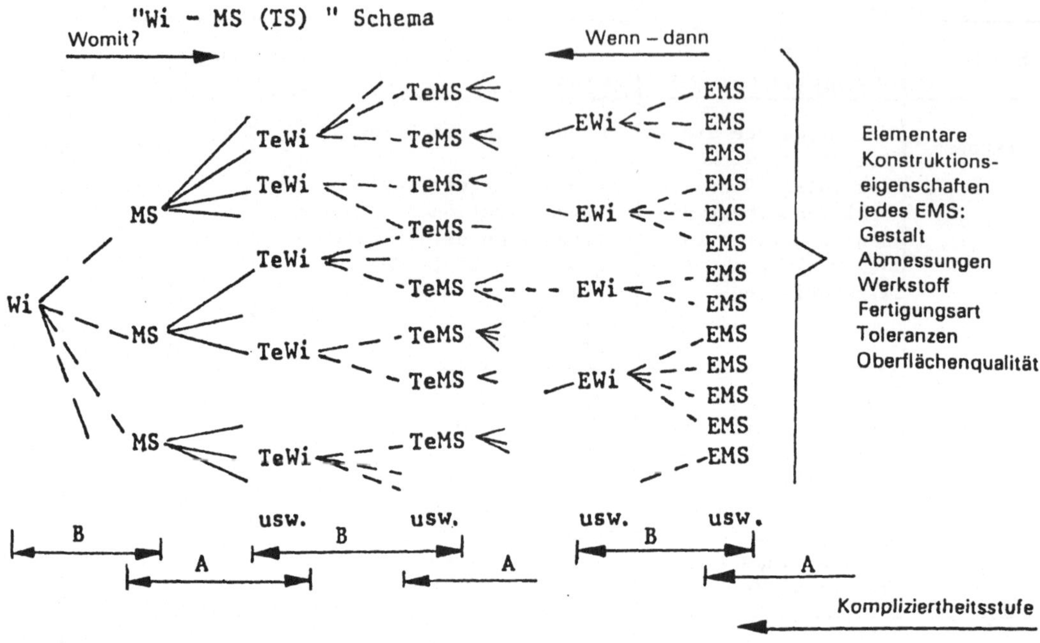

Abb. 5.13 Schema "Ziel-Mittel" oder "Wirkung-Maschinensystem". Schritt "A" Interpretation: Jedes TS (MS) benötigt für die Gesamtwirkung eine Reihe bestimmter Teilwirkungen. "B" Interpretation: jede Wirkung (Teilwirkung) läßt sich mit Hilfe verschiedener TS (MS) erreichen.

male - auf die Frage: Welches sind diese Merkmale? soll nun nicht mehr überraschen, wenn wir bereits ihre Schlüsselposition erkannt haben.

Die prinzipielle Beschreibung der Suche nach geeigneten TS - des Konstruktionsvorganges - kann als "grundlegender Algorithmus" bezeichnet werden [71].

Was unsere TS-Strukturen und die damit verbundenen Begriffe betrifft, so können folgende Schritte des "Womit" diese verbinden:

Ziele:	Mittel:
Änderung des Operanden	Technologie (Teiltransformationen)
Technologie	Wirkungen
Wirkung (Zweckfunktion)	Input, (techn.) Funktion
(techn.) Funktion	Organe
Organ	Bauelemente

Dazwischen liegen also Fragen nach Ausprägung der Konstruktionsmerkmale, die direkt oder iterativ zu den Mitteln führen.

5.7 TS-Grenze

Die Grenze des TS schränkt seine funktionelle Einheit ein, die auch als eine räumliche Einheit aufgefaßt werden muß. An der Oberfläche des TS befinden sich Grenzelemente, welche die Verbindung mit der Umgebung (Inputs, Outputs) vermitteln. Diese Grenzelemente werden Rezeptoren und Effektoren genannt. Sie enthalten die Wirkstellen Technischer Systeme. In allen Strukturabbildungen sind die Effektoren und Rezeptoren direkt an der Grenzlinie dargestellt (s. Abb. 5.4).

5.8 TS-Umgebung

Wie aus Abb. 5.4 ersichtlich, sind in der direkten (nahen) Umgebung Technischer Systeme folgende Systeme immer präsent, die immer in Interdependenz, Wechselwirkung stehen (vgl. Abb. 3.1):

- Technischer Prozeß mit Operanden.
  (Unter Umständen kann auch nur "Operand" als Adressat der Auswirkungen Technischer Systeme in der Umgebung stehen. Mit "Technischem Prozeß" wird der Einsatz des Technischen Systems genauer von mehreren Aspekten her beschrieben.)
- Mensch (Gruppen von Menschen), der in direkter Verbindung mit TS ist und sich an den Auswirkungen im TP beteiligt bzw. TS steuert.
- Technische Systeme, die in irgendwelcher Weise im Technischen Prozeß auf die Transformation des Operanden mitwirken.
- Wirkumgebung, ein Teil der Gesamtumgebung, die in direkter Beziehung zum untersuchten TS steht. Zur Wirkumgebung gehört auch das "feste System", mit dem immer Verbindung hergestellt werden muß. Auch die Eingliederung der Naturgesetze in die Wirkumgebung kann geschehen, denn dadurch befindet sich das TS im Wirkungsfeld dieser Gesetze, was auch der Wirklichkeit entspricht.

Ueber die Zugehörigkeit einzelner Komponenten zur TS-Umgebung, die herauszufinden manchmal problematisch ist, kann und muß man mit Hilfe des entsprechenden Transformationssystems und besonders des Technischen Prozesses entscheiden. Die TS-Umgebung ist also von der Definition des Transformationssystems abhängig. Es ist evident, daß TS zu mehreren Transformationssystemen gehören und dadurch in unterschiedlichen Umgebungen arbeiten können. Darüber hinaus ändert sich seine Umgebung mit den Phasen seiner Entstehung auch in seinem Werdegang (vgl. Abb. 5.2 und Kapitel 10). Allen Arten der Umgebung muß TS gewachsen sein.

5.9 Technische Systeme – Aussagen

Fassen wir nun die Erkenntnisse betreffend Technische Systeme in folgenden Aussagen zusammen:

Auss.

5.1 Die Aufgabe (Ziel, Zweck) Technischer Systeme ist, eine bestimmte Wirkung im Technischen Prozeß auszuüben (TS besitzen die Fähigkeit, ganz bestimmte Wirkungen auszuüben).

5.2 Die Wirkungen gehen von einem Wirkstellen-System (an der Grenze Technischer Systeme) aus, bei ganz bestimmten Wirkbedingungen (vgl. Abb. 5.7).

5.3 Wirkung wird als Output des Wirkprozesses (der Wirkkette) erreicht, in welchem Eingangsgrößen zu Wirkungen (als Ausgangsgröße) umgewandelt werden. Der Wirkprozeß wird erzwungen durch die Struktur des TP; man spricht über Wirkweise Technischer Systeme. Der Wirkprozeß findet statt im erwünschten Zeitmoment nach der Auslösung.

5.4 Der Wirkprozeß (die Wirkweise) wird durch TS-interne Umwandlungen der stofflichen, energetischen und informationellen Inputs charakterisiert. Die internen Umwandlungen werden (technische) Funktionen genannt und verbinden sich im Rahmen eines TS zu seiner Funktionsstruktur.

5.5 Die (technische) Funktion beschreibt die Fähigkeit des TS, eine Eingangsgröße in eine andere Ausgangsgröße durch erzwungene Naturphänomene umzuwandeln.

5.6 Die Eingangsgrößen Technischer Systeme sind Stoffe, Energie oder Informationen.

5.7 Technische Systeme befinden sich während ihrer Entstehungs-, Betriebs- oder Liquidationsphasen in verschiedenen Rollen und Zuständen, je nachdem welchen Transformationssystemen sie zugehören.

5.8 Allgemein besitzen Technische Systeme bestimmte Relationen zu allen Elementen des betreffenden Transformationssystems. Neben diesen bekannten existieren weitere (unerwünschte) Inputs/Outputs, die als Störungen bezeichnet werden.

5.9 Die Funktionen (Funktionsstrukturen) werden durch Organe (Funktionsträger, Organstrukturen) mit bestimmtem Wirkprinzip realisiert. Organe bedeuten ein Mittel für die Funktionen. Es existieren immer mehrere Wirkprinzipien für die Realisation jeder Funktion.

5.10 Die Organe (Organstrukturen) werden durch Bauelemente (Baustrukturen) verwirklicht. Die Baustruktur verwirklicht daneben alle Arten von Eigenschaften lt. Kapitel 7. Für die Verwirklichung eines Organs (Organstruktur) sind immer mehrere Baustrukturen vorhanden.

5.11 Jede der genannten Strukturen Technischer Systeme ist von Ausprägungen ganz bestimmter Konstruktionsmerkmale abhängig. Damit werden die Variationen der Strukturen verursacht.

5.12 Jede Funktion, jedes Organ oder Bauelement ist ein System von Teilfunktionen, -organen, -bauelementen, wie es aus dem Systemcharakter Technischer Systeme hervorgeht.

6 Klassifikation Technischer Systeme (Systematik)

Die Bezeichnung Maschinensystem (MS) wurde als Abstraktionsbegriff für alle Maschinen-Erzeugnisse gewählt. Maschinensysteme realisieren in unzählbaren Prozessen die nötigen Transformationen der Operanden. Der Anwendungsbereich der MS ist sehr breit und schließt alle Zweige der Volkswirtschaft ein, wie anhand von Tabelle Abb. 6.1. gezeigt wird, aus der auch die Mannigfaltigkeit der MS hervorgeht.

Das Unterteilen der Maschinensysteme in Klassen nach ihrer Verwandtschaft ordnet die umfangreiche Familie der Maschinensysteme und erleichtert dadurch die Orientierung. Es wird dadurch ermöglicht, im Rahmen der Kategorien fortschrittliche Erfahrungen zu übertragen, wodurch oft interessante, versteckte Relationen entdeckt werden. Bei einzelnen Gesichtspunkten hat die Klassifikation außerdem oft noch eine spezielle Mission zu erfüllen. Führen wir zuerst die in Betracht kommenden Gesichtspunkte mit charakteristischen Beispielen an.
Maschinensysteme können wie folgt klassifiziert werden:

- nach der Funktion des technischen Objektes, z.B. MS für Festhalten, Verformen, Drehen, Heben
- nach der Operandenart, z.B. MS für die Transformation von Stoffen, Energie, Informationen, biologischen Objekten
- nach dem Prinzip, wie Arbeitswirkungen erzielt werden, z.B. MS mit mechanischem, hydraulischem, pneumatischem, elektronischem, chemischem, optischem, akustischem Prinzip
- nach den Bedingungen des Verhaltens, z.B. MS nach Leistungen, Geschwindigkeit, MS für verschiedene Dimensionen der Operanden, MS für verschiedene Umweltbedingungen (tropisches Klima)
- nach dem Komplexitätsgrad, z.B. MS als Elemente, Teilgruppen, Maschinen, Anlagen
- nach der fertigungstechnischen Verwandtschaft, z.B. Klassen von MS hergestellt durch Gießen, Schmieden, Pressen, Drehen
- nach der Konstruktionsschwierigkeit (s. 6.5)
- nach der Form, z.B. MS als Rotationselemente, Flachelemente, kompliziertere Teile

Wirtschaftszweig	Maschinensystem	
	Einrichtung für	Maschine
Bergbau	Gewinnung Förderung Aufbereitung	Schrämmaschine Förderer Sortiermaschine
Energieerzeugung	Dampferzeugung Stromerzeugung	Dampfkessel Wasseraufbereitung Dampfturbine Gasturbine Wasserturbine Generator
Verhüttung	Roheisenerzeugung Stahlerzeugung	Hochofen Thomasbirne Walzgerüste
Chemische Industrie	Veredelung von Kohle Farbenerzeugung Explosionsstofferzeugung	Behälter Rohrleitung Kolonne
Pharmazeutik Papierindustrie	Medikamenterzeugung	Presse Kalander
Metallbearbeitende Industrie	Spanlose Formung Spanabhebende Formung Wärmebehandlung Gießereien Montage	Presse Hammer Werkzeugmaschine Ofen Formmaschine Vorrichtungen
Bauindustrie	Grundbau Hochbau Erdbau Wasserbau Baustofferzeugung	Derrick Aufzug Scraper Betonmischer Formpresse
Verkehr	Eisenbahn Schiffahrt Weltraumfahrt	Lokomotive Waggon Passagierdampfer Rakete
Textil-, Leder-Industrie	Textilerzeugung Konfektion	Spinnmaschine Webstühle Nähmaschine
Lebensmittel-Industrie	Zuckererzeugung Nahrungsfettherstellung Milchverarbeitung	Mehlstuhl Presse Zentrifuge
Medizin	Diagnostik Therapie	Röntgenapparat Künstliches Herz Prothese
Druckereien, Büro	Druckerei Büro	Druckmaschine Schreibmaschine Rechenmaschine
Landwirtschaft, Forst	Transport in Landw. Getreidegewinnung Holzgewinnung	Traktor Mähdrescher Masch.-Säge
Distribution, Handel	Selbstbedienung Verpackung	Kontrollkasse Verpackungsmaschine

Abb. 6.1. **Beispiele der Maschinensysteme für wichtige Wirtschaftszweige**

- nach der Anordnung niedrigerer Stufen der Maschinensysteme, z.B. Anlagen mit Anordnung nach Maschinenarten oder mit geschlossenem technologischem Zyklus
- nach dem Material, z.B. MS aus Stahl, Messing, Kunststoff
- nach dem Grad der Originalität der Konstruktion, z.B. übernommene, angepasste, umgebildete, neuentwickelte Maschinensysteme
- nach der Herstellungsart, z.B. MS in Einzelfertigung, Serienfertigung und Massenfertigung hergestellt
- nach dem Hersteller, z.B. MS von Siemens, Fiat, Sulzer
- nach den Betriebs-, Aussehens-, Lieferungs-, wirtschaftlichen Eigenschaften

Es ist einleuchtend, daß ein MS gleichzeitig mehreren Klassen angehören kann.

Nachfolgend werden die Kategorien der Maschinensysteme ausführlicher behandelt, welche nach den für den Konstrukteur und den projektierenden Ingenieur wichtigen Gesichtspunkten ausgewählt werden.

6.1 Klassifikation der Maschinensysteme nach der Funktion (Wirkung)

Die Maschinensysteme tragen oft einen Namen entsprechend ihrer Funktion. Auch Nomenklaturen von Maschinenbauerzeugnissen im Zusammenhang mit Absatz, Planung, Uebersicht u.a. werden meistens nach der Funktion der MS zusammengestellt. Es wäre sehr zweckdienlich, wenn Klassifikation und Terminologie in allen Gebieten übereinstimmen würden.

Die Bezeichnung nach der Funktion ist in allen Fällen angebracht, wo die Orientierung des Käufers, der ein Mittel für eine bestimmte Funktion sucht, erleichtert werden soll, d.h. in den Katalogen, Uebersichtstabellen u.ä. Als bekannte Beispiele können Messekataloge und Produzentenkataloge dienen.

Aber auch die Maschinenelemente und Maschinengruppen sind Maschinensysteme. Man soll sie nach der Funktion klassifizieren, weil der Konstrukteur die Elemente nach ihrer Funktionseignung einsetzen muß. Eine solche Klassifikation nennen wir konstruktionsfunktionell; sie ist neben der Klassifikation nach fertigungstechnischen Gesichtspunkten eine Grundlage für die Arbeit auf dem Gebiet der Uebernahme von existierenden MS, Vereinheitlichung, Typisierung und Normierung von Teilen und Gruppen. Sie ermöglicht eine Zeiteinsparung bei der Arbeit des Konstrukteurs.

Eine konstruktionsfunktionelle Klassifikation der Teile und Gruppen verschiedener Fachgebiete kann aus Mannigfaltigkeitsgründen zentral nur sehr schwer durchgeführt werden.

Es ist nötig, daß jedes Unternehmen sein eigenes Klassenverzeichnis ausarbeitet, eventuell mit Anlehnung an allgemeine Prinzipien. Jedes Unternehmen verfügt über eine Menge von Teilen und Gruppen, die eine im Maschinenbau geläufige Funktion haben, wie z.B. Verbindungsteile, Getriebe, Kupplungen; anderseits gibt es aber auch viele spezielle Funktionen wie Meß-, Regel- und Signalgeräte, hydraulische und pneumatische Antriebe und ihre Teile, spezielles elektrotechnisches Zubehör, Vorrichtungen, Spannmittel u.a. Wollte man das alles in eine gemeinsame Nomenklatur zusammenfassen, so würde diese zu umfangreich und unübersichtlich.

Bei der Ausarbeitung eines Klassenverzeichnisses der Teile und Gruppen ist zu beachten, daß das Kennzeichen nicht zu kompliziert sein darf, damit man es leicht im Gedächtnis behalten kann. Ein drei- bis vierstelliges Kennzeichen scheint empfehlenswert.

Die Einordnung in konstruktionsfunktionelle Klassen würde durch Benennung der Maschinensysteme in den Zeichnungen nach der Funktion (nicht nach der Form) wesentlich erleichtert, also z.B. für ringförmige Dichtungen nicht Ring als Bezeichnung, sondern Dichtung.

6.2 Klassifikation der Maschinensysteme nach Wirkprinzip

Für den Konstrukteur ist es wichtig, die Maschinensysteme von gleicher Funktion in Gruppen nach einer weiteren Verwandtschaft zu vereinigen. Dieses gemeinsame Kennzeichen werden wir als Arbeitsprinzip bezeichnen. So können wir z.B. die Maschinensysteme "Industrieöfen" nach der Art der Heizquelle in Elektro-, Gas-, Festbrennstoff- und Flüssigbrennstoff-Öfen einteilen; die Elektroöfen dann nach dem angewandten physikalischen Prinzip in Widerstandsöfen (mit direkter oder indirekter Erwärmung) und Induktionsöfen.

Nach der Arbeitsweise können wir entweder Durchlauföfen oder Öfen mit unterbrochenem Arbeitszyklus (z.B. Kammeröfen) unterscheiden. Durchlauföfen kann man wieder nach dem für den Transport verwendeten Prinzip in die Gruppen Rollenöfen, Bandöfen, Nachschuböfen und Schrittmacheröfen klassifizieren.

Diese Art von Merkmalen der Maschinensysteme gehört überwiegend in die Gruppe der funktionsbedingten Eigenschaften, welche für die Maschinensysteme sehr charakteristisch sind und auch für das methodische Arbeiten des Konstrukteurs große Bedeutung haben.

6.3 Klassifikation der Maschinensysteme nach dem Komplexitätsgrad

Die Einteilung der Maschinensysteme nach ihrer Struktur ist in der Konstruktionsarbeit bereits üblich und auch unerläßlich. Das Hauptmerkmal für die Bildung von Gruppen sollte die Funktion sein, was die Verwendung der Zeichnung eventuell auch für andere Fälle erlaubt. Bedürfnisse der Herstellung erfordern aber manchmal eine andere Gruppeneinteilung, z.B. nach dem Gesichtspunkt der Montage. Manchmal ist es aus organisatorischen Gründen naheliegend, die Maschinensysteme in Teilsysteme einzuteilen.

Stufe der Komplexität	Maschinensystem	Charakteristik	Beispiele
I	Teil Maschinenteil (Maschinenelement)	Elementarsystem, das ohne Montageoperationen hergestellt wurde	Bolzen, Lagerbüchse, Feder, Scheibe
II	Gruppe Mechanismus Teilgruppe Untergruppe	Einfaches System, das auch höhere Funktionen (mit Hilfe von Maschinenelementen) erfüllt	Getriebekasten, hydraulischer Antrieb, Spindelstock
III	Maschine Gerät Apparat	System, das aus Gruppen und Teilen besteht und eine geschlossene Funktion ausübt	Drehbank, Kraftwagen, Elektromotor
IV	Anlage Einrichtung Komplexer Maschinensatz	Kompliziertes System, das eine Reihe von Funktionen erfüllt, und das aus Maschinen, Gruppen und Teilen besteht und eine Funktions- und Ortsgesamtheit bildet	Härtereianlage, Bearbeitungsstraße, Fabrikeinrichtung

Abb. 6.2. Maschinensysteme nach Komplexitätsstufe

In Abb. 6.2. ist eine allgemeine Übersicht der Klassifikation von Maschinensystemen nach dem Komplexitätsgrad dargestellt, wogegen Abb. 6.3. ein Beispiel der Relationen unter den Maschinensystemen verschiedener Kompliziertheitsgrade zeigt. Bei den höheren Stufen der Maschinensysteme können wir noch etliche Zwischenstufen unterscheiden. So kann z.B. die Anlage als Betriebsgesamtheit, Betriebssatz, Betriebseinheit oder Grundeinheit angesehen werden. Eine Gruppe kann man in Untergruppen aufteilen. Wir müssen uns bewußt sein, daß es sich um eine relative Hierarchie im Bau bestimmter Maschinensysteme handelt. Dasselbe System der niedrigeren Stufe, z.B. Elektromotor, Getriebekasten, kann in einem System als eine Untergruppe, in einem anderen als eine Gruppe oder eine Finalstufe aufgefaßt werden.

Was die Breite der Anwendung anbelangt, ist es allgemein gültig, daß niedrigere Stufen der Maschinensysteme universeller verwendet werden. So wird z.B. die Schraube im ganzen Maschinenbau, der Elektromotor in einer Reihe von Fällen, eine Bearbeitungsstraße nur in einem bestimmten, speziellen Prozeß benützt.

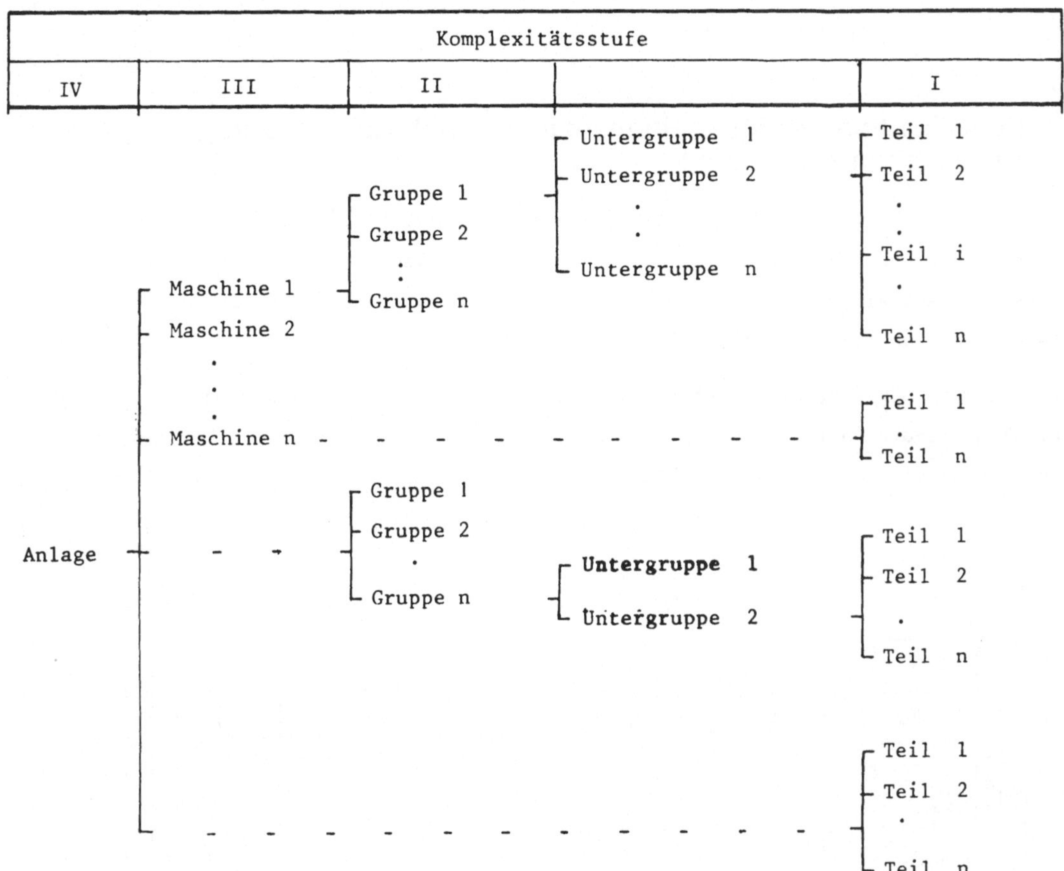

Abb. 6.3. Beziehungen der einzelnen Komplexitätsstufen der Maschinensysteme

Die Klassifikation der Maschinensysteme nach dem Komplexitätsgrad ist für den Konstrukteur von Bedeutung, denn die Komplexitätsstufe eines Maschinensystems

- ist in Korrelation mit dem Komplexitätsgrad der Lösung der Konstruktionsaufgabe
- deutet gewisse Grenzen für die Spezialisierung des Konstrukteurs an, z.B. beschäftigt sich ein Projektingenieur mit der Anlage, ein Konstruktionsingenieur mit der Maschine und ein Detailkonstrukteur mit den Elementen
- bildet eine Orientierung für die Arbeit des Konstrukteurs, denn wenn er auf einer bestimmten Komplexitätsebene arbeitet, muß er nur die Eingliederung seiner Aufgabe in eine höhere Stufe zur Kenntnis nehmen, für die niedrigere Stufe löst er meistens nur die Konzeption.

Einzelne Stufen der Maschinensysteme repräsentieren aufgrund der Zusammenstellungszeichnung auch die Herstellungs- und Montagegesamtheiten. Die Bildung von entsprechenden Gesamtheiten, vor allem von Gruppen und Untergruppen, erfüllt die Voraussetzung für Baukastenkonstruktionen und für eine zweckmäßige Organisation des Produktionsprozesses.

6.4 Klassifikation der Maschinensysteme nach der fertigungstechnischen Ähnlichkeit

Gewisse Gruppen von Maschinensystemen brauchen zu ihrer Herstellung eine analoge Fertigungsanlage. So kann man z.B. auf derselben Anlage Dampfkessel und chemische Einrichtungen, auf einer anderen wieder Drehbänke, Fräsmaschinen, Bohrmaschinen und andere Werkzeugmaschinen herstellen.

Ebenso ist es möglich, die Maschinenteile nach der engeren Verwandtschaft der technologischen Abläufe in technologische Gruppen zu ordnen, wobei als Hauptkennzeichen die Gestalt dient.

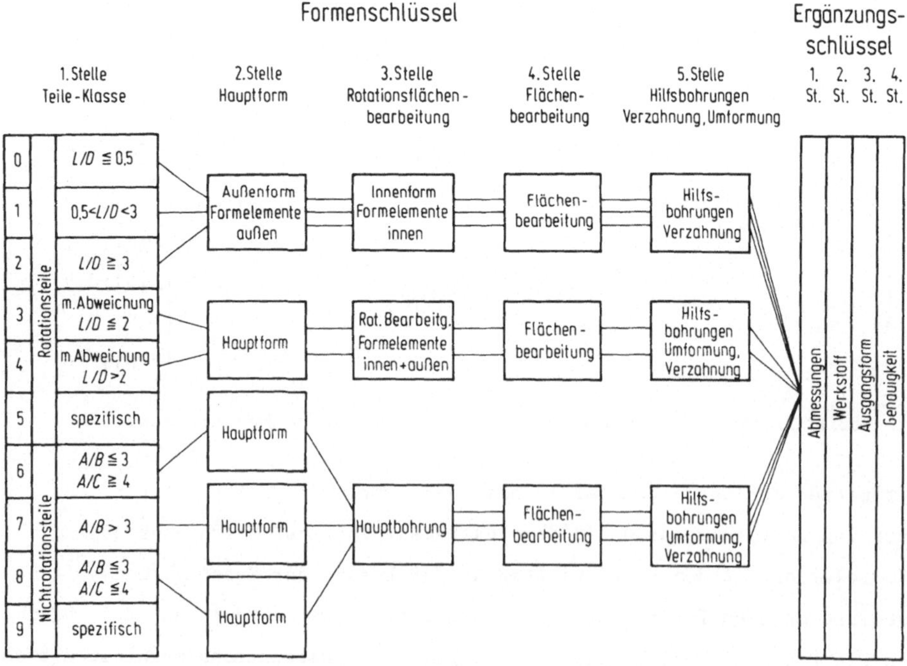

Abb. 6.4. Klassifizierungsschlüssel für Maschinenteile nach Opitz [30]

Die erwähnte Einreihung ermöglicht eine rationelle, technologische Vorbereitung der Produktion und eine bessere Organisation des Produktionsprozesses durch Vereinigung der Arbeitsstellen zur Herstellung verwandter Teile. Das kann zu verschiedenen Rationalisierungsmaßnahmen führen, z.B. Verlegung der Produktionsprogramme in einen Betrieb mit einer verwandten und spezialisierten Technologie. Diese Klassifikation ist von großer Bedeutung für die Arbeitsvorbereitung, Betriebsführung und Planung. Sie bildet einen Bestandteil der sog. Gruppenbearbeitung. Ein Beispiel einer möglichen Anordnung der Teile nach dem angeführten Prinzip zeigt Abb. 6.4.

6.5 Klassifikation der Maschinensysteme nach der Konstruktionsschwierigkeit

Vom Gesichtspunkt der Konstruktionsschwierigkeit aus gesehen, kann man die Maschinensysteme in verschiedene Gruppen einordnen. Als Beispiel sind in Tabelle Abb. 6.5. die Maschinensysteme der dritten Kompliziertheitsstufe nach dem Grad ihrer Konstruktionsschwierigkeit in 6 Kategorien unterteilt. Nach der Konstruktionsschwierigkeit eines Maschinensystems wählt man auch einen geeigneten Fachmann für die Bearbeitung des Problems. Bei der Planung von Konstruktionsarbeiten dient der Schwierigkeitsgrad als Kriterium für die Festsetzung der Konstruktionszeit.

Grad der Konstruktions-schwierigkeit	Beispiele
I	Kleine Behälter, einfache Tragkonstruktion, Rinnen, Verteiler, Konsolen
II	Kompliziertere und größere Behälter, Ventile, einfache Kupplungen
III	Drucköler, Anhängerwagen, Wannen mit Erwärmung, Destillationsapparate, Drosselklappen, flurbediente Brückenkräne
IV	Spezialventilatoren, Glühofen, Flüssigkeitsbehälter, Kreiselpumpen, Schachtaufzüge
V	Gaserzeuger, Turmkräne, Hochspannungstransformatoren, Kolbenpumpen
VI	Metallverarbeitungsautomaten, Planetengetriebekästen

Abb. 6.5. Beispiele von Maschinensystemen der dritten Kompliziertheitsstufe nach dem Grad der Konstruktionsschwierigkeit

Auch die Maschinenteile kann man nach der Konstruktionsschwierigkeit in Gruppen unterteilen. Ein entsprechendes Beispiel der Klassifikation der Maschinenteile in 7 Schwierigkeitsgruppen zeigt die Tabelle Abb. 6.6.

Die Kriterien für die Beurteilung der Schwierigkeit in der Konstruktion sind: nötige Originalität, Kompliziertheit der Funktionen, der Form, der ganzen Struktur, Schwierigkeit der Berechnungen, ferner Größe der Teile, Anzahl von Koten, besonders anspruchsvolle Forderungen an die Eigenschaften wie kleines Gewicht, fertigungsgerechte Konstruktion, geringe Kosten, Forderungen an das Aussehen, usw.

Grad der Konstruktionsschwierigkeit	Charakteristik	Beispiele
I	Sehr einfache Teile mit einer kleinen Anzahl von Koten (Maßpfeile)	Unterlagscheibe, einfache Hebel, kleine Wellen, Bolzen, Befestigungsschellen
II	Einfache Teile mit einer größeren Anzahl von Koten	Hebel, einfache Zahnräder, Lager
III	Kompliziertere Teile	Zahnräder, Keilwellen, kompliziertere Preßteile
IV	Kompliziertere Teile	kompliziertere Gußstücke, kleinere Schmiedestücke
V	Sehr komplizierte Teile	komplizierte Gußstücke von Kästen und Schmiedestücken mittlerer Dimension
VI	Sehr komplizierte und große Teile	Gestelle, Maschinengehäuse, zusammengeschweißte oder gegossene Ständer
VII	Komplizierteste Teile von großer Dimension und ungewöhnlicher Form	Turbinenschaufeln, große Schmiedestücke

Abb. 6.6. Maschinenteile nach dem Grad der Konstruktionsschwierigkeit

6.6 Klassifikation der Maschinenteile und Maschinengruppen nach Produktionsort und Normalisierungsgrad

Diese Klassifikation ist von Bedeutung für die Beurteilung der Wirtschaftlichkeit der Konstruktion. Die Anteile einzelner Gruppen von Maschinensystemen geben Aufschluß über die Möglichkeit der Serienfertigung im Betrieb.

Ein Schema der vollständigen Struktur der Gruppen und Teile eines höheren Maschinensystems zeigt Abb. 6.7.

Wenn n die Anzahl aller Teile bzw. Gruppen der Maschinensysteme und n mit dem Index die Anzahl der Teile in den zugehörigen Kategorien bedeuten, dann ist

$$n = n_{Ko} + n_{Ü} + n_{Ty} + n_{BeNo} + n_{No} + n_{AsKo} + n_{AsTy} + n_{AsNo}$$

Die folgende Formel drückt die relativen Anteile der einzelnen Kategorien aus:

$$\frac{n_{Ko}}{n} + \frac{n_{Ü}}{n} + \frac{n_{Ty}}{n} + \frac{n_{BeNo}}{n} + \frac{n_{No}}{n} + \frac{n_{AsKo}}{n} + \frac{n_{AsTy}}{n} + \frac{n_{AsNo}}{n} = 1$$

Vom wirtschaftlichen Standpunkt aus betrachtet sollten die Anteile von Ko und AsKo möglichst klein sein, da diese die Ansprüche an die Konstruktionsvorbereitung und auch an die technologische Vorbereitung repräsentieren. Der minimale Anteil von Ko und AsKo bildet auch die Voraussetzung für die Serienfertigung, weil dadurch die schon vorhandenen Systeme in größerer Anzahl hergestellt werden können.

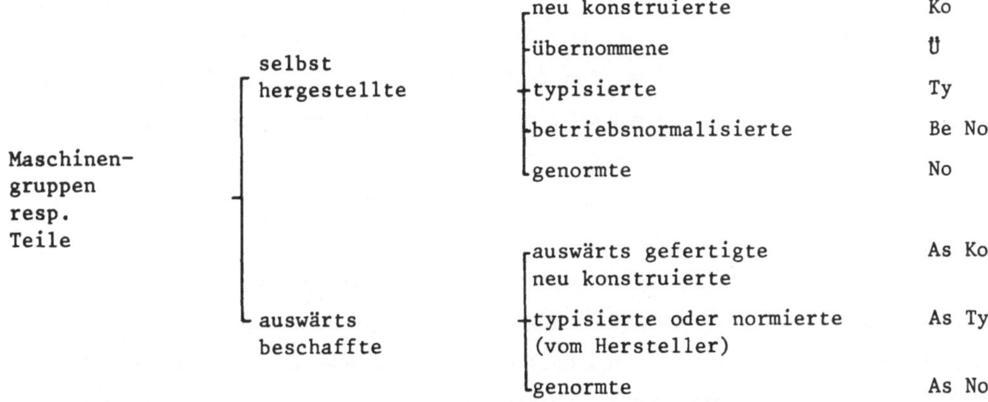

Abb. 6.7. Struktur der Gruppen und Teile nach Produktionsort und Normalisierungsgrad

Oft sind andere Gründe ausschlaggebend, so daß dieser Standpunkt nicht eingehalten wird. Auf jeden Fall aber sollte jeder Bericht über eine durchgeführte Konstruktion die Anteile der einzelnen Kategorien enthalten.

6.7 Klassifikation der Maschinensysteme nach Konstruktionsoriginalität (Neuigkeitsgrad)

Der ökonomische Standpunkt , aber auch kleineres Risiko und andere Gründe zwingen den Konstrukteur, alle bewährten Konstruktionen und fertigen Maschinensysteme maximal auszunützen. Nach der Konstruktionsoriginalität bilden die Maschinensysteme Kategorien, die wie folgt charakterisiert sind:

- übernommene Maschinensysteme. Für die Erfüllung der nötigen Funktionen ist bereits ein Maschinensystem oder eine Reihe von Maschinen vorhanden, von denen die günstigsten benützt werden können. Es handelt sich hierbei um genormte Teile und Gruppen (Schrauben, Keile, Ventile, Federn), aber auch um nicht genormte Teile und Gruppen, die übernommen werden können.
- angepasste Maschinensysteme. Es gibt ein Maschinensystem für die nötige Funktion, das aber nicht allen anderen Forderungen entspricht. Man muß einige Änderungen der Größe, der Leistung, der Drehzahl, der Geschwindigkeit oder der Anschlussmaße und anderer Dimensionen vornehmen oder evtl. Material oder das Fertigungsverfahren ändern. Die Konzeption, die Struktur und weitere wichtige Eigenschaften der Maschinenteile ändern sich in diesem Falle nicht. Das Maschinensystem wird lediglich den besonderen Bedingungen und Forderungen der Aufgabe angepasst. Neue Materialien benützt man nur zur Qualitätserhöhung, zur Verbilligung oder zur Modernisierung.
- umgewandelte Maschinensysteme, Die bestehenden Maschinensysteme entsprechen nicht voll den Forderungen an die Funktion und andere Eigenschaften. In der umgewandelten Konstruktion bleiben gewöhnlich nur die Funktion, einige Parameter, evtl. die Arbeitsprinzipien unverändert. Bei den Teilen können die Form, die Dimension, das Material oder die Technologie verändert werden, bei den komplizierten Maschinensystemen auch ihr Aufbau, die Struktur, d.h. ihre Teile oder Gruppen, ihre Kopplung und Raumanordnung. Die Konstruktionsumwandlung ist die häufigste Konstruktionslösung.
- neue Maschinensysteme. Für die erwünschte Funktion existiert kein Maschinensystem oder das vorhandene weist bedeutende Mängel auf. Man braucht ein neues Arbeitsprinzip und weitere technische Eigenschaften. Zum Beispiel soll die Wirkung "Erwärmung", welche bisher durch das Maschinensystem mit Erdölverbrennung gesichert war, durch ein neues, noch nicht existierendes System mit Widerstandserwärmung ersetzt werden.

6.8 Klassifikation der Maschinensysteme nach Produktionsart

Die Art der Herstellung, welche von der Anzahl der zu erzeugenden Stücke abhängt, gibt jedem Erzeugnis einige charakteristische technische und wirtschaftliche Eigenschaften.

- In Einzelfertigung hergestellte Maschinensysteme. Die Konstruktions- und Vorbereitungsarbeiten müssen auf ein Stück umgelegt werden, wodurch sich der Preis des einzelgefertigten Maschinensystems erhöht. Es besteht ein großes Risiko, ob man die nötige Funktion überhaupt erreicht, weil man bei größeren Maschinensystemen ohne Prototyp arbeiten muß. Deshalb stellt diese Kategorie hohe Ansprüche an den Konstrukteur.

- In Serien- oder Massenfertigung hergestellte Maschinensysteme. Diese Maschinensysteme sind im allgemeinen besser durchgearbeitet und zur Herstellung vollständiger vorbereitet. Wegen der großen Stückzahl ist der prozentuale Konstruktionskostenanteil gering. Konstruktionsdurcharbeitung und vollkommenere Vorbereitung spiegeln sich in allen Eigenschaften des Maschinensystems. Kontrollen und Prüfungen werden doch meist nur bei einer begrenzten Anzahl von Stücken durchgeführt, weshalb Herstellungsfehler beim Maschinensystem nicht ausgeschlossen sind. Nur wenn eine lückenlose Kontrolle aller Operationen oder Teile und des Ganzen eingeführt würde, könnte bei der Serien- und Massenfertigung eine einheitliche Qualität erzielt werden.

Für einen Fachmann bilden die erwähnten Kategorien der Systeme nach Produktionsart eine Grundlage zur Abschätzung der wahrscheinlichen Qualität.

Es herrscht eine klare Tendenz zu vermehrt standardisierten, serienerzeugten Maschinensystemen, besonders für die verschiedensten Funktionen der niedrigeren Stufe, so z.B. auf dem Gebiet der Verbindung, Messung, Steuerung, des Antriebs, der Verteilung. Auf der andern Seite nehmen auch die speziellen in Einzelfertigung hergestellten Maschinensysteme zu, weil die moderne Produktion auf eine große Menge von Spezialeinrichtungen, Hilfsmitteln, Einzweckmaschinen, Automaten und Fertigungsstraßen angewiesen ist. Diese ermöglichen eine billige Massenproduktion der verschiedensten Standardprodukte. Beide Kategorien stellen immer größere Ansprüche an den Umfang und die Qualität der Konstruktionsarbeit.

6.9 Klassifikation Technischer Systeme nach Abstraktionsgrad

Technische Systeme bilden eine der umfangreichsten Klassen von Objekten unserer Welt und können natürlich auch weiter hierarchisch gegliedert werden. In Abb. 1.1 haben wir bereits mit der Gliederung begonnen. Für weitere Arten können die Bezeichnungen der systematischen Kategorien der Biologie benutzt werden, die nach dem Grad der Verwandtschaft und nach morphologischen Merkmalen geschaffen sind, nämlich: Reich, Stamm, Klasse, Ordnung, Familie, Gattung, Art (Species) usw.

Die Untersuchung der Strukturen (Abschnitt 5.3 bis 5.6) kann dieser Gliederung eine Grundlage bieten. Wenn wir uns nun auf das Reich Technischer Systeme - Maschinensysteme - konzentrieren, bekommen wir eine Gliederungshierarchie, wie sie in Abb. 6.8 zu finden ist.

Allgemeine Hierarchie				Beispiel	
Konkr. Stufe	Bezeichnung	Definition durch (Graph. Modell)	Festgelegte Konstruktionsmerkmale	Bezeichnung	Graphische Darstellung
0	Maschinen-System (MS)	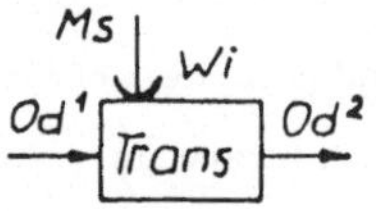 Ms, Wi, Od¹ → Trans → Od²	MS besitzt überwiegend mechanische Arbeitsweise		
0,2	Stamm der MS	Allg. Black-box 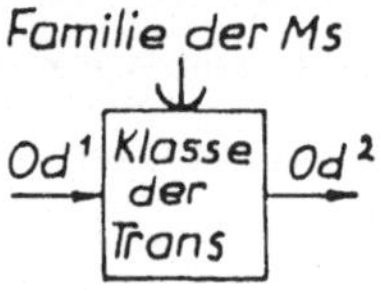 Familie der Ms Od¹ → Klasse der Trans → Od²	- Od-Stamm - Transformationsklasse	Werkzeugmaschine	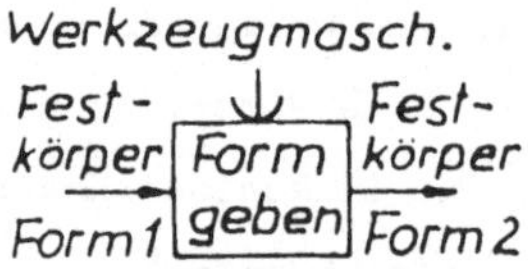 Werkzeugmasch. Festkörper Form 1 → Form geben → Festkörper Form 2
0,4	Klasse der MS	Gen. Black-box Skizze des technologischen Prinzips Grundlegende Funktionsstruktur	- Od-Familie - Technologisches Prinzip der Transformation - Notwendige Einwirkungen und damit die grundlegenden Funktionen	(Metall-) Drehbank	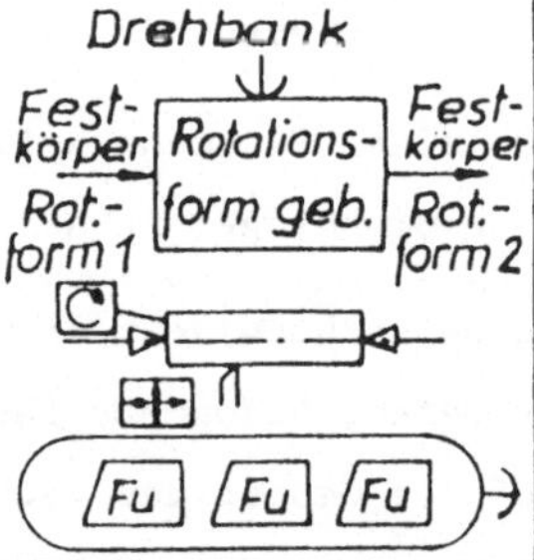 Drehbank Festkörper Rot.-form 1 → Rotationsform geb. → Festkörper Rot.-form 2 Fu Fu Fu
0,6	Familie der MS	Detaillierte Funktionsstruktur Grobe Baustruktur Konzeptskizze	- Od-Art - Funktionsstruktur (Funktionen und Reihenfolge) - Inputs des MS - Funktionsträgerfamilien - Ihre Kombination und Grundanordnung	Universal-Metalldrehbank	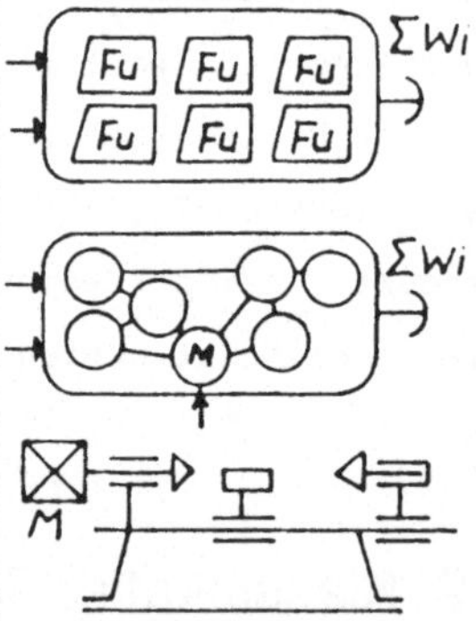 Fu Fu Fu Fu Fu Fu ΣWi M ΣWi M
0,8	Gattung oder Typ der MS	Zeichnung der Baustruktur (Ähnlichkeit ändert bei verschiedenen Typenreihen) Zeichnungen gemeinsamer Baugruppen und -teile	- Komplette Teile - Anordnung - Teilw. Gestalt - Einige Abmessungen - Werkstoffarten - Einige Toleranzen und Oberflächengüte	Drehbank SUR	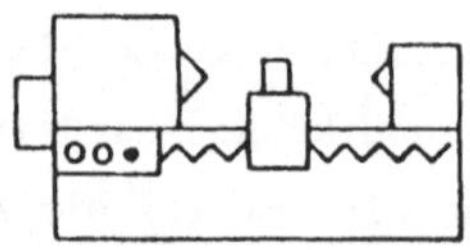
1	Art oder Typengrösse	Kompletter Satz von Werkstattdokumentation	Alle und definitive Angaben über Teile und Anordnung Bei allen Teilen: Gestalt, Abmessungen, Werkstoff, Fertigungsverfahren, Toleranzen, Oberflächengüte	Drehbank SUR 5	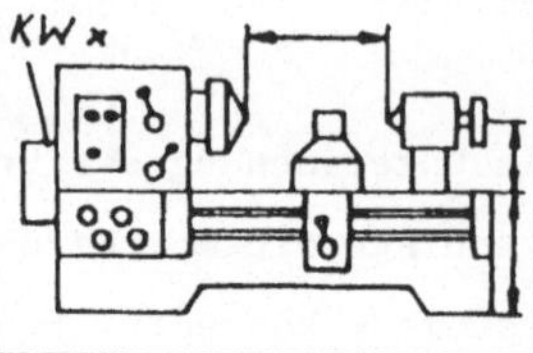 KW x

Abb. 6.8 Abstraktionsstufen Technischer Systeme und ihre Darstellungen. Beispiel der Gattung Werkzeugmaschine

Mit dem Beispiel "Werkzeugmaschine" als Stamm der Technischen Systeme wird diese Hierarchie illustriert. Die Möglichkeit, die besprochenen TS-Strukturen den einzelnen hierarchischen Stufen zuzuordnen, wie dies in der Abbildung geschieht, mag hier eine gewisse Ueberraschung bereiten. Die zentrale Rolle der Konstruktionsmerkmale für die Definition einzelner Abstraktionsstufen tritt hier wieder deutlich hervor.

6.10 Klassifikation Technischer Systeme nach Operandenart

Die bekannten Arten von Operanden - Stoff, Energie und Information, bzw. biologische Wesen - können ähnlich wie bei den Prozessen (vgl. Abb. 4.11) zur weiteren Klassifikation Anlaß geben, so daß

- stoffverarbeitende,
- energieverarbeitende und
- informationsverarbeitende Technische Systeme (bzw. MS)

unterschieden werden können. Früher führte dieser Gesichtspunkt zur Einteilung in die bekannten Fachgebiete der Arbeitsmaschinen (= stoffverarbeitende Maschinen), der Motoren (energieverarbeitende Maschinen).

Wenn wir jedoch das TS-Modell als wirkungslieferndes System auffassen, ist eine solche Gliederung sekundär, für gewisse Fälle sogar irreführend, weil die Anwendung des TS auf das genannte Operanden-Gebiet beschränkt bleiben kann.

6.11 Klassifikation Technischer Systeme nach Anwendung im TP

Bei der Behandlung des Transformationssystems und seiner Elemente in den Kapiteln 3 bis 5 ist schon erwähnt worden, daß nicht alle Technischen Systeme direkt im TP als Wirkungslieferanten eingesetzt werden können. Diese Klassifikation hat mit den anderen Gesichtspunkten, besonders mit der Komplexität, nichts zu tun. Es ist möglich, hier über

- finale TS und
- interne TS

zu sprechen.

Die finalen Systeme, die im TP als Operatoren wirken, sind vornehmlich Anlagen, Maschinen, Apparate und Geräte, aber auch Instrumente (Werkzeuge). Sie bilden mit dem Operand ein Wirkungspaar.

Demgegenüber stehen interne TS wie z. B. Getriebe, Mechanismen, Elektro- und Maschinenelemente, die nur in Zusammenarbeit mit anderen Teilen als finale TS genannte Wirkeinheiten bilden.

6.12 Klassifikation Technischer Systeme nach der „Qualität"

Der Gesichtspunkt der Qualität (= Gesamtwert, Teilwert) ist im Kapitel 8 behandelt. Die Klassen der Qualität sind, z. B. bei Verbrauchsprodukten, genau festgelegt. Bei der Mehrheit Technischer Systeme geht es nur um "ad hoc" Klassen beim Bewerten, aus verschiedensten Anlässen.

6.13 TS-Systematik – Aussagen

Fassen wir die Erkenntnisse dieser Kapitel zusammen:

Auss.

6.1 Technische Systeme lassen sich nach vielen Gesichtspunkten klassifizieren, d. h. von der Menge Technischer Systeme werden Untermengen gebildet, die mit gemeinsamen Merkmalen verbunden sind. Die entstandenen Kategorien dienen diversen Zwecken, wie Ordnung, Übersicht, Katalogisierung, Bewertung, Charakterisierung, Verständnis u. dgl.

7 Die Eigenschaften Technischer Systeme

Eine der häufigsten Fragen, die der Mensch stellt, ist die, welche mit "Wie" beginnt, z.B. "Wie ist der Kraftwagen? Wie groß ist seine Geschwindigkeit? Wie hoch ist sein Brennstoffverbrauch? Wie zuverlässig ist er? Wie sieht er aus? Wie ist seine Farbe?"

Die Antwort lautet: Der Kraftwagen hat eine maximale Geschwindigkeit von 120 km/Std und einen Benzinverbrauch von 12 l/100 km. Diese Aussage ist eindeutig für alle, die mit Maßsystemen vertraut sind. Die Antwort könnte aber auch lauten: Der Kraftwagen fährt schnell; er hat einen kleinen Benzinverbrauch. Diese Charakterisierung ist nicht eindeutig, sondern relativ. Man weiß nicht, ob mit "schnell" eine Geschwindigkeit von 20 km/Std oder 200 km/Std verstanden wird. Um dieser Situation zu begegnen, können wir die Frage präzisieren: "Wieviele Kilometer pro Stunde fährt der Kraftwagen?" Die Frage, die mit "Wieviel" beginnt, ist sehr wichtig, weil - sofern wir die Antwort wissen, wir die Eigenschaft quantifizieren, d.h. wir legen den Wert der Eigenschaft fest.

Schwieriger ist die Beantwortung der Frage: "Wie ist die Zuverlässigkeit dieses Kraftwagens?" Die Antwort kann lauten: Er ist zuverlässig, oder: Er ist nicht zuverlässig. Das ist eine relative Charakterisierung, die von der Ansicht des Bewertenden abhängt. Ein Mensch wird den Kraftwagen, der während 6 Monaten nur dreimal versagte, als zuverlässiger bezeichnen als denjenigen, welchen er vorher jede Woche zur Reparatur bringen mußte. Es ist offenbar, daß es möglich wäre, eine Definition der Zuverlässigkeit zu formulieren und dadurch die Möglichkeit der Quantifizierung zu erreichen, d.h. eine Antwort auf die Frage "Wieviel?" zu geben.

Noch schwieriger ist die Beantwortung der Frage:"Wie sieht der Kraftwagen aus?" Wir vernehmen die Antwort: Er ist schön, häßlich, elegant u.ä. Das ist eine sehr unklare Bewertung, und es ist nicht einfach, diese in Zeit und Raum veränderliche Größe zu quantifizieren. Es würde genügen, wenn man einer objektiven Bewertung eine persönliche Meinung zugrunde legte. Auf diese Weise würde die subjektive Meinung des Herrn X zum objektiven Maßstab.

Ein anderes Problem bildet die Auswahl von Eigenschaften für die Charakterisierung eines Maschinensystems. Über dasselbe Objekt - den Kraftwagen - kann man noch andere als die erwähnten Fragen stellen, z.B. "Wie ist das Kompressionsverhältnis? Was für eine Drehzahl hat der Motor? Hat der Kraftwagen einen Front- oder Heckantrieb?" Wahrscheinlich tauchen diese Fragen im Gespräch der Fachleute auf, da für sie die genannten Größen definiert sind (Kompressionsverhältnis) und sie die Auswirkungen kennen, wenn der Kraftwagen z.B. ein Kompressionsverhältnis von 10:1 hat, eine Drehzahl von 7000/min aufweist und einen Frontantrieb besitzt.

Die erwähnten Beispiele skizzieren die Problematik, welche mit den Eigenschaften des Maschinensystems und deren Bewertung im allgemeinen verbunden ist.

Bemerken wir noch, daß wir schon einmal die Eigenschaft als ein Merkmal des Objektes, in unserem Falle des Maschinensystems, definiert haben. Es handelt sich z.B. um die Fähigkeit, sich auf eine bestimmte Weise zu verhalten oder eine Wirkung auszuüben. Durch die Eigenschaften wird ein Maschinensystem charakterisiert. Für eine objektive Bewertung ist es nötig, daß die Eigenschaften, welche ein Kriterium für die Bewertung bilden, quantifizierbar sind.

Es ist möglich, daß die breite Auslegung des Begriffs "Eigenschaft", der gleichzeitig für die Funktion, die Leistung, die Dimension, die Wartungsfähigkeit, die Beförderungsfähigkeit, die Fertigungsfähigkeit u.a. gebraucht wird, dem Ingenieur vorerst gewisse Schwierigkeiten bereitet, doch wird er bei weiterem Studium die weite Auslegung dieses Begriffes als richtig erachten. (Vergleiche die Ausführungen über "Eigenschaft" in Kapitel 2)

Weiter müssen wir uns bewußt sein, daß das Wichtigste am Maschinensystem die gewünschten Eigenschaften sind; das Maschinensystem ist ja nur Träger der benötigten Funktion resp. des gewünschten Verhaltens.

An die Funktion knüpfen sich eine ganze Reihe weiterer Eigenschaften an: Eignung für den Betrieb, die Bedienung, die Lieferung usw. Es gibt noch eine Menge anderer Eigenschaften, die das Maschinensystem aufweisen muss (z.B. eine gewisse Festigkeit, Dimension, Form), um das gewünschte Verhalten zu gewährleisten.

Bei der Bestellung eines Maschinensystems bestimmen wir nicht nur, was die Maschine tun soll, sondern wir spezifizieren gleichzeitig ihre Eigenschaften. In der Phase der Aufgabenstellung, nennen wir die Eigenschaften des Maschinensystems die Forderungen (Anforderungen).

> Ein MS muß, um die gestellten Forderungen zu erfüllen, nicht nur die gewünschte Funktion ausüben können, sondern auch gewisse Eigenschaften in einem bestimmten Maß besitzen.

Trotzdem z.B. keine Forderung an Korrosionsbeständigkeit oder Lebensdauer (oder andere Eigenschaften) gestellt worden sind, besitzt das MS eine ganz bestimmte Korrosionsbeständigkeit und Lebensdauer. Das MS ist immer Träger von allerlei Arten von Eigenschaften, ausschlaggebend ist jedoch das Maß dieser Eigenschaften (Qualität).

Jedes MS besitzt alle Arten von Eigenschaften, aber deren Maß kann verschieden sein, was die Gesamtqualität des MS bestimmt.

In den folgenden Abschnitten werden wir uns bemühen, die Menge von Eigenschaften nach wichtigen Gesichtspunkten zu klassifizieren, um die Arbeit des Konstrukteurs zu erleichtern: bei der Spezifikation der charakteristischen Anforderungen, bei der Aufgabenstellung oder beim Vergleichen, Bewerten oder Prüfen. Schon hier möchten wir die Bedeutung einer richtigen und vollständigen Aufgabenstellung für die Konstruktion des Maschinensystems hervorheben. Weiter ist es für den Konstrukteur wichtig, daß er die Relation unter den Eigenschaften erfaßt, weil das Wesen des Konstruierens in der Aufdeckung und dem Herausfinden der geeigneten Konstruktionseigenschaften liegt.

7.1 Merkmale des Maschinensystems als einer Klasse

Die Klasse der Maschinensysteme ist durch eine Reihe von Merkmalen charakterisiert. Als erstes ist die schon erwähnte Mannigfaltigkeit aller Elemente anzusehen, die keine Analogie auf anderen Gebieten hat. Die Nomenklatur im Maschinenbau, ohne Rücksicht auf Typenvariationen, schliesst Zehntausende verschiedener Arten von Maschinensystemen ein. Neben der Mannigfaltigkeit der Funktionen, die diese Nomenklatur berücksichtigt, geht es auch um die Vielfalt anderer Eigenschaften.

Das Verhalten der Maschinensysteme, obwohl nach Arten sehr verschieden, ist immer auf die Durchführung von Transformationen ausgerichtet, und es ist unter normalen Umständen determiniert und steuerbar. Bei Beschädigung des Systems trifft dies nicht mehr zu.

Einen beträchtlichen Teil der Maschinensysteme bilden die Arten, die kompliziert oder sehr kompliziert sind und die aus vielen Tausenden, ja sogar Zehntausenden von Teilen bestehen. Eine natürliche Folge der Kompliziertheit ist auch der hohe Preis dieser Maschinensysteme. Vor allem sind die in Einzelfertigung erzeugten Einrichtungen für Investitionsanlagen überaus kompliziert und kostspielig.

Bemerkenswert ist ferner die große Verbreitung des Maschinensystems über alle Gebiete der Volkswirtschaft (s.Abb. 6.1.). Das Beispiel demonstriert die Verwendung des Maschinensystems in verschiedenen Branchen der Volkswirtschaft.

Als Grundmaterial für Maschinensysteme dient nach wie vor Metall und zwar vorwiegend Stahl, obwohl die Verwendung von Kunststoffen immer mehr zunimmt.

7.2 Eigenschaftskategorien der Maschinensysteme

Die Menge der Eigenschaften der Maschinensysteme können wir nach verschiedenen Gesichtspunkten in Kategorien ordnen.

7.2.1 Eigenschaftskategorien nach Art der Feststellung

(1) äußere Eigenschaften

(2) innere Eigenschaften

Einige Eigenschaften der Maschinensysteme können wir leicht feststellen, sei es durch unsere Sinne oder mit Hilfsgeräten. Wir werden sie die äußeren Eigenschaften nennen. Zu diesen gehören z.B. Form, Dimensionen, Farbe. Andere Eigenschaften sind so schwierig zu ermitteln, dass man zu ihrer Feststellung einen Fachmann braucht. Nennen wir sie die inneren Eigenschaften.

Nur nach diesen Gesichtspunkten zu unterscheiden, wäre aber ungenau und relativ. Für eine genaue Definition müssen wir auf dem Prinzip des Systems aufbauen; die äußeren Eigenschaften werden dann die Beziehungen - Relationen - des Systems zur Umgebung. Die inneren Eigenschaften sind die Relationen unter den Elementen des Systems und den Eigenschaften der Elemente. Die Relationen auf niedrigeren Unterscheidungsebenen berücksichtigen wir nicht; sie bilden die Eigenschaften der Elemente, z.B. Materialeigenschaften oder elektrische Eigenschaften, die durch die innere Struktur der Elemente gegeben sind.

Den Benützer des Maschinensystems interessieren vornehmlich die äußeren Eigenschaften.

7.2.2 Eigenschaftskategorien nach der Kausalbeziehung

(1) primäre Eigenschaften - die Ursache

(2) sekundäre Eigenschaften - die Wirkung

Zwischen den Eigenschaften herrschen die Kausalbeziehungen. Die Kausalität als eine wichtige Kategorie der Relationen wurde im Kapitel 2 erörtert. Das Unterscheiden zwischen Ursache und Wirkung muß zu den Grundfähigkeiten eines Konstrukteurs gehören. Beim Konstruieren gehen wir in umgekehrter Richtung vor. Zu den gewünschten Wirkungen konstruieren wir die Ursachen, die den Wirkungen beim Betrieb zeitlich vorausgehen.

Beispiele von Kausalbeziehungen: Die hohe Temperatur des Glühkopfs (als Eigenschaft) ist die Ursache der Zündung des komprimierten Kraftstoffgemisches. Eine geringe Starrheit des Drehmaschinenbettes ist die Ursache für Ungenauigkeiten der Bearbeitung. Die zeitliche Folge von Ursache und Wirkung bedingt den Zeitablauf, der nur bei den Prozessen vorkommt.

7.2.3 Eigenschaftskategorien nach der Funktionsabhängigkeit

(1) abhängig veränderliche Eigenschaften

(2) unabhängig veränderliche Eigenschaften

In Naturwissenschaft und Technik gibt es viele Formeln, die die Abhängigkeit von Eigenschaften untereinander zeigen, so z.B. zwischen Druck und Flüssigkeitspegel, zwischen Festigkeit und Abmessungen, Werkstoff, Form, Temperatur, zwischen Strömungsgeschwindigkeit und Rohrdurchmesser. Alle diese Eigenschaften stehen in einer mathematischen Funktionsabhängigkeit.

Die Eigenschaften, die beeinflußt werden, heißen abhängige Veränderliche (Festigkeit) Diejenigen, die eine andere Eigenschaft beeinflussen, werden als unabhängige Veränderliche (Werkstoff, Form, Abmessungen) bezeichnet.

7.2.4 Eigenschaftskategorien nach der Quantifizierungsmöglichkeit

(1) leicht quantifizierbare Eigenschaften

(2) schwierig quantifizierbare Eigenschaften

(3) nicht quantifizierbare Eigenschaften

Die Beispiele am Anfang dieses Kapitels haben diese drei Kategorien erklärt.

Wo wir die Eigenschaften nicht direkt quantifizieren können, benützen wir eine Punktbewertung, d.h. eine Einteilung des Wertes der Eigenschaft in grob oder fein abgestufte Klassen nach bestimmten Kriterien. Diese Methode ist zweifellos genauer als eine bloss subjektive, meist gefühlsmäßige "Bewertung" mit dem einfachen Ergebnis: "Das ist gut oder schlecht". Aber auch hier treten viele Probleme auf, die einerseits mit der bewertenden Person, andererseits mit der schwierigen Festsetzung der Bewertungszahlen zusammenhängen. Auf diese Frage werden wir noch zurückkommen (Kapitel 8.6).

7.2.5 Kategorien nach ihrer Bedeutung

(1) sehr wichtige, unentbehrliche Eigenschaften, z.B. Funktion, Sicherheit

(2) wichtige Eigenschaften, z.B. Zuverlässigkeit, Lebensdauer, Preis

(3) weniger wichtige Eigenschaften, z.B. Verpackungsfähigkeit, Lagerbeständigkeit

(4) unbedeutende Eigenschaften, z.B. Aussehen, Farbe

Nicht alle Eigenschaften des Maschinensystems haben dieselbe Bedeutung. Wir müssen auch auf die Relativität dieser Bedeutung Rücksicht nehmen; sie ist bei gewissen Erzeugnissen auch von den Umständen abhängig. Manchmal ist eine schnelle Lieferung, ein andermal die leichte Demontage des Maschinensystems das Wichtigste. Die Stufenfolge der Bedeutung kann sehr verschieden sein. Für die Bewertung des Maschinensystems als Ganzes spielt die Bedeutung der Eigenschaft, die häufig als "Gewicht" bezeichnet wird, eine wichtige Rolle. So ist die Beurteilung verschieden, wenn ein hoher Wert bei einer sehr wichtigen oder bei einer unbedeutenden Eigenschaft erreicht bzw. nicht erreicht wird.

7.2.6 Kategorien der Eigenschaften nach technisch-wissenschaftlichen Gebieten

(1) geometrische Eigenschaften, z.B. Breite, Höhe, Symmetrie, Gestalt, Achsenabstand, Winkel

(2) kinematische Eigenschaften, z.B. Geschwindigkeit, Beschleunigung

(3) mechanische Eigenschaften, z.B. Festigkeit, Elastizität, Durchbiegung, Dichte

(4) thermische Eigenschaften, z.B. Erwärmung, Wärmeleitung, Wärmeverlust, Wärmeisolation

(5) elektrische und magnetische Eigenschaften, z.B. Kapazität, Spannung, Widerstand, elektrischer Leitwert

(6) optische Eigenschaften, z.B. Brennweite, Brechung, Reflexion, Polarisation

(7) akustische Eigenschaften, z.B. Absorptionsfähigkeit, Echo, Geräusch, Tonfrequenz

(8) chemische Eigenschaften, z.B. Aggressivität, Konzentration, Korrosion, Affinität.

Die Klassifizierung der Eigenschaften nach technisch-wissenschaftlichen Gebieten entspricht der Struktur des Unterrichts. Die Aufzählung der Eigenschaften gibt ein interessantes Bild über die Buntheit und Breite der Eigenschaften von Maschinensystemen.

Bevor wir zu weiteren Gruppen schreiten, untersuchen wir, ob die schon erwähnte Eigenschaftsklassifizierung zur Erreichung des gesetzten Ziels, die Arbeit des Konstrukteurs zu erleichtern, beigetragen hat. Das Wesentliche der bisher angeführten Eigenschaftsklassifizierung ist die Aufklärung von Relationen zwischen den Eigenschaften; das gilt vor allem für die ersten drei Gruppen. Die Uebersicht der Eigenschaften nach Wissensgebieten zeigt dagegen die Vielfalt der Eigenschaften des Maschinensystems.

Natürlich reicht keiner der bisher angeführten Gesichtspunkte für die vollständige Spezifikation der Eigenschaften, wie sie der Konstrukteur für methodisches Arbeiten braucht, aus. Es ist zu bedenken, daß ein solches Hilfsmittel nicht nur allen Arten von Maschinensystemen entsprechen muß, d.h. vom Einzelteil bis zur Anlage, sondern es muß auch noch die technischen, wirtschaftlichen, ergonomischen, transportgerichteten und juristischen Aspekte berücksichtigen. Es handelt sich also um eine sehr komplexe Aufgabe, die bis heute noch nicht vollständig gelöst ist. Eine weitgehende Zusammenstellung von Eigenschaften aller Art ist in dem Buch von Kesselring "Bewertung der Konstruktionen" [17] und in Richtlinie VDI 2225 [41] enthalten.

Es sind 10 Gruppen aufgeführt:

(1) abzählbare Eigenschaften

(2) geometrische Eigenschaften

(3) mechanische Eigenschaften

(4) thermische Eigenschaften

(5) elektrische und magnetische Eigenschaften

(6) optische Eigenschaften

(7) akustische Eigenschaften

(8) chemische Eigenschaften

(9) Produktions- und Montage-Eigenschaften

(10) Betriebseigenschaften

Die Gruppen 2-8 entsprechen Wissensgebieten, während die Gruppen 1, 9 und 10 neue Aspekte berücksichtigen. Obwohl nicht alle Eigenschaften erfasst sind, handelt es sich doch schon um eine breite Palette von Eigenschaften der Maschinensysteme.

7.2.7 Eigenschaftskategorien nach dem Bedarf der Konstruktionsarbeit

Eine Uebersicht dieser Kategorien ist in Tabelle Abb. 7.1.gegeben. Die in der Tabelle angeführten Fragen sollen den Inhalt der Kategorie identifizieren helfen. Durch die Beispiele soll das Verständnis erleichtert werden. Im folgenden Abschnitt werden die einzelnen Kategorien näher erläutert.

(1) Wirkungen (Wi), Funktionen (Fu)

Die nötige Arbeitswirkung und andere Begleitwirkungen (s. Auss.4.5) zur Erreichung der notwendigen Transformationen werden im Bereiche des Maschinenbaues durch das System Mensch - MS verwirklicht (s.Auss.3.8). Das Maschinensystem erfüllt schon heute die meisten dieser Wirkungen. Der Mensch behält sich nur etliche Steuerwirkungen vor. Das Maschinensystem muß somit die notwendigen Funktionen, d.h. Fähigkeiten haben, um die gegebenen Wirkungen zu erzielen.

Die Funktion ist die wichtigste Eigenschaft eines jeden Maschinensystems, denn wenn auch alle anderen Eigenschaften noch so gut verwirklicht sind, die Arbeitsfunktion aber nicht erfüllt wird, d.h. wenn der Kraftwagen nicht fährt, die Drehbank nicht bearbeitet, so ist das Maschinensystem unbrauchbar; es könnte allenfalls einem andern Zweck dienen, z.B. als Dekoration oder Ausstellungsobjekt!

Abkürzung	Eigenschaftsklasse	Frage nach der Klasse	Gruppen oder Beispiele der Eigenschaftsklasse
Fu (1)	Funktion Wirkung	Was macht das MS? Was für eine Fähigkeit hat das MS?	Arbeitsfunktion Nebenfunktion Antriebsfunktion Steuer- und Regelfunktion Verbindungsfunktion
Bd (2)	Funktionsbedingte Eigenschaften	Welche Bedingungen sind für die Funktion charakteristisch?	Leistung Geschwindigkeit Grösse Gewicht Funktionsabmessungen Tragfähigkeit
Be (3)	Betriebseigenschaften	Wie eignet sich das MS für den Arbeitsprozess (Betrieb)	Betriebssicherheit Zuverlässigkeit Lebensdauer Energieverbrauch Raumverbrauch Wartungsfähigkeit
Erg (4)	Ergonomische Eigenschaften	Wie ist die Bedienung, und welche Einflüsse hat das MS auf den Menschen?	Bedienungssicherheit Art der Bedienung Nebenoutput-Arten Aufmerksamkeitsforderung
Au (5)	Aussehenseigenschaften (Ästhetische Eigenschaften)	Was für Einwirkung hat das MS auf ästhetische Gefühle?	Form Farbe Oberflächenverteilung Flächenverteilung
Di (6)	Distributionseigenschaften	Wie eignet sich das MS für Transport, Lagerung, Verpackung?	Transportgerecht Lagerungsgerecht Verpackungsgerecht Eignung zur Inbetriebsetzung
LP (7)	Lieferungs- und Planungseigenschaften	Wann ist das MS lieferbar? Herstellungsstückzahl?	Lieferbarkeit Serienfertigungsprodukt Einzelfertigungsprodukt
GN (8)	Eigenschaften der Gesetzeinhaltung	Entspricht das MS den Normen und Vorschriften?	Normgerecht Patentverletzung Nach Vorschrift
Fe (9)	Fertigungseigenschaften	Wie eignet sich das MS zur Fertigung?	Fertigungsgerecht Montagegerecht
We (10)	Wirtschaftliche Eigenschaften	Wie wirtschaftlich ist der Arbeits- und Fertigungsprozess?	Betriebskosten Herstellkosten Effektivität Preis
Ko (11)	Konstruktionseigenschaften	Womit werden äussere Eigenschaften verwirklicht?	Struktur Gestalt, Form Abmessung, Dimension Werkstoff Oberflächenqualität Toleranzfeld Herstellungsart
He (12)	Herstellungseigenschaften	Wer hat und wie wurde das MS hergestellt?	Hersteller Herstellungsqualität

Abb. 7.1. Eigenschaftsklassen der Maschinensysteme

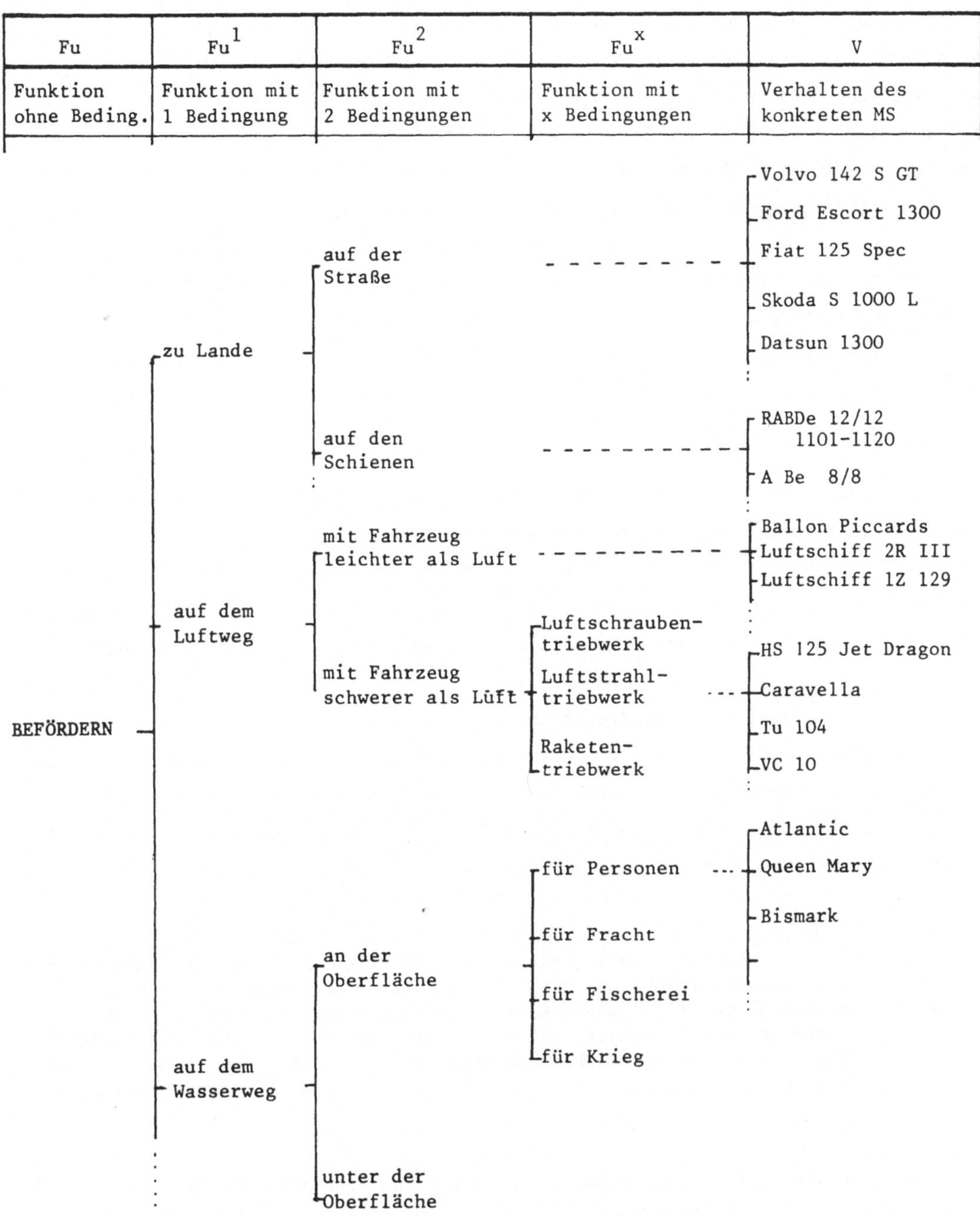

Abb. 7.2. Beispiel von Funktionen verschiedener Abstraktionsstufen

Es sei daran erinnert, daß wir unter "Funktion" die von bestimmten Bedingungen der gegebenen Situation abstrahierende Eigenschaft verstehen; ein Beispiel: alle Arten von Kraftwagen, Flugzeugen, Schiffen, Raketen, Förderbändern, Kranen, Aufzüge haben die Funktion der Beförderung. Die Funktion der nichtschienengebundenen Beförderung zu Lande haben jedoch nur die Kraftwagen, die Funktion der Beförderung von Personen zu Lande nur die Personenkraftwagen, die Funktion der Beförderung von Personen zu Lande mit einer Geschwindigkeit von 250 km/Std nur die Rennwagen usw. In Abb. 7.2. sind am Beispiel der Funktion "Beförderung" verschiedene Abstraktionsgrade der Funktion dargestellt, nach der Anzahl der Bedingungen, welche die Funktion erfüllt. Anhand des Beispiels können wir leicht zu dem Schluß kommen, daß das Verhalten eines Maschinensystems ein extremer Fall der Funktion ist, der alle Bedingungen der konkreten Situation integriert. Es handelt sich also nicht mehr um eine breite Klasse von Maschinensystemen, die ein bestimmtes Verhalten aufweist, sondern um eine Klasse mit Variationen in den untergeordneten Eigenschaften (s. Auss. 2.3). Die Bedeutung dieser Erkenntnis wird bei den Betrachtungen über die Methodik der Konstruktionsarbeit deutlich hervortreten.

Die Funktionen (Verhalten) sind verschiedenartig kompliziert. Betrachten wir einige Funktionen am Beispiel der Papierherstellung: Trocknung, Blasen von Heißluft, Verbindung einer Nabe mit einer Welle für Drehmomentübertragung. Alle diese Teilfunktionen finden auf relativ hoher Abstraktionsebene statt, wobei einzelne Teilfunktionen komplizierter sind als andere. Während die Verbindung einer Nabe mit einer Welle eine elementare Funktion ist, steigt der Kompliziertheitsgrad bis zur Herstellung des Papiers. An dem Beispiel ist **eine Hierarchie** der Funktionen ersichtlich. Zur Herstellung des Papiers sind eine Reihe von Funktionen notwendig wie z.B. das Trocknen, das wiederum aus etlichen Funktionen wie Blasen von Heißluft usw. besteht. Auf jeder Stufe wird die Funktion durch eine Reihe von Teilfunktionen verwirklicht, die von der Art der benutzten Technologie abhängig sind.

> Jede Funktion (Verhalten) ist ein System von Teilfunktionen (Teilverhalten) bis hinab zu den elementaren Funktionen (Verhalten). Auf jeder Kompliziertheitsebene können wir mit verschiedenen Abstraktionsgraden arbeiten, von einer abstrakten Funktion bis zum Verhalten eines konkreten Maschinensystems. Als elementare Funktionen werden die Verbindungs- und Trennungsfunktionen angenommen, die auf einer hohen Abstraktionsebene liegen und eine ganze Reihe von hierarchischen Stufen für verschiedene Bedingungen vereinigen (s. Abb. 7.3).

Laut Auss. 2.3 wird jede Funktion durch eine Reihe von Maschinensystemen verwirklicht. Der Kompliziertheit einer Funktion entspricht die Kompliziertheit des Maschinensystems; von den komplizierten Anlagen bis zu den einfachen Maschinenelementen und den Bauelementen.

Nach Auss. 2.3, das besagt, daß verschiedene Strukturen ein gleichartiges Verhalten haben können, gilt für das Gebiet der Maschinensysteme, daß eine Funktion durch eine Reihe von Maschinensystemen zustandekommen kann.

Andererseits kann bekanntlich ein Maschinensystem mehrere Funktionen erfüllen (s. Auss. 2.2), so verbindet z.B. eine Schraube zwei Teile, oder wandelt eine Drehbewegung in eine lineare Bewegung um, oder bildet ein einstellbares Zwischenstück zwischen zwei

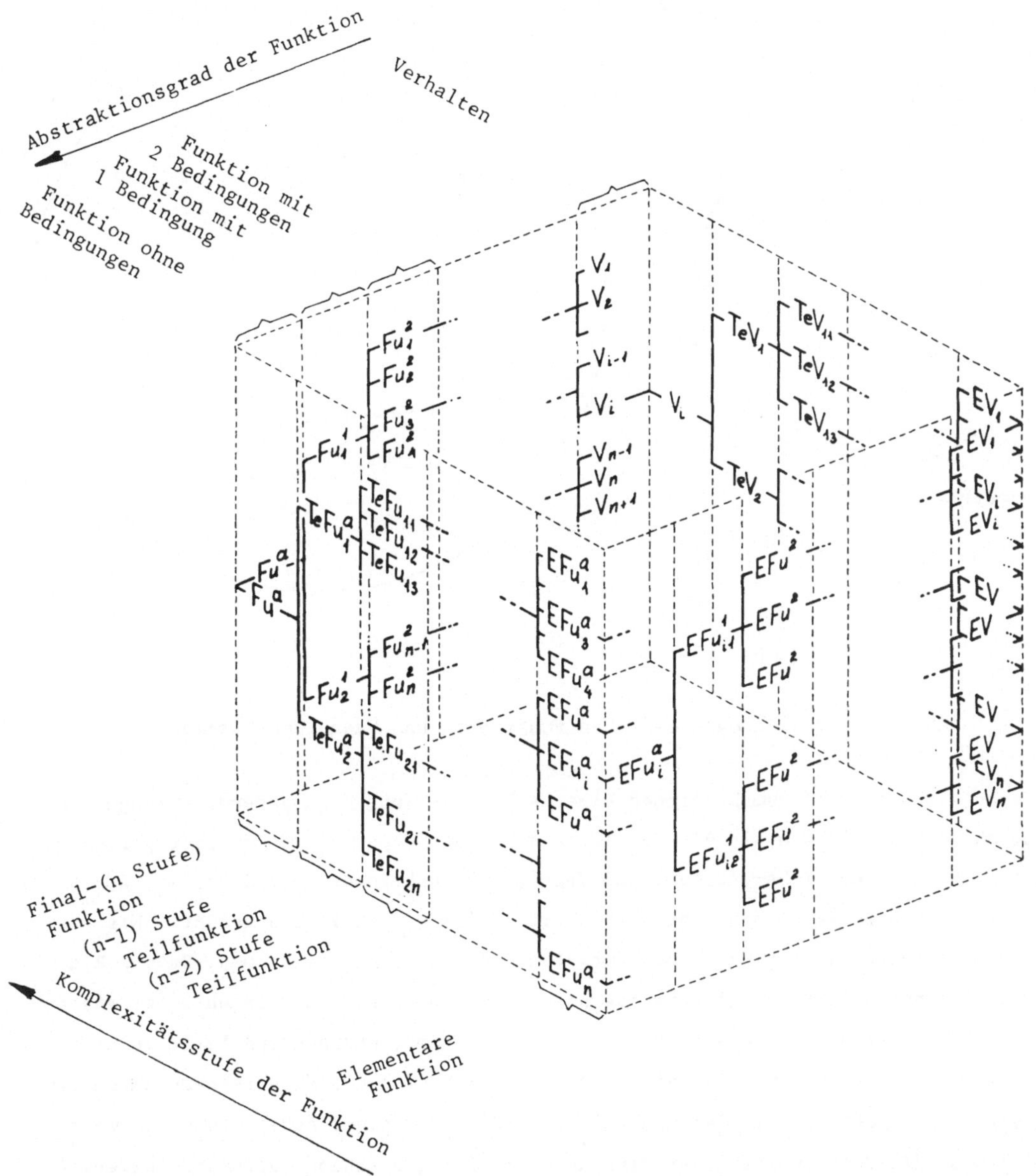

Abb. 7.3. Fu Diagramm: Gliederung der Funktionen

Teilen. In der Konstruktion schaffen wir die Maschinensysteme absichtlich so, daß sie Träger möglichst vieler Funktionen sind. Wir sprechen dann von einer Aggregation der Funktionen. Diese gegenseitige Beziehung zwischen der Menge der Funktionen und der Menge der Maschinensysteme auf einer bestimmten Ebene ist in Abb. 7.4. dargestellt.

Die mögliche Mehrzweckleistung eines Maschinensystems sinkt allgemein mit der Kompliziertheit der Funktion.

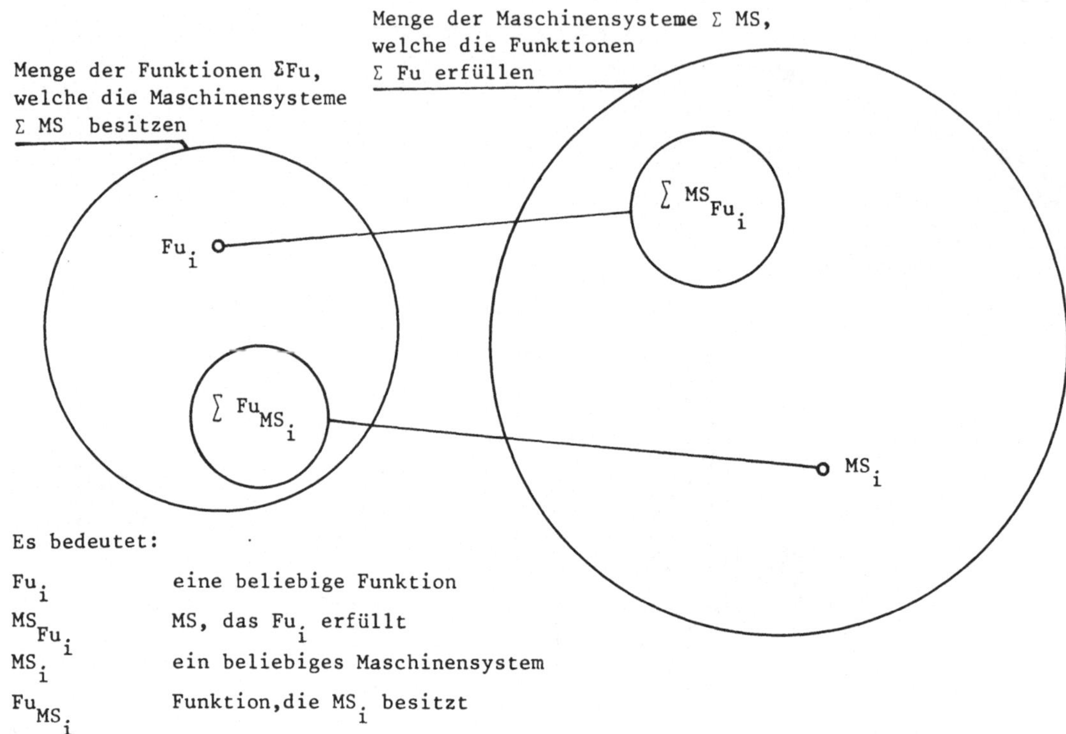

Abb. 7.4. **Beziehungen zwischen Funktionen und Maschinensystemen**

Wie schon erwähnt, sind zum Erreichen einer Arbeitswirkung noch andere Wirkungen unerläßlich. Demnach können wir die Kategorie der Funktionen in die Unterkategorien der Arbeits-, Hilfs-, Antriebs-, Steuer und Verbindungsfunktionen einteilen. In Kap. 4 wurden zum besseren Verständnis dieser Begriffe einige Beispiele angeführt. Wir müssen die Relativität dieser Funktionunterkategorien zur Kenntnis nehmen. Da die Einteilung sich auf alle Kompliziertheitsgrade des Maschinensystems bezieht, ist sie sowohl für das Finalsystem wie auch für seine Teilsysteme, Gruppen und Teile gültig. Meistens wird die Hilfsfunktion oder eine andere Funktion des Finalsystems durch ein Teilsystem durchgeführt, bei dem dann diese Funktion zu einer Arbeitsfunktion wird. So wird z.B. die Hilfsfunktion der Einspannung bei der Drehbank durch ein Universalspannfutter realisiert. Bei der Aufgabenstellung für ein Spannfutter wird die Funktion der Einspannung schon als eine Arbeitsfunktion bezeichnet.

(2) Wirkungsbedingte, Funktionsbedingte Eigenschaften (Bd)

Anhand des Beispiels im vorangegangenen Abschnitt über die Beförderung sind wir beim Konkretisieren der Funktion der Beförderung im allgemeinen zur Beförderung von

Personen, zu Lande, mit einer bestimmten Geschwindigkeit gekommen. Das sind schon drei Bedingungen, die noch eine Menge anderer Lösungen zulassen. Unter anderem würde auch ein Autobus oder ein Fahrrad der Aufgabestellung (Beförderung von Personen zu Lande) entsprechen. Deshalb müssen wir zur Verwirklichung eines konkreten Maschinensystems zusätzliche Bedingungen - Merkmale - spezifizieren. In unserem Falle z.B. Anzahl der zu befördernden Personen, Ort der Beförderung, Beförderungsstrecke, Straßenqualität, Steigung usw. All das sind Bedingungen für das Beispiel der Beförderung. Analog ergeben sich für andere Funktionen durch einen Fachmann zu bezeichnende Merkmale.

Anhand einer Analyse können wir feststellen, daß die Angaben über die Transformation, d.h. über den Operanden, die Technologie, die Transformationsbedingungen usw. die funktionsbedingten Eigenschaften darstellen. Diese wichtigen Eigenschaften sind mit der Funktion bzw. mit dem Verhalten eng verbunden und werden daher in Katalogen und Werbeprospekten immer angegeben, da erst durch diese Eigenschaften erklärt wird, wozu das Maschinensystem verwendbar ist. Üblicherweise werden sie als Parameter bezeichnet.

Vom methodischen Standpunkt aus betrachtet, haben die funktionsbedingten Eigenschaften die Aufgabe eines Siebes. Durch Zuordnen der Bedingungen engen wir die Mannigfaltigkeit - die Menge von Mitteln - ein, bis eine beschränkte Auswahl übrigbleibt, die die gegebenen Bedingungen erfüllt. Die verbleibenden Systeme werden dann bewertet und gemäß anderen Eigenschaften optimiert.

(3) Betriebseigenschaften des Maschinensystems (Be)

Eine geforderte Transformation wird durch die beim Betrieb des Maschinensystems entstehende Wirkung erreicht. Die Eignung des Maschinensystems für den Betrieb wird durch eine Gruppe von Eigenschaften charakterisiert, welche wir Betriebseigenschaften nennen werden, z.B. Zuverlässigkeit, Sicherheit, Lebensdauer, Energieverbrauch, Hilfsstoffverbrauch, Raumbedarf, Wartungs- und Bedienungseignung, Justiermöglichkeit, Austauschbarkeit von Bestandteilen usw. Da in vielen Gebieten die Realisierung der Funktion kein Problem mehr ist, nimmt die Bedeutung der Betriebseigenschaften immer mehr zu.

Die Ansprüche an die Betriebseigenschaften verändern sich im Laufe der Zeit und sind je nach Fachgebiet verschieden. Dort, wo der Mensch als Operand des Prozesses steht, sind hohe Ansprüche an die Zuverlässigkeit und Sicherheit zu stellen. Die Ansichten über die günstigste Lebensdauer ändern sich; bei der schnellen Entwicklung der Technik ist die Forderung, daß ein Teil eine möglichst lange Lebensdauer haben müsse, nicht mehr allgemein gültig. Das Veralten der Maschinen vom technischen Standpunkt aus gesehen, tritt oft früher ein als die Abnützung. Eine andere Tendenz haben die Ansprüche bezüglich Raum und Gewicht. Der zur Verfügung stehende Raum wird immer knapper und teurer. Darum ist die Verkleinerung der Maschinensysteme eine unbedingt zu berücksichtigende Forderung.

Beim Betrieb verursacht das Maschinensystem Geräusche, Wärme, Vibrationen (siehe Nebenoutput), es verunreinigt die Luft, erzeugt schädliche Abfallprodukte, die man beseitigen muß. Durch die Verbreitung der Maschinensysteme haben diese sog. Nebenoutputs ein katastrophales Ausmass erreicht und sind zu einer Bedrohung der Menschheit geworden. Bis jetzt wurden die Folgen dieser Eigenschaften des Maschinensystems häufig ignoriert bzw. aus ökonomischen Gründen vernachläßigt. Wenn wir die Maschinen "überleben" wollen, ist es unerläßlich, diese Forderungen schon bei der Konstruktion entsprechend zu berücksichtigen.

Die Ermittlung der Betriebseigenschaften ist schwierig, vor allem für ein Maschinensystem, das sich in der Phase des Entwurfs oder der Werkstattzeichnung befindet, denn sie machen sich oft erst nach längerem Betrieb bemerkbar. Deshalb ist es nötig, daß der Konstrukteur seine Maschinensysteme über längere Zeit im Betrieb verfolgt und die Ursachen der unbefriedigenden Betriebseigenschaften analysiert. Nur diese Informationsquelle kann konkrete Erkenntnisse der Betriebseigenschaften gewährleisten.

(4) <u>Die ergonomischen Eigenschaften</u> (Erg)

Durch das System Mensch - MS werden die Transformationen verwirklicht (s. Auss.3.8) Das gesamte technische Ergebnis hängt von einer guten Zusammenarbeit dieser Partner ab. Der Gesellschaft liegt auch sehr daran, daß der Mensch bei dieser Zusammenarbeit ohne Schaden davonkommt. Seit kurzem befaßt sich eine unabhängige wissenschaftliche Disziplin - die Ergonomie - mit dem Studium der Relationen Maschine - Mensch. Die praktische Anwendung bildet das Objekt des Faches "Human Engineering", welches sich auf Anthropologie, Physiologie, Psychologie, Biologie, Soziologie, Physik und Kybernetik stützt und sich mit folgenden Problemen befaßt: Zeit- und Bewegungsstudien, Sinneswahrnehmungen, Arbeitsbelastungen, Datenverarbeitungen und Entscheidungen, affektive Belastungen, extreme Belastungen (Zeit, Kraft, Hitze, Druck, Beschleunigung, Strahlungen, Hunger), Aufhebung der normalen Orientierung (akustisch, optisch und taktisch), Anpassung, Orientierung bei neuen Bezugssystemen.

Die Ergonomie befasst sich nicht nur mit der Sicherheit oder den Berufskrankheiten, sondern sie sucht die Grenze der menschlichen Fähigkeiten in extremen Situationen. Gewiß ist eine Reihe von Fragen nur für einen begrenzten Kreis von Fachgebieten bestimmt, wie z.B. Raketentechnik oder interplanetare Flüge. Aber es gibt auch viele Anwendungsbereiche für allgemeinen Gebrauch, wie z.B. die Auslegung der Maschinensysteme in der Richtung, daß sie eine möglichst schnelle Reaktion der Bedienung und Steuerung durch einen mit durchschnittlichen Fähigkeiten ausgerüsteten Menschen erlauben. Die Arbeit soll den Menschen körperlich und psychisch nicht ermüden.

Der Konstrukteur teilt dem Menschen im System Mensch - MS die Aufgaben zu und muß sich daher der Vorteile und Nachteile beider Faktoren bewußt sein (Abb. 7.5). Ihre Relationen sind im Schema Abb. 7.6A und B zusammengestellt.

MENSCH	MASCHINENSYSTEM
- ist fähig, auch mit beschränkten Informationen wichtige Entscheidungen zu treffen	- arbeitet lediglich gemäß erteilten Befehlen
- richtige Reaktionen auch bei unerwarteten Bedingungen	- nicht vorgesehene Bedingungen können zur Havarie führen
- ist imstande, gewisse Operationen auf verschiedene Weise durchzuführen, was wichtig ist, wenn ein Mechanismus beschädigt ist	- Anzahl der Operationen, welche das MS durchführen kann, ist begrenzt
- ist elastisch in Arbeitsprogrammierung	- Programmänderungen gewöhnlich schwierig und kostspielig
- Kapazität des Informationsempfanges begrenzt; Informationsempfang per Zeiteinheit ist begrenzt	- Kapazität der Informationskanäle kann beliebig vergrößert werden
- begrenzte Fähigkeiten der Sinnesorgane (Rezeptoren)	- Möglichkeit, die Wahrnehmungsparameter zu steigern
- die Leistung und Aufmerksamkeit sinken mit der Zeit	- zeitlich konstante Leistung und Präzision
- Arbeitsfähigkeit erfordert gewisse Bedingungen: Temperatur, Feuchtigkeit, Druck, Geräusch	- kann für beliebige Umweltbedingungen konstruiert werden
- Denkoperationen relativ langsam; große Fehlerwahrscheinlichkeit	- schnelle Durchführung logischer Operationen fast ohne Fehler

Abb. 7.5. Charakteristische Eigenschaften des Menschen und des Maschinensystems

Die konkreten Unterlagen, die der Konstrukteur aus den Ergebnissen der Ergonomie bzw. des Human-Engineering entnehmen kann, sind z.B. folgende:

- Leistungsfähigkeit der einzelnen Körperteile
- Dimensionen des Menschen (Anthropometrie)
- Leistung des Menschen in verschiedener Umgebung
- Anordnung der Meßeinrichtungen und Steuerorgane hinsichtlich optimaler Leistung des Systems Mensch - MS.

(5) <u>Die Aussehenseigenschaften</u> (Ästhetische Eigenschaften) (Au)

Die Tendenz, die Nutzeigenschaften des Maschinensystems mit den ästhetischen Eigenschaften zu verbinden, geht weit in die Anfänge des Maschinenbaus zurück und machte

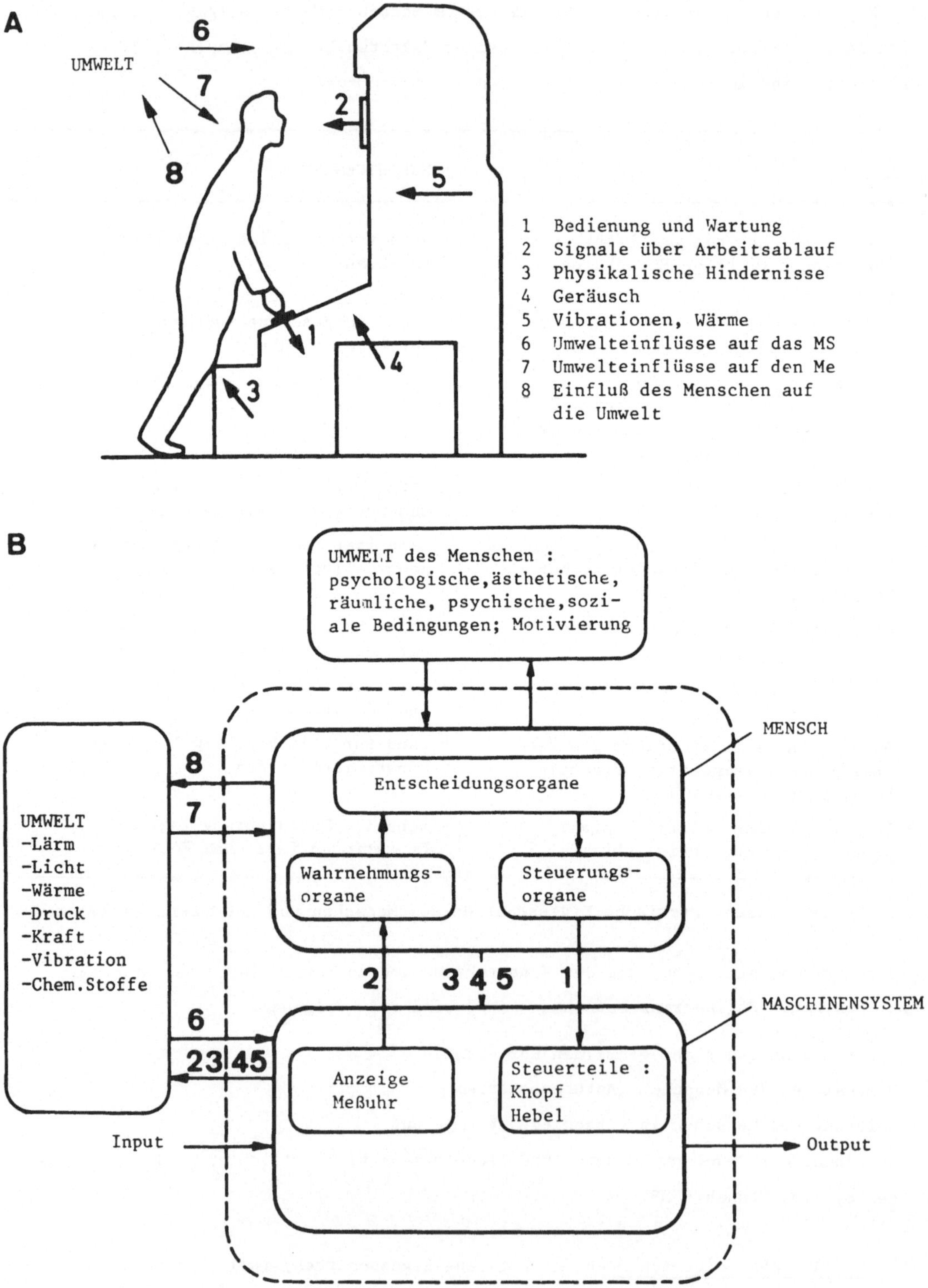

A
6
UMWELT
7
2
8
5
1
4
3
1 Bedienung und Wartung
2 Signale über Arbeitsablauf
3 Physikalische Hindernisse
4 Geräusch
5 Vibrationen, Wärme
6 Umwelteinflüsse auf das MS
7 Umwelteinflüsse auf den Me
8 Einfluß des Menschen auf die Umwelt
B
UMWELT des Menschen : psychologische, ästhetische, räumliche, psychische, soziale Bedingungen; Motivierung
MENSCH
8
7
Entscheidungsorgane
UMWELT
-Lärm
-Licht
-Wärme
-Druck
-Kraft
-Vibration
-Chem.Stoffe
Wahrnehmungs-organe
Steuerungs-organe
2
3 4 5
1
MASCHINENSYSTEM
6
23 45
Anzeige Meßuhr
Steuerteile : Knopf Hebel
Input
Output

Abb. 7.6. Beziehungen des Systems: Mensch - MS

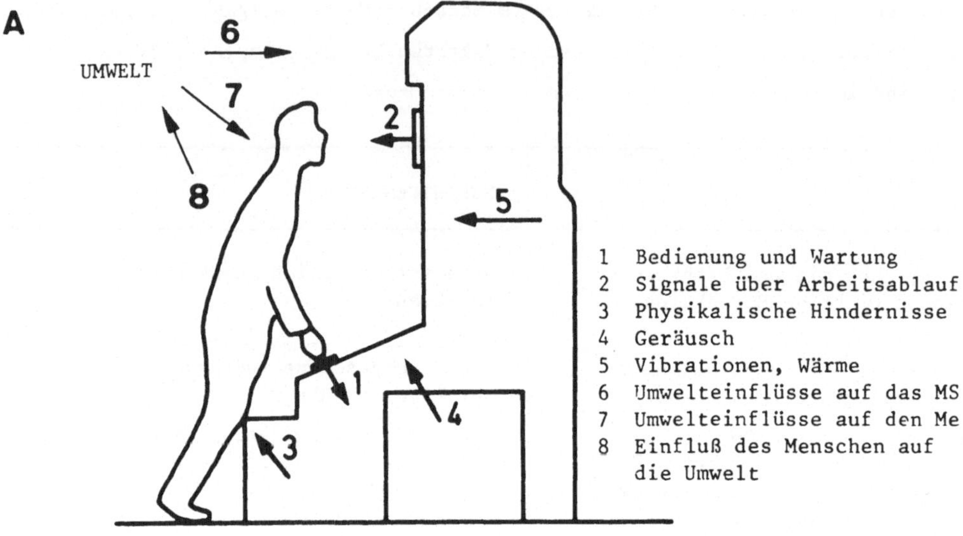

sich schon im Handwerk bemerkbar. Auch in der Konstruktionslehre kann dieses Prinzip schon früh festgestellt werden; so widmete bereits Reuleaux in seiner "Konstruktionslehre" |32| einen Aufsatz dem Maschinenbaustil. Allerdings befriedigen die Formen der alten Maschinen, vor allem der Arbeitsmaschinen, unser heutiges Schönheitsempfinden nicht mehr.

In späteren Arbeiten, die das Konstruieren behandeln, wird das Aussehen eines Maschinensystems durch die einfache Regel gelöst, daß alles, was zweckmäßig , auch schön sei. Erst seit einigen Jahrzehnten formiert sich auch dieses Gebiet zu einer Disziplin, um die Gesetzmäßigkeit zwischen dem Schönheitsgefühl und den Mitteln der Formgebung abzuklären. Dabei geht es aber nicht mehr nur um Schönheitsgefühl und Wohlbefinden als Folge der ästhetischen Erlebnisse, sondern um mehr praktische Folgerungen, die sich aus diesen Gefühlen ergeben. Der Einfluß von ästhetischen Eindrücken auf die geistige und physische Tätigkeit wurde bewiesen, z.B. durch erhöhte Leistungen bei Verminderung der physiologischen Ermüdung des Organismus. Um den Zustand des Organismus wesentlich zu beeinflussen, muß man alle Sinnesanregungen ausnützen.

Die Anweisungen sind in den Regeln der sog. Gestaltungs-Geometrie und Metrik zusammengefaßt, welche dem technischen Werk Ordnung und bildenden Wert geben sollen.

Die ästhetischen Grundelemente sind folgende:

- Symmetrie - absolute, relative, Kontrast-Symmetrie
- Rhythmus - als zweckmäßige Abwechslung von Körpern, Flächen, Farben, Strukturen
- Gliederung - in horizontaler oder vertikaler Richtung
- Proportionalität - gegenseitige Dimensionen, Beziehungen zwischen Menschen und der Umgebung
- Kontrast - von Material, Form, Dimensionen, Farben, Licht
- Komposition - Formen, Linien, Farben

Die bildenden Elemente, die man zur Erreichung von gewünschten Eindrücken benützt, sei es zur Beruhigung, Aufmerksamkeit, Gefallen, Harmonie, Anordnungsgefühl, Freude u.ä. sind:

- Form - weiche, harte
- Material - anderer Effekt mit Holz als mit Metall
- Materialstruktur - naturgemäß oder zubereitet
- Größe oder Volumen
- Linie - waagrecht, senkrecht, schief, gerade oder gekrümmt
- Farbe - Ton, Oberflächenart: matt, glänzend
- Text - auf dem Produkt oder Schild
- Licht - Schatten

Die Berücksichtigung der erwähnten Erkenntnisse kann den gesamten Wert des Maschinensystems bedeutend erhöhen (Abb. 7.7). Selbstverständlich soll man diese im Prinzip

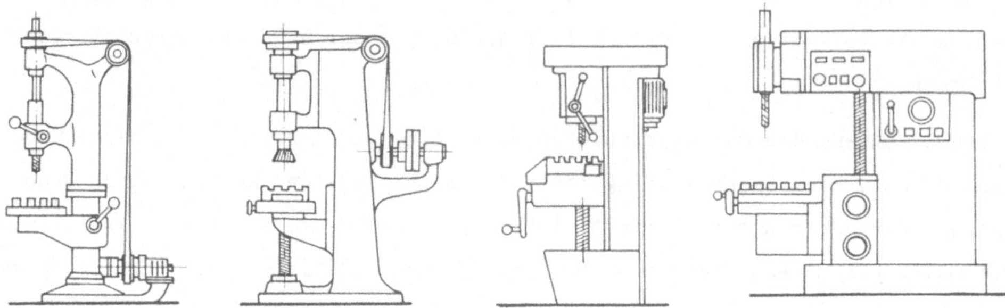

Abb. 7.7. Formen einer Bohrmaschine

richtige Tendenz nicht übertreiben und nicht alles nur auf die Karte der formgerechten Lösung setzen. Je nach Fachgebiet herrscht eine gewisse Proportion zwischen technischen, ergonomischen und ästhetischen Eigenschaften (Abb. 7.8)

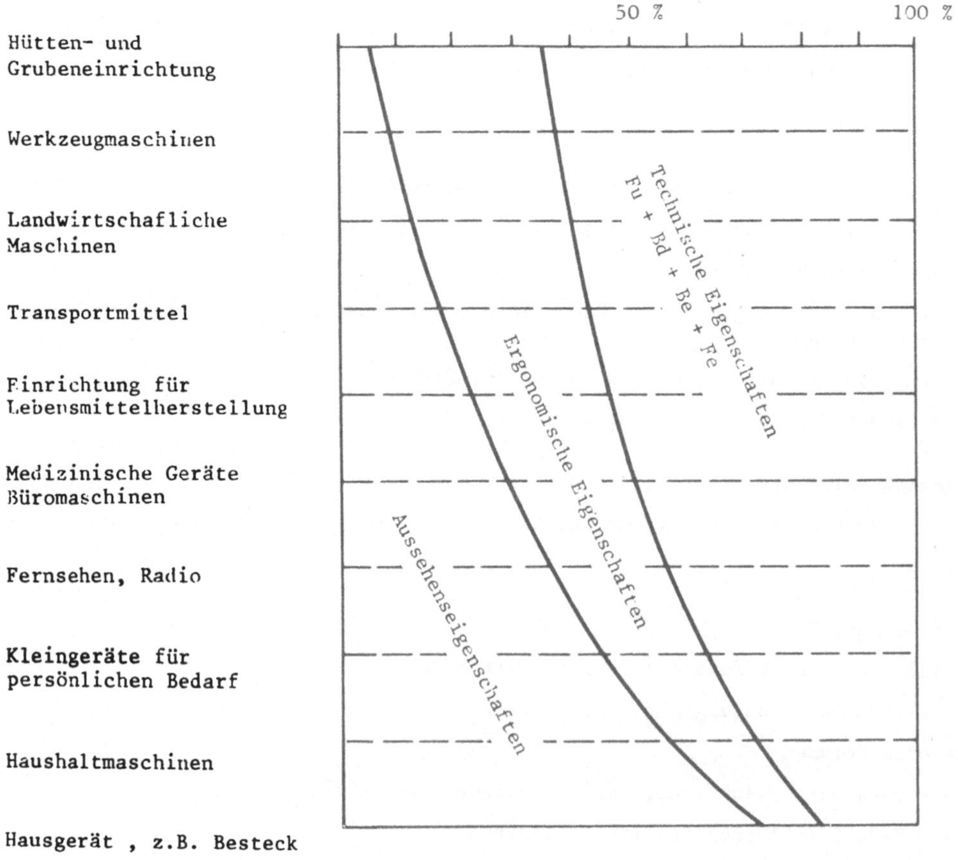

50 %
100 %

Hütten- und Grubeneinrichtung

Werkzeugmaschinen

Landwirtschafliche Maschinen

Transportmittel

Einrichtung für Lebensmittelherstellung

Medizinische Geräte Büromaschinen

Fernsehen, Radio

Kleingeräte für persönlichen Bedarf

Haushaltmaschinen

Hausgerät , z.B. Besteck

Technische Eigenschaften
Fu + Bd + Be + Fe

Ergonomische Eigenschaften

Aussehenseigenschaften

Abb. 7.8. Anteil wichtiger Eigenschaftsgruppen bei einigen Klassen der Maschinensysteme

Es stellt sich nun die Frage, in welchem Maße der Konstrukteur beim Konstruieren eines Maschinensystems diese Aufgabe selbst bewältigen kann, d.h. ob er die Mithilfe eines Spezialisten braucht. Auch im zweiten Falle muß der Konstrukteur jedoch die Prinzipien und Regeln der Ästhetik kennen.

Mit der Lösung dieses Problems befaßt sich der Produkt-Gestalter (Designer), welcher sich nicht nur mit der ästhetischen, sondern auch der ergonomischen Seite zu befassen hat, und zwar immer unter Berücksichtigung der Tatsache, daß es um die Beziehung zwischen Mensch und Maschine geht.

Auch der Zeitpunkt, in dem der Designer zur Mitarbeit herbeigezogen wird, ist wichtig. Es herrscht die schlechte Gewohnheit, daß dem Produkt-Gestalter vom Konstrukteur ein schon durchkonstruiertes Erzeugnis mit genau plazierten Funktionselementen vorgelegt wird. In dieser Situation wird das Eingreifen des Designers auf ästhetische Bearbeitung (sog. Styling) beschränkt. Das richtige Verfahren aber ist, mit der Zusammenarbeit schon nach Vorliegen der Konzeption zu beginnen, spätestens aber im Moment, da der Entwurf ausgearbeitet ist.

(6) Die Distributionseigenschaften (Di)

Das Maschinensystem wird in einer Fabrik hergestellt. Bis zum Zeitpunkt der Inbetriebsetzung macht es im allgemeinen eine lange und mühsame Prozedur durch. Es muß aus der Fabrikhalle herauskommen ohne das Tor niederzureißen, durch einen Kran von ausreichender Tragfähigkeit angehoben werden, muß gelagert werden, ohne zuviel Raum einzunehmen, es muß zum Benützer transportiert werden - durch Kraftwagen, Schiff, Zug, wobei es den Stößen, Witterungseinflüssen, vielfachen Umladungen ausgesetzt wird; es muß in die Betriebshalle gebracht und in möglichst kurzer Zeit montiert werden (denn die Montage ist teuer) und zuletzt in Betrieb gesetzt werden. Der Distributionsprozeß stellt hohe Ansprüche an das Maschinensystem. Deshalb muß das Maschinensystem solche Eigenschaften besitzen, mittels welcher es in der Lage ist, den Distributionsprozeß mit minimalen Kosten zu bestehen. Es ist bekannt, daß die Lagerungs-, Transport- und Verpackungskosten von Volumen und Gewicht abhängen. Alle diese Kosten belasten den Produktpreis.

Nachstehend sind einige Eigenschaften des Maschinensystems, die die Lagerbeständigkeit, Transportfähigkeit bzw. Verpackungsfähigkeit beeinflussen, zusammengestellt und die zugehörigen Konstruktionsmaßnahmen angeführt:

- Außenmaße beeinflussen das Volumen, den für die Distribution wichtigsten Parameter; sie sollen die für den Güterverkehr zuläßigen Dimensionen womöglich nicht überschreiten

- Form kann das umschriebene Volumen durch herausragende Teile wesentlich beeinflussen, was sich auf die Transport- und Verpackungskosten auswirkt; es ist sinnvoll, eine Demontierungsmöglichkeit vorzusehen
- Gewicht darf die Tragfähigkeit der Beförderungsmittel und Kräne nicht überschreiten; wenn nötig muß eine transportorientierte Teilung des Stückes vorgenommen werden
- Empfindliche Teile, die beim Transport beschädigt werden könnten (Stöße), müssen demontierbar konstruiert werden, so daß sie getrennt verpackt werden können
- Material, das z.B. im Tropenklima Schaden leidet (Bakelit, Aluminiumlegierungen) muß speziell behandelt werden; ferner ist leichte Demontierbarkeit vorzusehen
- Festigkeit: beim Anheben kann eine beträchtliche Beanspruchung vorkommen; es kann nötig sein, z.B. eine Abstützung durch Balken oder dgl. vorzuschreiben.

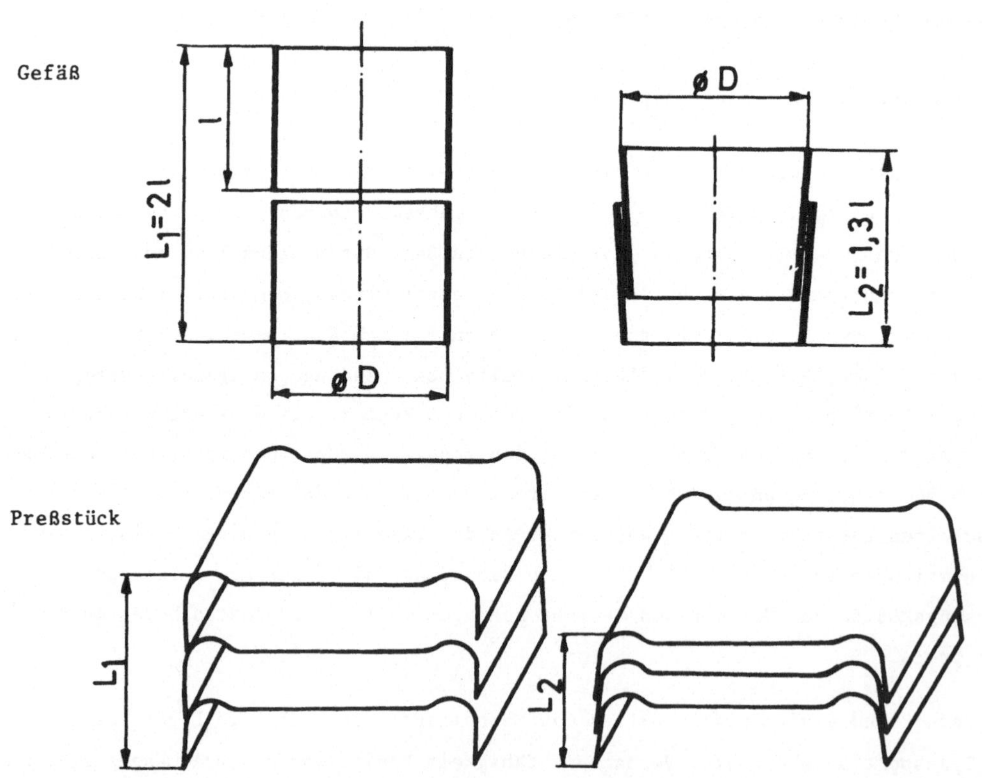

Abb. 7.9. Die Gestalt des Erzeugnisses beeinflußt das Lagervolumen

Jedes Maschinensystem muß für das Aufhängen am Kran mit einem Lasthaken oder mit Löchern für Stahlrohre ausgestattet werden.

Die Lagerungsfähigkeit bzw. die Verkleinerung des Volumens für den Transport kann die Gestalt eines in größeren Mengen herzustellenden Produktes wesentlich beeinflussen. Bekannte Beispiele sind Gefäße, gepresste Formen, wie sie in Abb. 7.9 dargestellt sind.

Die Forderungen an die Montage werden im Kapitel über die Fertigungseigenschaften erwähnt.

(7) Lieferungs- und Planungseigenschaften (LP)

Für jeden Kunden ist die Lieferfrist des Produktes eine wichtige Eigenschaft, die bei der Vergebung von Investitionsaufträgen oft entscheidend ist. Ebenso wichtig ist diese Frist für den Konstrukteur, da sie die Termine für seine Arbeit bestimmt.

Eine andere wichtige Frage, die auch die Arbeit des Konstrukteurs beeinflußt, ist die Stückzahl des zu erzeugenden Maschinensystems. Dieser Faktor hat Einfluß auf die Ausarbeitung der Konstruktionsunterlagen und auf den Verlauf der Konstruktionsarbeit, wie das noch im Kapitel über das Entstehen des Maschinensystems behandelt wird. Folgende Fälle können vorkommen:

- Man wird ein Stück oder eine kleine Anzahl von Maschinensystemen erzeugen. In diesem Falle wird man nicht soviel Sorgfalt auf die formale Bearbeitung der Zeichnungen verwenden wie in den nachstehend aufgeführten Fällen. Andererseits stellt sich das Problem der Erreichung der Funktion und der gewünschten Eigenschaften, weil es meistens nicht möglich ist, einen Prototyp herzustellen.
- Bei der Herstellung von mehreren Stücken, sei es in Serienfertigung oder Massenfertigung, muß man den Zeichnungen mehr Aufmerksamkeit widmen. Ferner wird zur Überprüfung der Funktion ein Prototyp hergestellt. Es sind auch viele Spezialwerkzeuge und andere Hilfsmittel für die Herstellung vorzubereiten.

Die Eigenschaft des Maschinensystems, nämlich ob es in Einzel-, Serien- oder Massenfertigung hergestellt wird, hat gewisse Folgen für die Qualität und die Erfüllung einzelner Eigenschaften, wie dies an etlichen Beispielen gezeigt wurde.

(8) Die Eigenschaften der Gesetzeinhaltung (GN)

Jeder Staat erläßt Gesetze und Verordnungen, mittels deren er sowohl den Benützer als auch den Hersteller von Maschinenbau- und anderen Erzeugnissen schützt. Wie das Maschinensystem vor dem Gesetz besteht, wie es den geltenden Gesetzen und Verordnungen gerecht wird, das ist eine wichtige Eigenschaft.

Der Konstrukteur muß alle Verordnungen und Normen kennen, die sich auf das zu konstruierende Maschinensystem beziehen, und zwar sowohl diejenigen des Hersteller-

Landes als auch diejenigen des Verbraucherlandes. Dieser Punkt wird oft zu wenig berücksichtigt, weshalb manchmal die Annahme des Produktes verweigert wird, oder die Sache noch ein Nachspiel vor Gericht hat. Vor allem kann es wegen den Sicherheitsvorschriften zu einem harten Regress kommen, wenn z.B. ein Mensch tödlich verunglückt.

Analog muß der Konstrukteur auch das Patentrecht und die Patentsituation des Landes, in dem das Maschinensystem in Betrieb kommt, kennen; er wird sich evtl. beim zuständigen Patentingenieur erkundigen, damit er kein Schutzrecht verletzt. Es ist nicht entscheidend, ob er die Idee selbst gefunden hat; wird sie angewendet, so muss, falls sie geschützt ist, eine Vereinbarung über die Patentbenutzung getroffen werden.

Das Gesetz betreffend die Pflichten des Herstellers ist je nach Land verschieden. Die deutsche Gesetzgebung verlangt, daß die Produkte

- nach den anerkannten Regeln der Technik
- nach den Arbeitsschutzvorschriften und
- nach den Unfallverhütungsvorschriften

hergestellt werden.

Die bis jetzt angeführten Eigenschaften, die zur Kategorie der äußeren Eigenschaften gehören, interessieren vor allem den Benutzer der Maschinensysteme. Er verlangt, daß das Erzeugnis die nötige Funktion, die Parameter, das Aussehen, die ergonomischen Eigenschaften u.ä. hat. Die Eigenschaften des Transportes, der Lieferung und der Gesetzeseinhaltung betreffen auch den Hersteller. Im nächsten Abschnitt werden zwei Kategorien von Eigenschaften behandelt, die speziell für den Hersteller von Interesse sind.

(9) Die Fertigungseigenschaften des Maschinensystems (Fe)

Die Fertigungseigenschaften zeigen, ob das Maschinensystem für die Herstellung und Montage geeignet ist bzw. ob es überhaupt herstellbar ist.

Wieviele Operationen brauchen wir zur Erreichung der nötigen Form des Teils? Wie schwierig sind die Operationen? Was für eine Fertigungsvorbereitung braucht die Lösung? Welche Spezialvorrichtungen, Werkzeuge, Meßinstrumente muß man konstruieren und herstellen? Welche Herstellungsgenauigkeit ist erforderlich? Was muß man bei der Montage anpassen, einstellen? Was muß man prüfen, einlaufen lassen? Kann man das Maschinensystem auf der bestehenden Einrichtung herstellen, oder muß man neue Maschinen kaufen oder sie bei einer anderen Firma herstellen lassen? Alle diese Fragen interessieren den Hersteller außerordentlich, denn sie haben einen maßgebenden Einfluß auf die Herstellkosten.

Die Ansprüche an die Fertigungseigenschaften ändern sich je nach der Fertigungsart (Einzel-, Serien- oder Massenfertigung) und mit der Entwicklung der Arbeitsprozesse und Arbeitsmittel im Maschinenbau.

Auch Liefertermine beeinflussen die Wahl der Lösung, weil einige Fertigungsprozesse zu lange Durchlaufzeiten haben. So kann man z.B. anstatt Guß eine Schweißkonstruktion vorsehen.

Die wichtigste Frage aber ist die Herstellungsart. Diese Ansicht ist zeitlich nicht stabil, wie das folgende Beispiel zeigt. Nach dem seinerzeitigen Übergang von gegossenen zu geschweißten bzw. zusammengebauten Teilen ist man in neuerer Zeit, dank der Weiterentwicklung der Gießereitechnik und neuer Werkstoffe, wieder in vermehrtem Maße zu der Verwendung von Gußstücken zurückgekehrt.

Andere Ansprüche an die Eigenschaften der Teile entstehen aus dem Übergang zur automatischen Fertigung und besonders zur mechanisierten bzw. automatisierten Montage.

(10) <u>Die Konstruktionseigenschaften</u> (Ko)

Der Benützer verfährt mit dem Maschinensystem meist wie mit einer "Black box". Nach der Anleitung und den Erfahrungen kennt er die Gesetzmäßigkeiten zwischen Inputs - dem Knopfdrücken, der Hebelstellung - und Outputs - dem Verhalten des Systems, das bestimmte Parameter aufweist. Er weiß auch, daß er das Maschinensystem reinigen und schmieren muß und die Arbeitsanleitung zu befolgen hat. Wodurch das Verhalten und andere Eigenschaften verursacht werden, interessiert ihn nicht. Er will aus Dampf Strom erzeugen, Metall bearbeiten, Nahrungsmittel kühlen, Kaffee mahlen, und das alles mit Hilfe einer zuverlässigen Einrichtung, die auch ein schönes Aussehen haben soll.

Im Moment, da der Benutzer den Maschinendeckel abschraubt und Wellen, Hebel, Zahnräder, Lager, Federn und andere noch geschlossene Elemente der elektrischen und hydraulischen Einrichtung sichtbar werden, hat sich die Welt des Fachmanns geöffnet, einerseits des Konstrukteurs, der sie geschaffen hat, andererseits des Arbeiters, der sie hergestellt und zu warten hat. Ein Blick in das Innere der "Black box" enthüllt eine Menge neuer Eigenschaften, die dem Laien verborgen sind. Diese inneren Eigenschaften werden wir Konstruktionseigenschaften nennen, weil sie dem Konstrukteur als Mittel zur Schaffung der gewünschten äußeren Eigenschaften dienen.

Dabei kann es sich um folgende Eigenschaften handeln: Wärmewirkungsgrad, Kompressionsverhältnis, OHC Motor, Regelung: Ein - Aus, Härte, Übersetzungsverhältnis, Festigkeit, Steifigkeit, Dimensionen der Teile, Toleranz, Material, Wärmeverarbeitung usw. Aus diesen Beispielen ist ersichtlich, daß diese Menge in Klassen geordnet werden kann; schon ein erster Blick zeigt Abhängigkeiten und Zugehörigkeiten. So ist die Festigkeit von den Dimensionen, dem Material und der Form abhängig, die Härte hingegen vom Material und der technologischen Verarbeitung. Der Wärmewirkungsgrad und das Kompressionsverhältnis sind Eigenschaften, die mit der durchgeführten Transformation zusammenhängen, beim Benzinmotor z.B. geht es um die Umwandlung der chemischen Energie im Benzin in die mechanische Energie an der Motorwelle.

Die letztgenannten Eigenschaften können wir nur bei den Maschinensystemen finden, die solche Transformationen durchführen, wogegen Eigenschaften wie Festigkeit, Steifigkeit, Härte, Korrosionsfestigkeit, Abnutzung fast bei allen Maschinensystemen vorkommen. Dieser Überlegung folgend können wir die Klassifikation der Konstruktionseigenschaften in folgende Gruppen vornehmen:

- Spezielle Konstruktionseigenschaften, die mit der durchgeführten Transformation zusammenhängen. Manchmal ist es schwierig, die Grenze zwischen funktionsbedingten Eigenschaften und Konstruktionseigenschaften zu finden. Das ist aber nicht so wichtig, weil es nicht wesentlich ist, in welche Gruppe die Eigenschaft eingeordnet wird. Wichtig ist, daß sie in irgendeiner Gruppe existiert.
- Allgemeine Konstruktionseigenschaften, die bei den meisten Arten von Maschinensystemen vorkommen können, da sie mit den mechanischen Aspekten zusammenhängen, wie die schon erwähnte Festigkeit, Steifigkeit, Abnutzung, Härte, Elastizität, Korrosionsfestigkeit usw.
- Elementare Konstruktionseigenschaften sind die Mittel des Konstrukteurs, mittels deren er alle anderen Eigenschaften erzielt. Das sind folgende:

  (1) Struktur — Für höhere Komplexitätsstufen der MS

  (2) Gestalt (Form)
  (3) Abmessungen (Dimensionen)
  (4) Werkstoff (Material)
  (5) Oberfläche
  (6) Toleranzen
  (7) Herstellungsart

  } Für die elementaren MS (Maschinenteile)

> Alle Arten von Eigenschaften werden mittels elementarer Konstruktionseigenschaften (Struktur, Form, Abmessungen, Werkstoff, Oberfläche, Toleranzen, Herstellungsart) erzielt.

Auch unter diesen elementaren Eigenschaften bestehen Relationen, welche die enorme Kompliziertheit der Beziehungen des Maschinensystems verursachen und dadurch das Konstruieren so schwierig machen.

Erörtern wir nun, wenigstens in großen Zügen, einzelne Gruppen der Elementareigenschaften, die, wie wir später sehen werden, die Grundlage der Methode der Konstruktionsarbeit bilden. Sie repräsentieren nämlich gleichzeitig die elementaren Konstruktionsoperationen wie Gestaltung, Dimensionierung, Ermittlung des Materials, der Oberflächenbeschaffenheit, der Toleranz und der Herstellungsart.

(10.1) Struktur (Anatomie der Maschinensysteme)

Wie schon in Auss. 2.1 postuliert wurde, sind Verhalten und Struktur die wichtigsten Eigenschaften des Systems. Durch die Struktur wird das Verhalten des Systems eindeutig bestimmt. Die Struktur ist eine Menge von Elementen und deren Beziehungen untereinander. Konkretisieren wir nun diese allgemeinen Axiome für den Bereich der Maschinensysteme.

Die Menge der Elemente - das Universum des Maschinensystems - bilden die Systeme der niedrigeren Komplexitätsstufe. Die Struktur ist beispielsweise im Schema Abb. 6.3 dargestellt. Die Einteilung der Strukturelemente nach den Komplexitätsstufen ist aus Tabelle Abb. 6.2 ersichtlich. Solange wir uns auf der niedrigsten Unterscheidungsebene bewegen, ist das Maschinensystem eine Menge von Maschinenteilen, die die Bauelemente der höheren Systeme sind. Wir müssen uns bewußt sein, daß die Auffassung über Maschinenelemente mehr derjenigen über elementare Funktionen entspricht (s. Auss. 5.12) als der Auffassung über Bauelemente im Sinne der Definition in Tabelle Abb. 6.2. Ein Gleitlager z.B. ist ein Maschinenelement, welches aus mehreren Teilen (Gehäuse, zweiteilige Lagerschale, Schrauben u.a.) bestehen kann. Anderseits ist es ein Mittel für die elementare Funktion - Drehverbindung. Natürlich bereitet es keine Schwierigkeit, das Lager zu demontieren und die Lagerschale, den Unterteil, den Deckel u.a. als Bestandteile im Sinne der Definition der Teile zu bezeichnen.

Vom Standpunkt der Mechanik aus gesehen, können wir die Struktur wie folgt beschreiben: Die Maschine besteht aus Paaren von Elementen, die in kinematischer Kette verbunden sind. Die Maschine besteht somit aus kinematischen Ketten.

> Jedes Maschinensystem läßt sich in Teilsysteme (Maschinen, Gruppen, Untergruppen) zerlegen, welche in vorgesehenen Kombinationen die Teil- und Elementarfunktionen erfüllen

Die Relationen zwischen den Systemen stellen ein wichtiges Mittel zur Erzielung weiterer Eigenschaften dar. Wir bekommen nicht dasselbe Ergebnis, wenn z.B. die mechanische Verbindung zwischen dem Kraftwagenmotor und dem Chassis mit angetriebenen Hinterrädern von einem vorn oder einem hinten eingebauten Motor durchgeführt wird. Trotz gleichem Schema der Mechanismen bedingt die Anordnung des Motors andere Eigenschaften, z.B. Fahreigenschaften, Geräusch im Wagen usw.

> Das Verhalten eines Maschinensystems ist nicht nur die Verhaltenssumme der Elemente, sondern es hängt von den Kopplungen unter den Elementen ab.

Die Kopplungen unter den Systemelementen können verschiedenster Art sein - z.B. mechanische, elektrische, chemische, magnetische, Zeit- und Raumkopplungen. Da im Rahmen dieses Buches eine vollständige Klassifizierung nicht möglich ist, beschränken wir uns auf die in den Maschinensystemen vorkommenden wichtigen Relationen.

Durch mechanische Kopplung schränkt man die Bewegung eines Punktes oder eines Körpers im Raum ein. Der Punkt hat höchstens 3 Freiheitsgrade, der Körper 6. Folgende Kopplungen können vorkommen: (vgl. Abb. 5.10)

- skleronomische (stationäre), von der Zeit unabhängige. Sie sind durch ein System unabhängiger Bedingungsgleichungen dargestellt
- rheonomische, zeitlich veränderliche. Sie sind durch Gleichungen dargestellt, in denen die Zeit figuriert
- holonomische, sie sind durch Relationen zwischen den Punktkoordinaten und der Zeit darstellbar, d.h. skleronomische und rheonomische Kopplungen
- nichtholonomische, sie sind durch Differentialgleichungen, die nicht geschlossen integrierbar sind, darstellbar.

Durch Einschränkungen der Freiheitsgrade ergeben sich:

- einseitige Kopplungen, bei denen die Bewegungen des Körpers nur nach einer Seite beschränkt werden, z.B. Kontakt von zwei Körpern oder Aufhängen des Körpers an einem Faden. Die Kopplung kann man durch Ungleichungen darstellen, die analog den vorher erwähnten Gleichungen sind
- doppelseitige Kopplungen, bei denen der Körper durch eine Führung oder durch eine andere mechanische Kopplung zu einer genau definierten Bewegung oder Lage gezwungen wird.

Ferner kann man unterscheiden:

- Kraftkopplungen, durch die eine bestimmte Kraft übertragen wird
- kräftefreie Kopplungen, bei denen keine Kraft übertragen wird (kinematische Kopplung). Damit ist aber nicht gesagt, daß gewisse Kräfte nicht doch auftreten.

Weitere Arten von Kopplungen sind:

- elektrische Kopplung - Verbindung oder Isolierung. Die Verbindung kann als Reihen-, Parallel- oder kombinierte Schaltung ausgeführt werden
- thermische Kopplung - Wärme übertragend, Wärme isolierend
- chemische Kopplung - aggressiv oder neutral; erstere führt zu chemischer Wirkung und anschliessend zu Korrosion
- magnetische Kopplung - felderregend, oder magnetisch abschirmend
- Rückkopplung - Rückführung eines Teiles des Ausgangssignals zum Eingang. Diese Kopplung kommt bei den Reguliersystemen vor.

(10.2) Gestalt

Die Gestalt gehört zu den wichtigsten, elementaren Eigenschaften des Maschinensystems. Je nachdem, durch welche Eigenschaft die Gestalt bedingt ist, können wir über verschiedene Gestaltarten sprechen. Die Gestalt kann bedingt sein durch:

- Funktion - Flugzeugflügel, Gewindeprofil, Zahnflanke beim Zahnrad, Fräserprofil
- ergonomische Eigenschaften - Werkzeugstiel, Hebelgriff, Fahrersitz
- Aussehenseigenschaften - Form des Bügeleisens, Werkzeugmaschinen
- Transport- und Lagerungseigenschaften - Löcher zum Aufhängen bzw. zum Heben, Kranösen, Form des Gefäßes, eines Preßstückes (Abb. 7.9)
- Fertigungseigenschaften - Anzug bei Gußstücken, Schmiedestücken, Abrundung der Gußstücke und der Preßstücke; Ausläufe für Nutenfräser
- wirtschaftliche Eigenschaften - möglichst einfache Gestalt
- Festigkeitseigenschaften - Träger gleicher Beanspruchung, Abrundung der Kerben, Formübergänge
- Abnutzung - nachstellbare Führungen
- Material - nach lieferbaren Halbzeugen.

Die Gestalt, die durch irgendwelche Anforderungen diktiert wird, muß immer noch von Aussehens-, Fertigungs-, Festigkeitsgesichtspunkten und von der wirtschaftlichen Seite her untersucht werden.

(10.3) Abmessungen (Dimensionen)

Die Maße beeinflussen praktisch alle Eigenschaften. Wie bei der Gestalt können sie durch Eigenschaften, z.B. durch Funktion, Festigkeit bedingt sein. Wir sprechen dann von Funktions-, Festigkeitsmaßen.

Einige Beispiele, bei denen die Abmessungen bedingt sind durch:

- Funktion - Kolbendurchmesser, Hub, Riemenscheibendurchmesser
- Betriebseigenschaften - Sicherheitszugabe zu berechneten Abmessungen, größere Dimension etlicher Teile für bessere Zugänglichkeit bei der Wartung
- ergonomische Eigenschaften - Abmessungen des Bedienungsstandes, räumliche Anordnung der Bedienungshebel
- Aussehenseigenschaften - Maßverhältnis zwischen einzelnen Teilen, Flächenverteilung (goldener Schnitt)
- Transporteigenschaften - maximale Abmessungen zur Einhaltung des Eisenbahnprofils, Berücksichtigung der Standardmaße der Kisten oder Verpackungen
- Fertigungseigenschaften - minimale Wanddicke der Gußstücke oder der Schmiedestücke, minimaler Biegungsradius

- wirtschaftliche Eigenschaften - möglichst kleine Dimensionen, um die Materialkosten klein zu halten
- Festigkeitseigenschaften - Dimension der Zapfen, der Lager, Breite und Modul der Zahnräder
- Steifigkeit - Maße des Werkzeugmaschinenbettes
- Abnutzung - Zugabe für Abnutzung der Reibungsflächen
- Material - nach den Maßen der vorhandenen Halbzeuge und Werkstoffe
- vorgeschriebener Einbauraum oder Anschlußmaße - genormte Flansche

(10.4) Werkstoff (Material)

Auch der Werkstoff, aus dem das elementare Maschinensystem (Teil) hergestellt wird, ist durch äußere Eigenschaften bedingt.
Einige Beispiele:
- Funktion - Wärmeisolation, elektrische Isolation, Wärmeleiter, chemische Widerstandsfähigkeit, Vibrationsdämpfung
- Betriebseigenschaften - Qualitätsmaterial für längere Gebrauchsdauer, oder für größere Zuverlässigkeit und Sicherheit
- ergonomische Eigenschaften - Polstersitze im Kraftwagen
- Aussehenseigenschaften - Täfelung, glänzendes Messing, glanzloses Aluminium
- Transporteigenschaften - Korrosionsfestigkeit beim Transport
- Fertigungseigenschaften - Wahl des Stahls, St 50 für gewöhnliche Teile, da besser zu bearbeiten als St 35
- wirtschaftliche Eigenschaften - Prinzip des preisgünstigsten Werkstoffs, der allen Anforderungen genügt
- Festigkeitseigenschaften - legierte Stähle für hochbeanspruchte Teile, warmfeste Stähle für die Schaufeln von Dampf- und Gasturbinen
- Abnutzung - Führungsflächen der Werkzeugmaschinen mit Kunststoff auskleiden
- Härte - Hartmetalldrehstahl, Teile aus Sintermaterial
- Oberflächenqualität - bei vorgeschriebener glatter Oberfläche muß ein gut bearbeitbares Material gewählt werden
- Korrosionsbeständigkeit - legierte Stähle mit Ni und Cr oder Kunststoffe.

(10.5) Oberfläche

Unter dem Begriff "Oberflächenqualität" verstehen wir Beschaffenheit und Farbe der Oberflächen. Zur **Erreichung der äußeren** Eigenschaften ist sie wichtiger, als vielfach angenommen wird. Sie beeinflußt eine ganze Reihe von Eigenschaften, nach deren Anforderungen sie sich richten muß:

- Funktion - Führungsflächen, Flächen für Gleitlager
- Betriebseigenschaften - längere Gebrauchsdauer durch bessere Oberflächenqualität
- ergonomische Eigenschaften - bearbeitete Flächen, wo der Mensch damit in Berührung kommt; aufgerauhte Griffflächen, damit sie nicht aus der Hand gleiten
- Aussehenseigenschaften - die Oberflächenqualität ist ausschlaggebend für das Aussehen
- wirtschaftliche Eigenschaften - Minimum der zu bearbeitenden Flächen
- Festigkeitseigenschaften - glatte Oberflächen erhöhen im allgemeinen die Dauerfestigkeit
- Korrosionsfestigkeit - glatte Oberflächen sind meist korrosionsfester
- Abnutzung - bearbeitete Oberflächen widerstehen meist besser der Abnutzung
- Toleranzen - feine Passung bedingt höhere Oberflächenqualität

(10.6) Toleranzen

Das Toleranzfeld beeinflußt die Raumrelationen zwischen den Elementen. Die Wahl der Toleranzen wird durch eine Reihe höherer Eigenschaften beeinflußt, wie z.B.:

- Funktion - die Toleranz zwischen dem Lagerzapfen und den Lagerschalen, Toleranz zwischen der Welle und der Radnabe für Schrumpfverbindung
- Betriebseigenschaften - Austauschbarkeit der Bestandteile
- ergonomische Eigenschaften - große Toleranzen können im Mechanismus der Maschine mehr Geräusch verursachen
- Fertigungseigenschaften - Toleranzen der Bestandteile, so daß die Montage ohne Nacharbeit möglich ist
- wirtschaftliche Eigenschaften - kleine Toleranzen verursachen höhere Fertigungskosten
- Abnutzung - beim Auftreten von Stößen verursachen große Toleranzen stärkere Abnutzung
- Herstellungsart - durch einen bestimmten Bearbeitungsprozeß kann man nur bestimmte Toleranzen einhalten
- Abmessungen - Relation zwischen Größen und den erzielbaren Toleranzen

(10.7) Herstellungsart

Die Herstellungsart beeinflußt die äußeren Eigenschaften indirekt über die allgemeinen Konstruktionseigenschaften. Dagegen besteht, wie die folgenden Beispiele zeigen, ein enger Zusammenhang zwischen der Herstellungsart und den elementaren Konstruktionseigenschaften:

- Festigkeit - geschmiedete Teile sind fester als spanabhebend bearbeitete Teile
- Härte - gehärtete Teile haben eine harte Oberfläche

- Zähigkeit - einsatzgehärtete Teile mit einer harten Oberfläche bleiben doch zäh
- Gestalt - einige komplizierte Formen kann man nur durch Gießen erzielen
- Werkstoff - nur gewisse Werkstoffe kann man gießen bzw. bearbeiten
- Oberfläche - die Bearbeitungsart muß nach der vorgeschriebenen Oberflächenqualität gewählt werden
- Abmessungen - die Größe der Teile beeinflußt die Herstellungsart.

(10.8) Konstruktionsmerkmale

Der Begriff der Konstruktionsmerkmale wurde bereits mehrmals, in verschiedenen Zusammenhängen angewendet und seine Bedeutung unterstrichen. Hier sei nochmals der Inhalt des "Konstruktionsmerkmals" definiert, und zwar als ein "internes" Merkmal Technischer Systeme, das sie besonders für den Fachmann charakterisiert und klassifiziert [61]. In Bezug auf die Klassifikation der Konstruktionseigenschaften, welche am Anfang dieses Abschnittes behandelt wird, umfassen Konstruktionsmerkmale die Gruppen spezieller und allgemeiner Konstruktionseigenschaften. Erinnern wir uns, daß die letzte Gruppe der elementaren Konstruktionseigenschaften in den vorhergehenden Abschnitten 10.1 bis 10.7 besprochen wurde. Der Begriff "Konstruktionsmerkmal" wird sonst in der Literatur und in der Praxis unterschiedlich und nicht konsequent angewendet.

An einigen Beispielen soll noch der Begriff des Konstruktionsmerkmales erläutert werden. Analysieren wir folgende Aussagen: "Dies ist eine Kolbenmaschine mit 4 Zylindern in der Reihe, die nach dem Viertaktverfahren mit direkter Einspritzung arbeitet, ein bestimmtes Verdichtungsverhältnis aufweist und wassergekühlt ist; sie benutzt den schwimmenden Zapfen, gefangene Dichtungen zwischen Zylinder und Zylinderkopf, Vollschaftkolben, Wälzlagerung; die erste kritische Drehzahl der Welle liegt über der Betriebszahl." Alle diese Merkmale charakterisieren für den Fachmann die betreffende Maschine in mehreren Richtungen. Er kann daraus auf die Wirkweise oder Betriebseigenschaften schließen, aber auch auf die Organ-, Baustruktureigentümlichkeiten und andere.

Diese Beispiele erklären noch einen Begriff im Zusammenhang mit Eigenschaften und Konstruktionsmerkmalen - ihre Ausprägung. Bei der Analyse dieser Aussage sind wir immer bereit zu fragen: Und welche andere Möglichkeit besteht neben der genannten Kolbenmaschine, dem Viertaktverfahren, dem Verdichtungsverhältnis, den gefangenen Dichtungen oder der Wälzlagerung? Wir sehen, daß in diesen Beispielen nicht das Konstruktionsmerkmal, sondern seine Ausprägung als Beschreibung eines bestimmten Technischen Systems genannt wurde.

Von ihrem Wesen her stehen Konstruktionsmerkmale zwischen den äußeren Eigenschaften (auch Benützungseigenschaften), die als Ziel betrachtet werden können, und den elementaren Konstruktionseigenschaften, die als Mittel dienen. Das Diagramm in Abb. 7.16 charakterisiert sehr deutlich diese Position und Beziehungen zu den zwei übrigen Gruppen.

Nicht immer (eher selten sogar) sind diese Beziehungen durch eine mathematische Gleichung beschreibbar. Sie widerspiegeln mehr eine ganz bestimmte Facherfahrung.

In Abbildung 5.12 sind einige Konstruktionsmerkmale systematisch aufgestellt, zugeordnet zu den vier Gebieten oder Domänen [73]: Transformations-, Funktions-, Organ- und Aufbausystem. Die Liste enthält keine vollständige Aufzählung der Konstruktionsmerkmale Technischer Systeme, sondern nur derjenigen, die allgemein bei allen TS-Arten als varietätbildende Merkmale vorkommen.

Konstruktionsmerkmale können in hierarchischen Beziehungen stehen, wie es M. Andreasen [74] gezeigt hat. Die hierarchische Beziehung ist meist durch eine Definition gegeben, z. B. daß die Struktur die Elemente und ihre Reihenfolge festlegt. Somit wird durch ein Konstruktionsmerkmal höherer Ordnung eine Reihe von untergeordneten Merkmalen bestimmt. So z. B. enthält eine Funktionsstruktur Konstruktionsmerkmale aus dem Bereich des Transformationssystems (z. B. Technologie, Auswirkungen und die Beteiligung des TS an ihrer Verwirklichung) und legt weitere fest, wie z. B. Input, Umwandlungsfunktionen oder Gruppierung.

(11) <u>Die wirtschaftlichen Eigenschaften</u> (We)

Die wirtschaftlichen Eigenschaften vereinigen eine Anzahl der bereits beschriebenen Eigenschaften in einer einzigen Kennzahl. Sie repräsentieren einerseits die Kosten (Aufwand), andererseits den Ertrag (Nutzen). Die Kosten entstehen schon beim Hersteller, z.B. für Entwicklung, Fertigungsvorbereitung, Herstellung und Vertrieb, dann aber auch beim Benützer im Ablauf des Arbeitsprozesses. Als Ertrag des Arbeitsprozesses ist der Nutzen der Transformation anzusehen, d.h. die erzielte Gesamtarbeitswirkung. (Siehe auch Abb. 4.8 Charakteristik des Prozesses)

Zur Beurteilung der wirtschaftlichen Herstellung muß man die sog. Selbstkosten des Maschinensystems kennen, deren Elemente in den Tafeln Abb. 7.10A und B aufgeführt sind.

Die Selbstkosten bilden die bedeutendste wirtschaftliche Eigenschaft für den Hersteller. Sie umfassen alle Kosten, welche direkt für die Herstellung des Maschinensystems aufzuwenden sind. Neben den Material- und Lohnkosten sind es auch die fest-

A

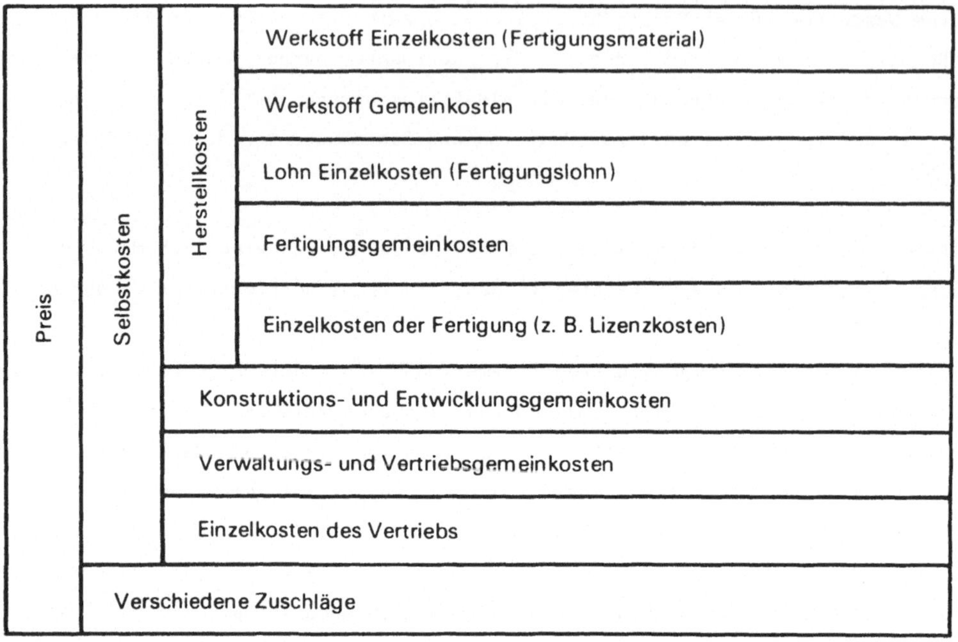

- Preis
  - Selbstkosten
    - Herstellkosten
      - Werkstoff Einzelkosten (Fertigungsmaterial)
      - Werkstoff Gemeinkosten
      - Lohn Einzelkosten (Fertigungslohn)
      - Fertigungsgemeinkosten
      - Einzelkosten der Fertigung (z. B. Lizenzkosten)
    - Konstruktions- und Entwicklungsgemeinkosten
    - Verwaltungs- und Vertriebsgemeinkosten
    - Einzelkosten des Vertriebs
  - Verschiedene Zuschläge

B

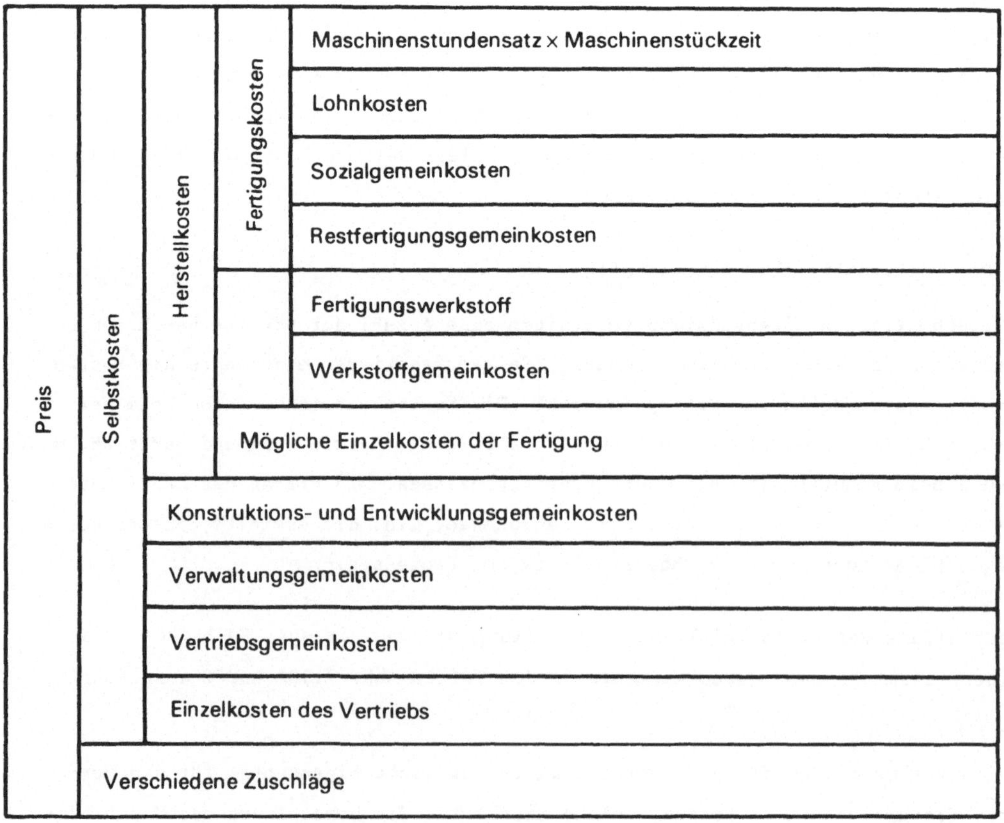

- Preis
  - Selbstkosten
    - Herstellkosten
      - Fertigungskosten
        - Maschinenstundensatz × Maschinenstückzeit
        - Lohnkosten
        - Sozialgemeinkosten
        - Restfertigungsgemeinkosten
      - Fertigungswerkstoff
      - Werkstoffgemeinkosten
      - Mögliche Einzelkosten der Fertigung
    - Konstruktions- und Entwicklungsgemeinkosten
    - Verwaltungsgemeinkosten
    - Vertriebsgemeinkosten
    - Einzelkosten des Vertriebs
  - Verschiedene Zuschläge

Abb. 7.10. **Kalkulationsschemata**

stellbaren direkten Sonderkosten, z.B. Forschungs- und Entwicklungskosten bzw. Kosten der Produktionsvorbereitung oder auch Auslagen für großen Stromverbrauch (Galvanisierung). Soweit die letztgenannten Kosten nicht direkt auf ein bestimmtes Maschinensystem umlegbar sind, schließt man sie in die Gemeinkosten ein.

Die Auswertung der Einzelkosten des **ganzen** Maschinensystems und seiner Teile bzw. die Analyse der Kosten, die zur Erreichung der verlangten Eigenschaften notwendig sind, zeigt viele interessante Aspekte der Konstruktion. Es kann sich dabei um die absolute Kostengröße oder auch um die gegenseitigen Kostenbeziehungen handeln. So ist z.B. der Anteil der Material- und der Lohnkosten für ein Fachgebiet aufschlußreich. Abb. 7.11 zeigt, wie verschieden der Materialkostenanteil sein kann.

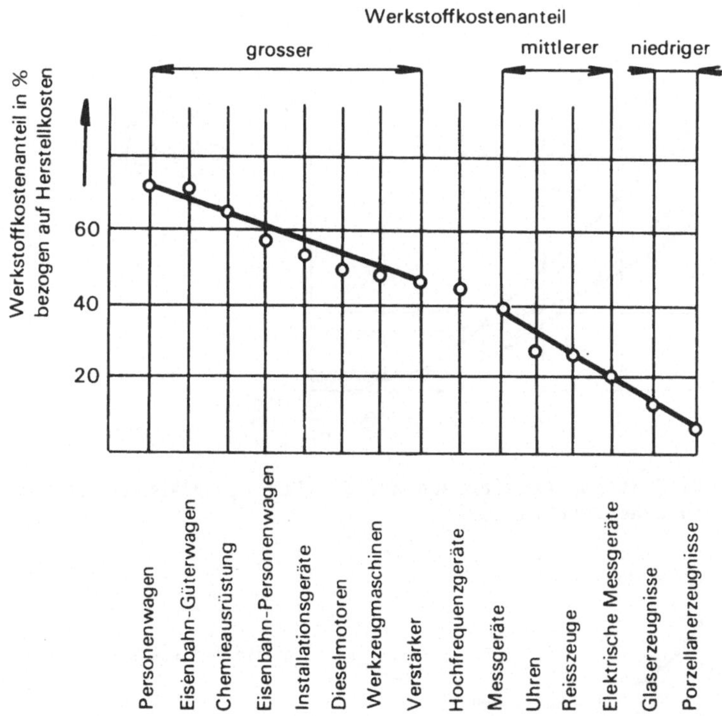

Abb. 7.11. Anteil der prozentualen Materialkosten an den Herstellkosten bei einigen Erzeugnissen

Die Selbstkosten werden nach Kalkulationsformeln berechnet. Schema A in Tafel Abb. 7.10 zeigt die immer noch weit verbreitete Zuschlagskalkulation, während in Schema B die zwar genauere, aber schwieriger zu handhabende Platzkostenrechnung enthalten ist (s. auch Richtlinien VDI 3258, Bl.1 [43] und VDI 2225 [41]).

Bei der üblichen Zuschlagskalkulation sind die Lohnkosten die Grundlage zur Berechnung der Gemeinkosten. Man setzt letztere als prozentualer Zuschlag zu den Lohnkosten fest, und zwar gemäß dem Jahresabschluß des Unternehmens.

Die Selbstkosten dienen als Ausgangspunkt zur Bestimmung des Richtpreises, der wichtigsten wirtschaftlichen Eigenschaft des Maschinensystems. Der Marktpreis und der erzielte Preis können vom Richtpreis stark abweichen.

Die Anzahl der hergestellten Maschinensysteme beeinflußt sowohl die Lohn- als auch die Fertigungsgemeinkosten (s. Abb. 7.12). Die Fertigungskosten sinken im allgemeinen mit wachsender Stückzahl. Für Serienfertigung ist die optimale Stückzahl je Serie von Bedeutung (s. Abb. 7.13).

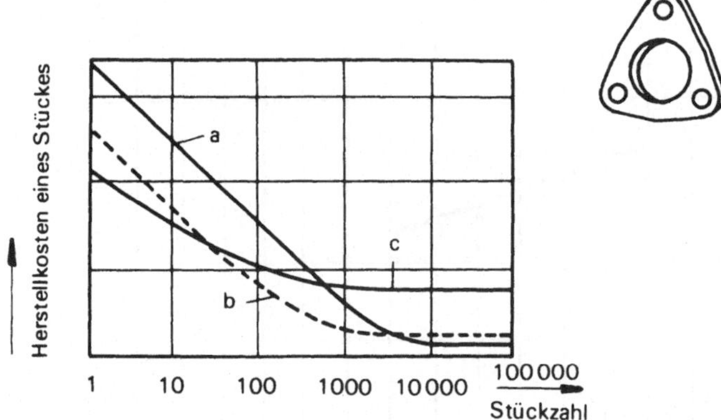

Abb. 7.12. Einfluß des Fertigungsverfahrens auf die Fertigungskosten am Beispiel der Herstellung eines einfachen Drehteils

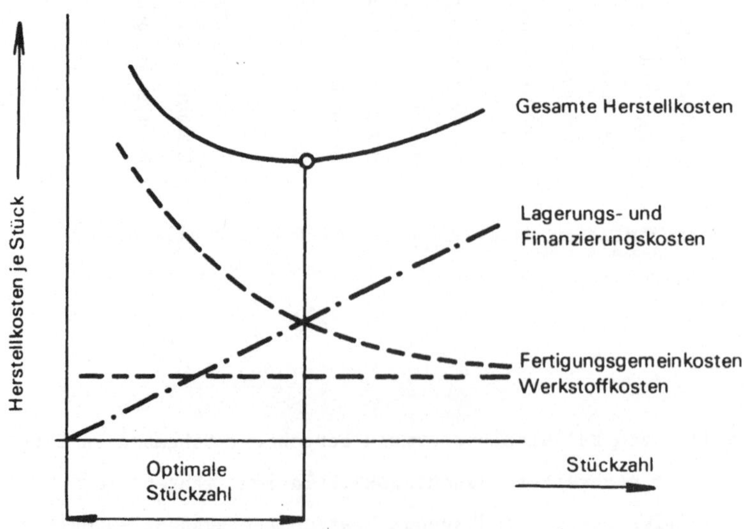

Abb. 7.13. Optimale Stückzahl pro Serie

Die Herstellkosten sind auch von der Anzahl der übernommenen Teile und Gruppen abhängig. Die Kategorien der Teile und Gruppen wurden von diesem Gesichtspunkt aus gesehen in Abb. 6.7 dargestellt. Die Höhe der Herstellkosten dient dem Hersteller des Maschinensystems als Kriterium bei seiner Entscheidung, ob es rentabler wäre, gewisse Teile im eigenen Betrieb herzustellen oder von außen zu beziehen.

Die Betriebskosten, die durch das Maschinensystem im Arbeitsprozeß entstehen, sind für den Benutzer sehr wichtig. Ihr bedeutendster Posten ist die Amortisation der Anschaffungskosten während der Lebensdauer des Maschinensystems. Sie werden berechnet aus dem Einkaufspreis, den Kosten des Transportes bis zum Betriebsort und allen übrigen Kosten, die mit der Inbetriebsetzung verknüpft sind, wie Energiezuführung, Vorbereitung des Arbeitsplatzes einschließlich der Fundamente, Abnahmeprüfungen usw.

Die übrigen Komponenten der Betriebskosten werden durch den Operanden und die Operatoren des Arbeitsprozesses gebildet (s. Modellbild Abb. 4.1).

Den Betriebskosten steht der in derselben Zeitperiode erreichte ökonomische und gesellschaftliche Nutzen gegenüber. Nutzen wird entweder in technischen oder in Geldeinheiten ausgedrückt. Das Verhältnis Nutzen - Betriebskosten bezeichnet man als Effektivität (Wirtschaftlichkeit), was eine der wichtigsten ökonomischen Kennzahlen darstellt.

$$Ef = \frac{\text{Nutzen des Prozesses}}{\text{Aufwand an Transformation}}$$

oder im vorliegenden Fall:

$$Ef = \frac{\text{Arbeitswirkung des Prozesses}}{\text{Betriebskosten des Prozesses}} \quad \text{in derselben Zeitperiode}$$

Die andere wichtige ökonomische Kennzahl ist die Rentabilität, die sich hauptsächlich auf die Finanzierung bezieht. Sie läßt sich wie folgt definieren:

$$\text{Rentabilität} = \frac{\text{Gewinn}}{\text{Kapital}} \quad \text{in derselben Zeitperiode}$$

Da die Ermittlung der wirtschaftlichen Eigenschaften ziemlich aufwendig ist und sie dem Konstrukteur ferner liegt, wird sie in den wichtigsten Entstehungsphasen des Maschinensystems oft vernachläßigt, zum Schaden der Bewertung und der Wahl der optimalen Variante.

(12) Die Herstellungseigenschaften (Qualität der Fertigung)

Es genügt nicht, ein Maschinensystem gut zu konstruieren, es muß auch gut gebaut werden, wenn es seine Funktion erfüllen soll. Die Fertigungseigenschaften des Maschinensystems bilden lediglich eine Voraussetzung für eine rationelle Herstellung; aber die Herstellung selbst ist wieder ein Problem für sich, denn auch der Herstellungsprozeß ist in einem gewissen Sinn ein schöpferischer Prozeß. Ein gutes Arbeitsteam kann u.U. mit durchschnittlichen Konstruktionsunterlagen ein gutes Produkt schaffen, während umgekehrt ein schlechtes Arbeitsteam mit ausgezeichneten Konstruktionsunterlagen nur ein mittelmäßiges Erzeugnis herzustellen vermag. Der Name einer Firma ist in einem gewissen Sinn kennzeichnend für die Qualität.

Beim Konstruieren muß der Konstrukteur mit den Einflüssen rechnen, die die Qualität des Maschinensystems bei der Fertigung beeinträchtigen können. Es sind dies die Operatoren des Fertigungsprozesses, wie sie bereits in Kapitel 2 behandelt wurden. Der Konstrukteur muß seine Instruktionen auf den Zeichnungen diesen Faktoren anpassen und dabei berücksichtigen, ob es sich um qualifizierte, im Fach erfahrene oder um angelernte Arbeiter handelt. Natürlich ist auch der Kontakt des Konstrukteurs mit der Fertigung ein wichtiger Faktor für die Qualität des Erzeugnisses.

7.3 Die Beziehungen unter den Eigenschaften

Die allgemeinen Definitionen für Relationen sind in Kapitel 2 aufgeführt. In der nachstehenden Tabelle Abb. 5.14 geben wir noch eine systematische Übersicht der Relationen zwischen den Eigenschaften anhand eines Flußdiagramms. (Die Outputs "ja" stellen Klassen von Relationen dar.)

Die Mathematik einschließlich der mathematischen Logik und der Statistik sind die wichtigsten Disziplinen für das Studium der Beziehungen. Sie bieten eine Möglichkeit, Relationen auszudrücken und diese formal zu bearbeiten.

Die Eigenschaften und ihre allgemeinen Beziehungen werden in den Fächern der Naturwissenschaft und der Technik behandelt und die Relationen entweder in Formeln oder in Worten ausgedrückt.

Zur Erzielung der geforderten Wirkung des konkreten Maschinensystems genügen die allgemeinen Relationen oft nicht. Für die komplizierten Erscheinungen in der Praxis müssen die allgemeinen Relationen den jeweils vorliegenden Verhältnissen angepaßt werden. So stehen z.B. für die Wärmeausbreitung die Formeln der Wärmeleitung, des Wärmeübergangs und der Wärmestrahlung zur Verfügung. Welche Relationen sind nun aber gültig, wenn wir einen Gegenstand in den Glühofen einlegen? Zur Lösung solcher Fälle muß der Konstrukteur Erfahrung auf dem betreffenden Gebiet haben, die es ihm ermög-

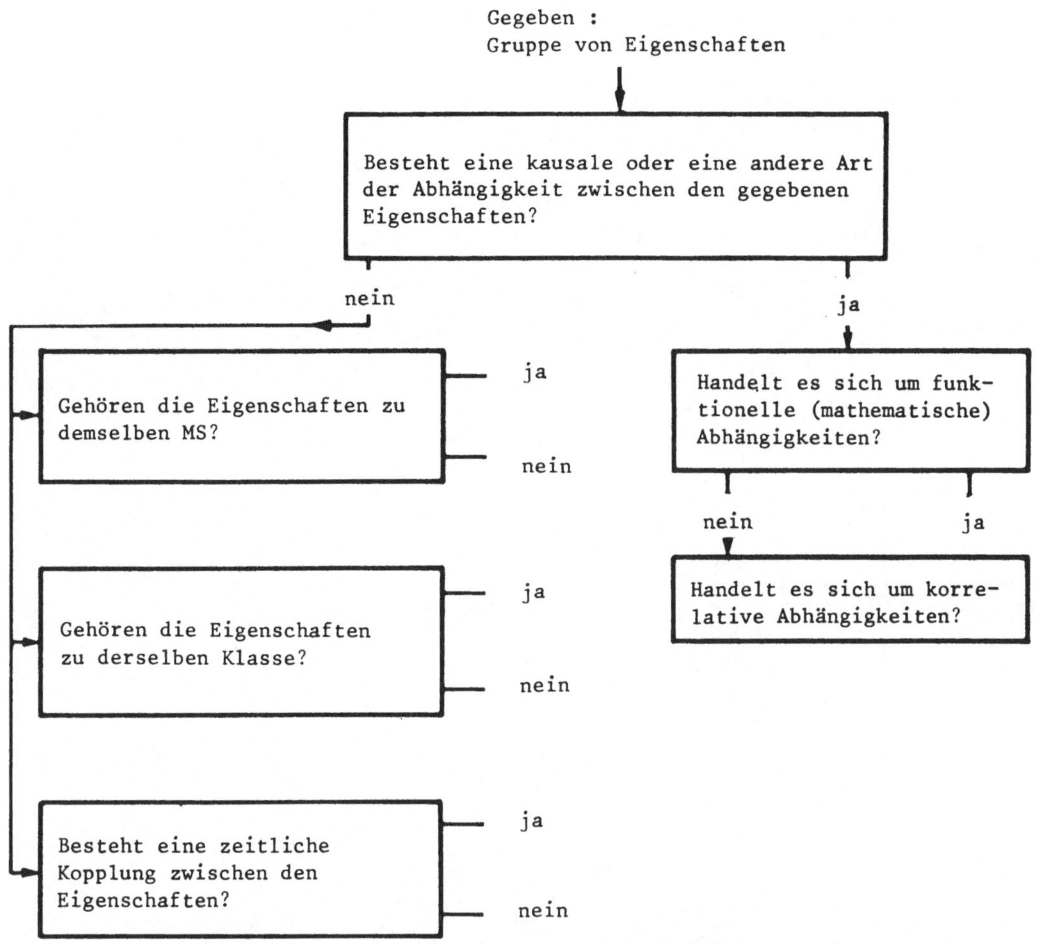

Abb. 7.14. Bestimmung der Abhängigkeiten zwischen Eigenschaften bzw. Gruppen von Eigenschaften

licht, die konkreten Bedingungen der Spezialsituation zuverlässig zu schätzen. Die Betriebserfahrungen lassen sich dann in Korrekturkoeffizienten ausdrücken, welche in die allgemeinen Formeln eingeführt werden können.

Sehr komplizierte Beziehungen unter den Eigenschaften kann man auch mittels Matrizen und mathematischer Symbole ausdrücken, wie dies bereits in Abschnitt 2 angedeutet wurde.

Es ist wichtig, auch die Relationen unter den erwähnten Eigenschaftskategorien zu erfassen (s. Abb. 7.15). Aus dem Diagramm ist ersichtlich, daß bei einem fertigen Erzeugnis die inneren elementaren Konstruktions- und Fertigungseigenschaften alle äußeren Kategorien "halten", welche dann die wirtschaftlichen Eigenschaften bestimmen. Der Überdruck - die Qualität der einzelnen Eigenschaften - hält dem Druck der äußeren Anforderungen stand.

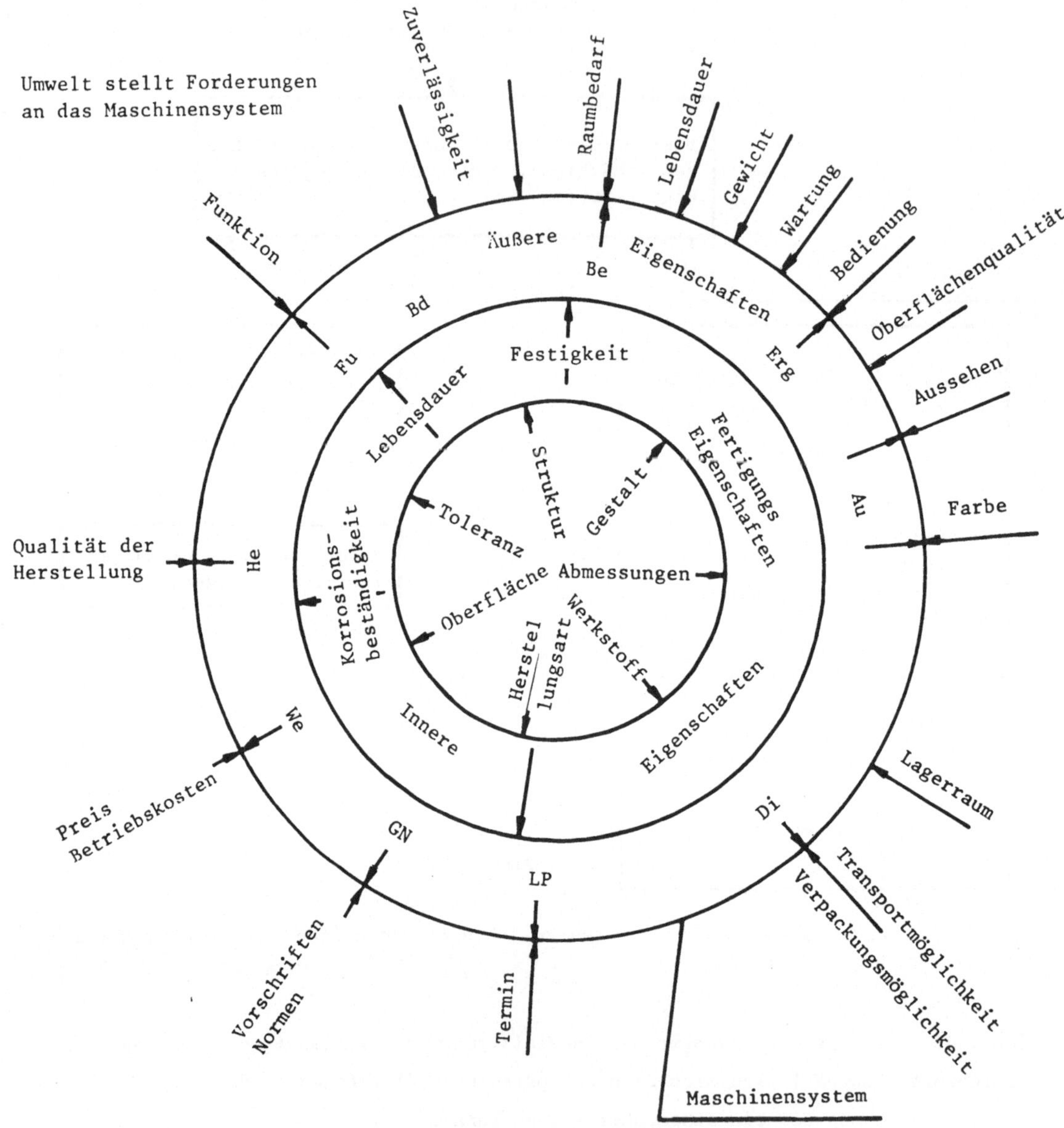

Abb. 7.15. Beziehungen zwischen den Eigenschaftsklassen

Die Abhängigkeiten zwischen den einzelnen Kategorien sind in Abb. 7.16 dargestellt.

Eine andere Darstellung der Relationen zwischen den Eigenschaften zeigt Abb. 7.17 nach Wögerbauer [44].

Die angeführten Beispiele offenbaren, daß es sich um sehr komplizierte Beziehungen handelt. Die Kompliziertheit wird durch die Relationen unter den Maschinensystemen der niedrigeren Stufen noch gesteigert.

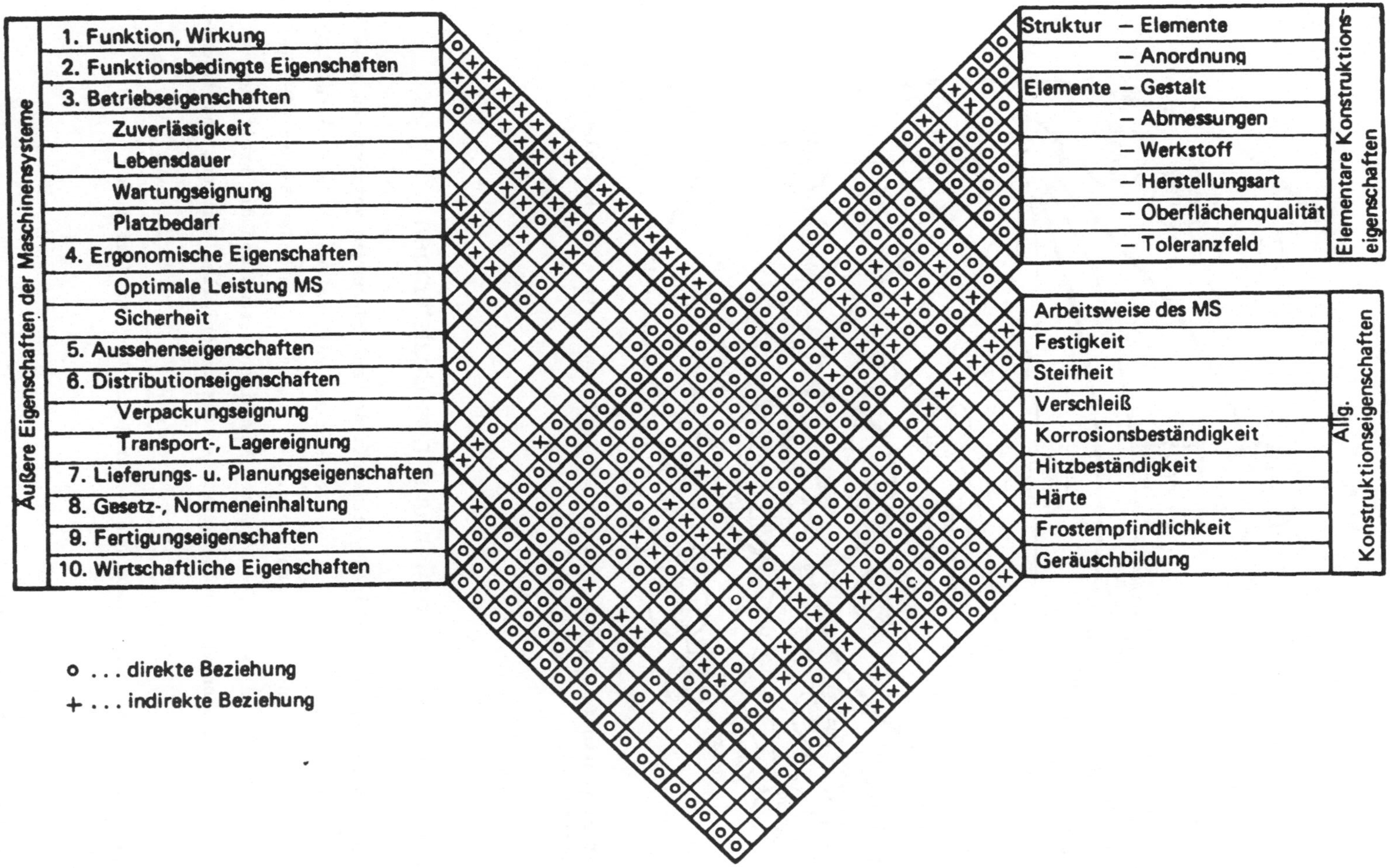

Äußere Eigenschaften der Maschinensysteme

1. Funktion, Wirkung
2. Funktionsbedingte Eigenschaften
3. Betriebseigenschaften
Zuverlässigkeit
Lebensdauer
Wartungseignung
Platzbedarf
4. Ergonomische Eigenschaften
Optimale Leistung MS
Sicherheit
5. Aussehenseigenschaften
6. Distributionseigenschaften
Verpackungseignung
Transport-, Lagereignung
7. Lieferungs- u. Planungseigenschaften
8. Gesetz-, Normeneinhaltung
9. Fertigungseigenschaften
10. Wirtschaftliche Eigenschaften

Elementare Konstruktionseigenschaften

Struktur – Elemente
– Anordnung
Elemente – Gestalt
– Abmessungen
– Werkstoff
– Herstellungsart
– Oberflächenqualität
– Toleranzfeld

Allg. Konstruktionseigenschaften

Arbeitsweise des MS
Festigkeit
Steifheit
Verschleiß
Korrosionsbeständigkeit
Hitzbeständigkeit
Härte
Frostempfindlichkeit
Geräuschbildung

o . . . direkte Beziehung
+ . . . indirekte Beziehung

Abb. 7.16. Beziehungen zwischen den Eigenschaftsklassen und den Konstruktionseigenschaften

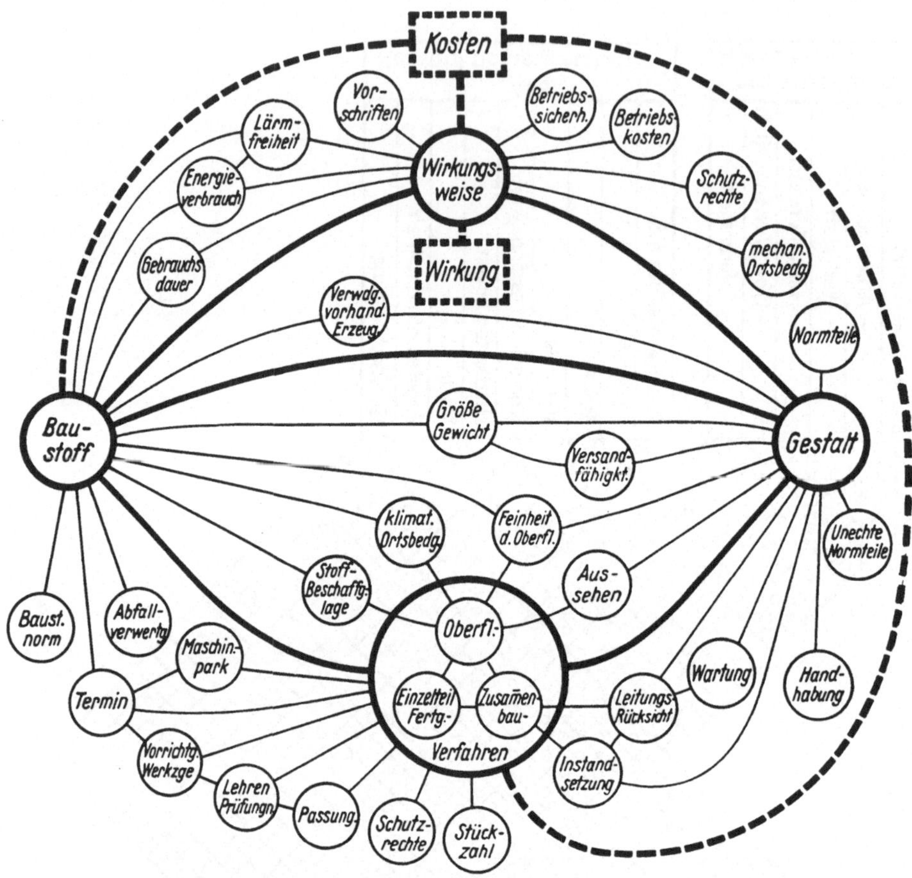

Abb. 7.17. Beziehungen zwischen den verschiedenen Eigenschaften der Maschinensysteme nach Wögerbauer [44]

7.4 Ermittlung der Eigenschaften und ihrer Beziehungen

Um die Eigenschaften eines Maschinensystems mit den Anforderungen vergleichen zu können, oder um die Maschinensysteme zu vergleichen und zu bewerten, müssen wir die Eigenschaften des Maschinensystems ermitteln. Die Ermittlungsmethoden ändern sich je nachdem, in welcher Phase des "Lebens" eines Maschinensystems man die Ermittlung durchführt, ob bei der Konzeption oder erst bei der materiellen Existenz des Maschinensystems.

Grundsätzlich stehen folgende Operationen oder Techniken zur Verfügung:

(1) Messen

(2) Beurteilen

(3) Modelltechnik mit Experiment

(4) Berechnen oder Ablesen

(5) Vergleich

(6) Ermittlung der optimalen Werte der Eigenschaften

(1) Bei den realisierten Maschinensystemen ermitteln wir die quantifizierbaren Eigenschaften durch Messen und die nichtquantifizierbaren durch Beurteilung von Fachleuten. Obwohl in diesem Kapitel die Einzelheiten dieser Tätigkeiten nicht behandelt werden, versuchen wir doch die Problematik kurz anzudeuten. Das Messen ist eine Fachtätigkeit, die ihre Arbeitsmethodik hat. Wie bei anderen Tätigkeiten spielt auch hier die Vorbereitung eine wichtige Rolle, einerseits für das Arbeitsverfahren, anderseits für die zur Eintragung und Auswertung der Ergebnisse dienenden Formulare. Die Prüfstellen verfügen meistens schon über eine Anzahl von Formularen für oft vorkommende Messungen, wie z.B. für die Schlessingermethode zur Prüfung der Genauigkeit von Werkzeugmaschinen.

Besondere Maßnahmen sind für die Langzeitmessungen erforderlich, z.B. bei der Ermittlung der Lebensdauer von Teilen. Die nötigen Eigenschaften können auch indirekt ermittelt werden, aufgrund der Abhängigkeit einer zu messenden Größe von einer anderen, leichter feststellbaren, wie z.B. die Lebensdauer von der Abnützung.

(2) Schwierig ist die Beurteilung der nichtmessbaren Größen. Um möglichst objektive Resultate zu erhalten, muß man die Eigenschaften und die Kriterien für die Beurteilung genau festlegen. Die Ansichten der Fachleute müssen nach den vorgeschriebenen Kriterien begründet werden. Wenn z.B. von einem Maschinensystem behauptet wird, es sei wartungsgeeignet, so sollten auch Gründe dafür angeführt werden, wie: gute Zugänglichkeit, Austauschbarkeit der Teile mit begrenzter Lebensdauer, Service der Firma oder ähnlich.

Noch komplizierter ist die Situation, wenn von einem Maschinensystem nur eine grobe Vorstellung existiert. Hier kann die Modelltechnik von Bedeutung sein.

(3) Modelltechnik. Die "Untersuchung" eines abstrakten Maschinenmodells ist unverhältnismäßig schwieriger als die Messung einer physikalischen Realität. Soweit der Konstrukteur seine Idee auf Erfahrungen aus ähnlichen Situationen stützen kann, sind die Schlußfolgerungen noch relativ einfach. Handelt es sich hingegen um eine neue Situation, die durch andere oder neue Bedingungen entstanden ist, so kann die Modelltechnik zur objektiven Beurteilung angewendet werden.

Das Modell ist eine Nachbildung (Repräsentation) des realen Gebildes oder des Prozesses bzw. der Idee (Hypothese) durch geeignete Mittel. Die Beziehungen zwischen dem Modell und dem Original sind die Ähnlichkeitsgesetze. Die Modelltechnik hat sich heute hinsichtlich Anwendung und Umfang durch den Einsatz von Computern wesentlich erweitert.

Man muß sich zuerst klar werden, von welchem Gesichtspunkt aus uns die Ähnlichkeit zwischen dem Modell und dem Original interessiert, d.h. welche Eigenschaften im Modell zum Ausdruck gebracht und welche Ziele angestrebt werden sollen. Im Gegensatz zum Prototyp eines Maschinensystems, bei dem die meisten Eigenschaften feststellbar sind, sind am Modell meist nur gewisse Eigenschaften wie Verhalten, Struktur, Gestalt usw. feststellbar. So entstehen die Funktions-, Struktur- und Gestaltmodelle.

Das Modell hat immer ein bestimmtes Ziel. Es geht nicht nur um die Ermittlung von Eigenschaften, sondern es dient oft auch als Mittel zur Kontrolle, Kommunikation, Instruktion oder Unterweisung. Gemäß den Darstellungsmitteln unterscheiden wir folgende Modellarten:

- ikonische, die in einer zwei- oder dreidimensionalen Darstellung das Original nachbilden, nach Bedarf in einem verkleinerten oder vergrößerten Maßstab, z.B. Zeichnungen, Raummodelle der Maschinen oder der Werkstätten, Photographien. Die Ähnlichkeit zwischen Modell und Original ist beträchtlich.
- analoge, bei denen nur gewisse Eigenschaften dem Original ähnlich sind. Mit Hilfe dieser Modelle kann man die statischen und dynamischen Eigenschaften nachahmen. Zu diesen gehören die Graphen und Diagramme, bzw. man nützt die Ähnlichkeit zwischen den Erscheinungen aus, wie z.B. zwischen der Strömung einer Flüssigkeit und der Elektrizität
- symbolische, welche die statischen und dynamischen Eigenschaften mit Hilfe von Wörtern oder mathematischen Symbolen darstellen. So dient z.B. das Symbol MS als Modell für alle Arten von Maschinensystemen.

Die Gesetzmäßigkeiten der Ähnlichkeit sind Gegenstand der Ähnlichkeitstheorie. Man unterscheidet physikalische und mathematische Ähnlichkeit. Die Ähnlichkeitstheorie stützt sich auf das Π -Theorem von Buckingham, womit es möglich ist, jeden physikalischen Prozeß mittels der dimensionslosen Funktion auszudrücken.

Das Ziel der Experimente am Modell ist die Bestätigung oder Ablehnung einer bestimmten Hypothese oder die Ermittlung von Unterlagen für die Quantifizierung gewisser Gesetzmäßigkeiten. Das Experiment ist nach einem vorbereiteten Arbeitsplan durchzuführen, in dem genaue Anweisungen über die Änderung der Versuchsbedingungen und die Verarbeitung der Ergebnisse enthalten sind.

(4) Sofern Diagramme schon vorhanden sind, können die gesuchten Eigenschaften für die gegebenen Bedingungen durch Ablesen ermittelt werden. Die Eigenschaften, die

durch eine Formel ausdrückbar sind, bestimmen wir durch Berechnen, wozu auch Analog- und Digitalrechner eingesetzt werden können.

(5) Das Referenzmuster, z.B. Oberflächenqualität (Zahnflanke), dient auch als Modell. Die der gesuchten Eigenschaft entsprechenden Werte werden durch Vergleich des Gegenstandes mit dem Muster ermittelt.

(6) Ermittlung der optimalen Werte von Eigenschaften
In der Technik gibt es viele Fälle, in denen man die optimalen Werte bestimmter Eigenschaften für gewisse gegebene Bedingungen ermitteln muß, z.B. die optimale Geschwindigkeit, Leistung, Form, Anzahl. Für die Festlegung des optimalen Wertes einer Eigenschaft benutzt man Erkenntnisse über Beziehungen zwischen den Eigenschaften. Normalerweise liegen die Verhältnisse so, daß die eine Gruppe von Eigenschaften positiv, die andere negativ beeinflußt wird. Die zu optimierenden Eigenschaften können ihren Wert ändern:
(a) unstetig, wie z.B. Anzahl der Trägerstützen, der Getriebestufen, der Schrauben
(b) stetig, wie z.B. Isolationsstärke, Geschwindigkeit des Transportbandes.

Als Beispiel kann Abb. 7.13 dienen. Es wird nach der optimalen Stückzahl pro Serie gesucht, bei der die Herstellkosten ein Minimum sind. Bekanntlich sinken mit wachsender Stückzahl die Lohnauslagen und Gemeinkosten, während die Materialkosten annähernd konstant bleiben. Es entstehen aber zusätzliche Kosten für Lagerung, Transport und Finanzierung, da nicht alle Teile auf einmal verbraucht werden können. Addiert man alle Kosten, so erhält man diejenige Stückzahl, bei der die Herstellkosten ein Minimum betragen.

Die Ermittlung der optimalen Werte kann, wie gezeigt wurde, graphisch oder rechnerisch durchgeführt werden. Die analytische Methode ist heute dank der Rechenanlagen sehr verbreitet, denn sie ermöglicht Rechnungen, die früher mit Rücksicht auf den riesigen Zeitaufwand undurchführbar waren.

Erwähnen wir nun kurz das Verfahren zur Ermittlung eines Optimums, wobei als Kriterium die niedrigsten Selbstkosten bzw. die maximale Effektivität angenommen werden.

(a) Für die unstetig veränderlichen Parameter wird der optimale Fall so bestimmt, daß die Selbstkosten bzw. die Effektivität für alle technisch in Frage kommenden Fälle berechnet werden. Die günstigste Alternative ist die, bei welcher die Selbstkosten minimal bzw. die Effektivität maximal sind. Die Optimierung kann so erfolgen, daß man einen Fall nach dem andern berechnet und die Ergebnisse in Tabellen oder Diagrammen niederlegt, oder bei kompliaierteren Fällen die Methode der linearen, nichtlinearen oder dynamischen Programmierung benützt. Für Details wird auf die einschlägige Literatur hingewiesen.

(b) Die Ermittlung des optimalen Wertes der stetig veränderlichen Parameter wird mit Hilfe einer analytischen Methode durchgeführt, z.B. Berechnung der optimalen Geschwindigkeit eines Beförderungsmittels, der Spannung für Energieübertragung, eines Rohrquerschnittes.

Wir drücken zuerst alle Eigenschaften als eine Funktion von x aus, die von den zu optimierenden Parametern abhängt. Dadurch erhält man den Ausdruck Ef für die Effektivität, als eine bestimmte Funktion des zu optimierenden Parameters x

$$Ef = F(x)$$

Bekanntlich hat der Parameter x einen optimalen Wert x_o, wenn F(x) einen Extremwert aufweist. x_o ergibt sich aus der Beziehung

$$F'(x_o) = \frac{dEf}{dx} = 0$$

Die Bedingung dafür, daß es sich wirklich um ein Maximum und nicht um ein Minimum von Ef handelt, folgt aus der Gleichung

$$F''(x_o) = \frac{d^2Ef}{dx^2} \begin{array}{l} > 0 \rightarrow \max. \\ < 0 \rightarrow \min. \end{array}$$

In den meisten Fällen entstehen keine Schwierigkeiten bei der Ableitung, doch die Gleichung, in der die erste Ableitung gleich Null gesetzt wird, ist oft von höherer Ordnung, so daß ihre Lösung nach x nicht allgemein durchführbar ist. Die Gleichung kann dann nur mit einer approximativen Methode gelöst werden.

(bb) Wenn es sich um die Ermittlung der optimalen Größe von zwei stetig veränderlichen Parametern handelt, z.B. um die Berechnung des optimalen Querschnittes und der optimalen Lebensdauer einer Rohrleitung, ist das Verfahren ähnlich. Die Optimierung der zwei Parameter kann man aber nicht voneinander unabhängig durchführen. Es werden alle Eigenschaften als abhängige Funktion der Parameter x und y ausgedrückt, z.B. die Kosten als Funktion des Querschnittes und der Lebensdauer der Rohrleitung. Dadurch erhält man Ef als Funktion der zu otpmierenden Parameter x und y:

$$Ef_r = F(x,y)$$

Die ersten partiellen Ableitungen der Funktion F(x,y) nach den Veränderlichen x und y ergeben sich zu:

$$F'_x(x,y) = \frac{\partial\, Ef}{\partial\, x} \qquad\qquad F'_y(x,y) = \frac{\partial\, Ef}{\partial\, y}$$

Wenn beide partiellen Ableitungen gleich Null gesetzt werden, erhält man ein System von 2 Gleichungen für die beiden optimalen Werte x_o und y_o:

$$F'_x(x_o,y_o) = 0 \qquad\qquad F'_y(x_o,y_o) = 0$$

aus denen sich x_o und y_o ausrechnen bzw. mit Hilfe graphischer Methoden ermitteln lassen. Die Überprüfung, ob es sich um ein Maximum oder ein Minimum handelt, kann mit Hilfe der zweiten Ableitungen erfolgen.

Alle diese Operationen zur Ermittlung der Eigenschaften sind Elementaroperationen des Konstruktionsprozesses und werden noch ausführlicher im Buch über die Arbeitsmethoden des Konstrukteurs behandelt.

7.5 Spezifikation der Eigenschaften der Maschinensysteme

Spricht man über Anforderungslisten, Pflichtenhefte oder Aufgabenstellung, so versteht man darunter immer eine Spezifikation der gewünschten Eigenschaften des Maschinensystems. Nicht selten ist die unvollständige Spezifikation die Ursache von Fehlern an fertigen Erzeugnissen. Ob es dabei um eine Unterlassung geht oder um die Annahme, daß es sich um eine selbstverständliche Sache handelt, spielt an sich keine Rolle. Die Wichtigkeit der richtigen und vollständigen Spezifikation ist schon in dem Ausspruch enthalten: Eine richtige Aufgabenstellung ist schon eine halbe Lösung.

Der Inhalt und die Form der Spezifikation ändern sich von Fall zu Fall; er wird durch folgende Faktoren beeinflußt:

(1) Kompliziertheit der Funktion - komplette Anlage im Gegensatz zu Maschinenteil
(2) Konstruktionsschwierigkeit - Neuentwicklung im Gegensatz zu Anpassung
(3) Forderung zusätzlicher Eigenschaften - Sicherheit, Lebensdauer, Aussehen
(4) Aufgabensteller

Die drei ersten Faktoren sind schon behandelt worden. Zur Erläuterung des letzten müssen wir über die Befriedigung der Bedürfnisse sprechen. Es existieren zwei Möglichkeiten (s. Abb. 7.18):

(a) Einkauf eines fertigen Erzeugnisses. Der Konsument, der sein Problem durch ein Maschinensystem lösen will, orientiert sich, ob das gewünschte Erzeugnis mit

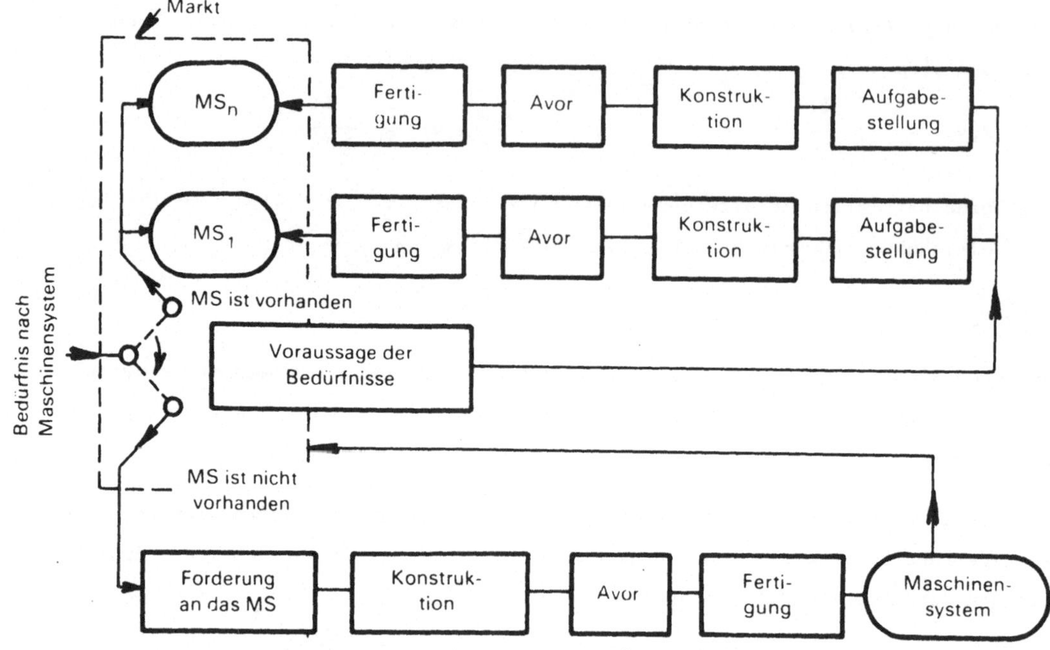

Abb. 7.18. Arten der Bedürfnisbefriedigung

den gewünschten Parametern auf dem Markt existiert. Normalerweise wird er zwischen mehreren Erzeugnissen wählen können. Dieser Fall ist überwiegend.

(b) Bestellung eines Spezialerzeugnisses. Wenn das Maschinensystem mit den gewünschten Eigenschaften nicht vorhanden ist, muß der Kunde warten, bis der lange Weg von der Aufgabenstellung über Herstellung und Installation durchlaufen ist. Er bekommt dann ein Erzeugnis, das auf seine individuellen Bedürfnisse zugeschnitten ist. Wegen des meist hohen Preises sind solche Aufträge umsatzmäßig interessant.

Für die Konstruktion und Fertigung handelt es sich also um verschiedene "Aufgabensteller". Bei direkter Bestellung ist es der Kunde selbst oder sein Vertreter, wie z.B. das Projektierungsbüro, im andern Fall muß der potentielle anonyme Kunde von "jemandem" vertreten werden, der die Bedürfnisse und Wünsche voraussieht und die Aufgabe formuliert. Meistens handelt es sich bei diesem abstrakten Kunden um den Vertrieb des Unternehmens.

Da bei direktem Kontakt der Kunde seine Forderungen geltend machen kann, trägt er auch das Risiko für die Aufgabenstellung. Das Fertigungsunternehmen garantiert, daß das Maschinensystem die gewünschten Eigenschaften aufweist; es hat also "nur" das technische Risiko.

Bei der eigenen Formulierung der Aufgabe besteht die Gefahr, daß die gestellten Forderungen nicht im Einklang stehen mit den Vorstellungen der Kunden, und daß das Erzeugnis deshalb nicht den erwarteten Absatz findet. Das Risiko des Unternehmens ist sehr groß, und dementsprechend ist die Aufgabenstellung enorm wichtig. Es müssen große Anstrengungen gemacht und alle Methoden eingesetzt werden, um die Wahrscheinlichkeit des Erfolges zu sichern. Es wird die aktive Zusammenarbeit mehrerer Fachleute verlangt, unter denen der Konstrukteur eine Hauptrolle spielen sollte.

Da die Aufgabenstellung nie vollständig sein kann, müssen bei jedem Auftrag vom Konstrukteur noch zusätzliche Maschinensystemeigenschaften festgelegt werden. Der Kunde bleibt mit seinen Forderungen meistens im Bereich der äußeren Eigenschaften. Nur gewisse Kunden, wie die Armee, die Post, die Eisenbahn, Lloyd, stellen aufgrund ihrer Betriebserfahrungen oft Anforderungen an Konstruktionseigenschaften, z.B. hinsichtlich Material, Oberflächenbehandlung und dgl.

Alles, was gesagt wurde, hat Bezug auf das Finalprodukt, das dem Konsumenten übergeben wird. Eine andere Situation liegt bei den Teilsystemen und Elementen vor, wo der Konstrukteur die Anforderungen selbst festlegt.

Zur Erzielung der nötigen Vollständigkeit der Spezifikation können die Fragen, wie sie in den Eigenschaftsklassen angeführt wurden, dienen (s. Abb. 7.1). Von diesen Kategorien könnte man weiter die Liste der Eigenschaften für konkrete Erzeugnisse zusammenstellen, weil hier die Anzahl der Eigenschaften schon begrenzt ist.

Eine besondere Gruppe bilden die ständigen impliziten Forderungen, die, ohne namentlich erwähnt zu werden, von den Konstrukteuren erfüllt werden; es gehört zur Berufsehre eines Konstrukteurs, sich mit diesen Forderungen auseinanderzusetzen.
Zu diesen Forderungen gehören:

- der höchst erzielbare Wert der Betriebseigenschaften und von diesen insbesondere:
  - o minimaler Raumbedarf
  - o minimales Gewicht
  - o minimaler Energie- und/oder Brennstoffverbrauch
  - o Zugänglichkeit und Austauschbarkeit aller Elemente mit begrenzter Lebensdauer
  - o optimale Zuverlässigkeit
- Die bestmöglichsten ergonomischen Eigenschaften
  - o einfache, mühelose Bedienung
  - o Schutz gegen alle Neben-Outputs wie Lärm, Wärme, Vibrationen, Abgase, Staub usw.
  - o minimale Umweltgefährdung
- Die maximale Ausnutzung aller "Quellen" des Produktionsunternehmens
  - o Verwendung vorhandener Materialien und Unterlagen (Teile, Teilefamilien, Normteile)
  - o Ausnützung der Produktionsmittel, d.h. der Maschinen, Vorrichtungen, Messzeuge
- Die günstigsten wirtschaftlichen Parameter
  - o minimale Herstellkosten
  - o minimale Betriebskosten

Ferner gibt es eine Reihe von Prinzipien, die schon aus den angeführten Forderungen folgen, die man aber noch als Arbeitsprinzipien des Konstrukteurs **taxieren kann**:

- o möglichst einfache Konstruktionslösung
- o möglichst gleiche Lebensdauer aller Teile oder möglichst leichte Austauschbarkeit der größerer Abnutzung unterworfenen Teile
- o vernünftige Festigkeitsausnützung der Materialien
- o Nutzung der Naturquellen des Landes unter Berücksichtigung der jeweiligen Situation der Bevölkerung
- o Respektieren der eingebürgerten vernünftigen Gepflogenheiten.

Viele dieser Forderungen überschneiden sich, und man muß einen optimalen Kompromiß unter den gegensätzlichen Tendenzen suchen. Dieses Problem wird später noch behandelt.

Ein Sonderfall der Forderungen sind die Einschränkungen. Sie werden dem Konstrukteur von der Natur und der Gesellschaft (z.B. Vorschriften) auferlegt, so daß er gewisse Lösungen nicht freigeben kann. Wir empfinden das meist nicht mehr als Einschränkung, da wir uns an die Naturgesetze gewöhnt haben und einsehen, daß man z.B. ein perpetuum mobile nicht konstruieren kann. Eine andere Art von Einschränkungen sind die Entscheidungen von Autoritäten aller Art.

Man muß die Forderungen noch nach ihrer Bedeutung (Priorität) und der Ansicht des Kunden in drei Kategorien einteilen:

(1) Forderungen, die unbedingt erfüllt werden müssen, wie Funktion und Preis. Man unterteilt sie in Festforderungen, bei denen eine Überschreitung nicht erwünscht ist, und Mindestforderungen, bei denen eine Überschreitung angestrebt wird.

(2) Forderungen, die man in Ausnahmefällen nicht unbedingt im verlangten Ausmaß erfüllen muß.

(3) Forderungen (Wünsche), die man nur unter günstigen Umständen erfüllen soll.

Der Konstrukteur muß immer wissen, zu welcher Klasse jede Forderung gehört, und er sollte sich diese vom Auftraggeber auch bestätigen lassen.

7.6 Gedankliche Verwirklichung der Eigenschaften der Maschinensysteme

Es bleibt eine offene Frage, wer die Eigenschaften des Maschinensystems gedanklich verwirklicht und wovon der Wert des realisierten Maschinensystems abhängig ist. Es ist unbestritten, daß ohne eine qualitativ befriedigende Realisation der beste Entwurf auf dem Papier nutzlos ist und daß ohne gute Organisation die Verwirklichung eines Erzeugnisses sehr lange auf sich warten ließe und auch die Kosten sehr hoch zu stehen kämen. Aber ohne Fachkenntnisse, Arbeit und Phantasie des Konstrukteurs wäre es nicht denkbar, die heutigen hohen Ansprüche zu befriedigen.

Der Konstrukteur ist der Schöpfer des Maschinensystems und der meisten seiner Eigenschaften. Hingegen beeinflußt er weniger die Herstellungs-, Lieferungs- und Planungseigenschaften, er schafft aber deren Voraussetzungen. Er nimmt an der Gestaltung der Aussehens- und der ergonomischen Eigenschaften - u.U. zusammen mit einem Designerteil, ferner beeinflußt er maßgebend die wirtschaftlichen Eigenschaften.

Die "Werte" eines Maschinensystems werden im Ablauf des Konstruktionsprozesses geschaffen. Die Faktoren, die das Ergebnis dieses Prozesses beeinflussen, werden im Buch über den Konstruktionsprozeß behandelt. Hier sollen nur die Grundfaktoren erwähnt werden, von denen der Erzeugniswert abhängt, nämlich die Fachkenntnisse des Konstrukteurs, die Zeit für das Konstruieren, die Anzahl der Bearbeiter sowie die Anzahl der Verbesserungen.

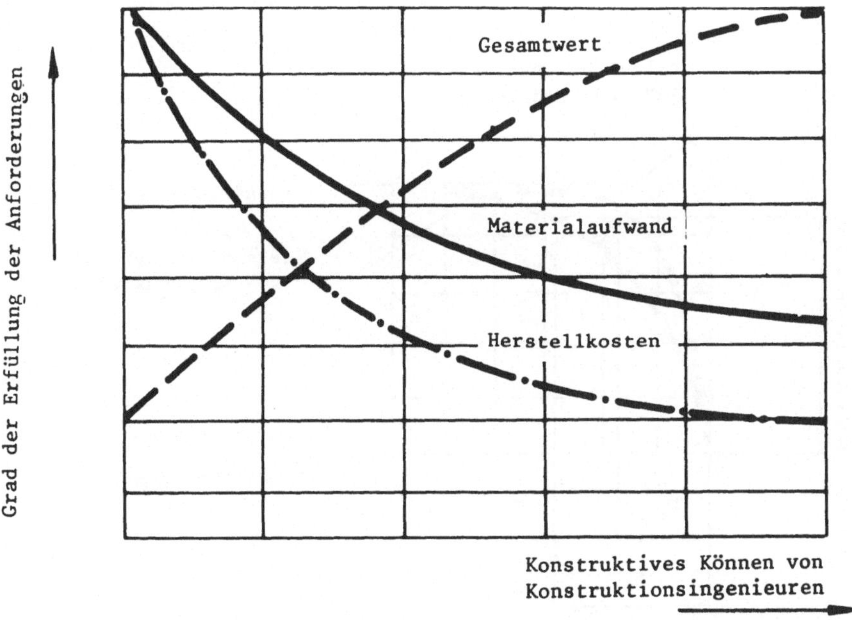

Abb. 7.19. Einfluß des konstruktiven Könnens auf die Erfüllung der Anforderungen

Wögerbauer hat die Abhängigkeit des Erzeugniswertes von den Fachkenntnissen des Konstrukteurs graphisch ausgedrückt (s. Abb. 7.19). Leider sind die Begriffe Fachkenntnisse und Erzeugnisqualität nicht genau definiert und daher auch nicht quantifizierbar.

Die Abhängigkeit der Maschinensystemqualität von der Konstruktionszeit und von der Anzahl der Konstrukteure (Konstruktionskapazität) zeigt das Diagramm in Abb. 7.20. Die Konstruktionskapazität kann z.B. durch die auf eine Zeiteinheit bezogenen Geldmittel ausgedrückt werden. Aus dem Diagramm ist ersichtlich, daß einerseits nach einer Zeit t_o^x die Qualität relativ langsam steigt, anderseits durch Einsatz der doppelten Kapazität eine proportionale Arbeitsbeschleunigung nicht erreicht wird. Diese Feststellung wird durch die praktische Erfahrung bestätigt. Der skizzierte Ablauf der Abhängigkeiten ist natürlich nur für ein Arbeitskollektiv zutreffend, das über ein gewisses Maß von Fachkenntnissen verfügt. Für ein anderes Kollektiv würde der Ablauf anders aussehen; so wäre z.B. bei einem schwächeren Kollektiv der Abstand der Kurve von der Asymptote der idealen Lösung wesentlich größer und die Neigung des Ablaufs weniger steil.

Bei jeder Rekonstruktion der bestehenden Maschinensysteme (Weiterentwicklung) sollen neue Werte der Eigenschaften erzielt werden. So ein Vorgang kann z.B. auf dem "s-Diagramm" angedeutet werden (s. Abb. 8.3). Die Möglichkeiten der Verbesserungen sind jedoch begrenzt (s. Abb. 11.4 u. 11.6).

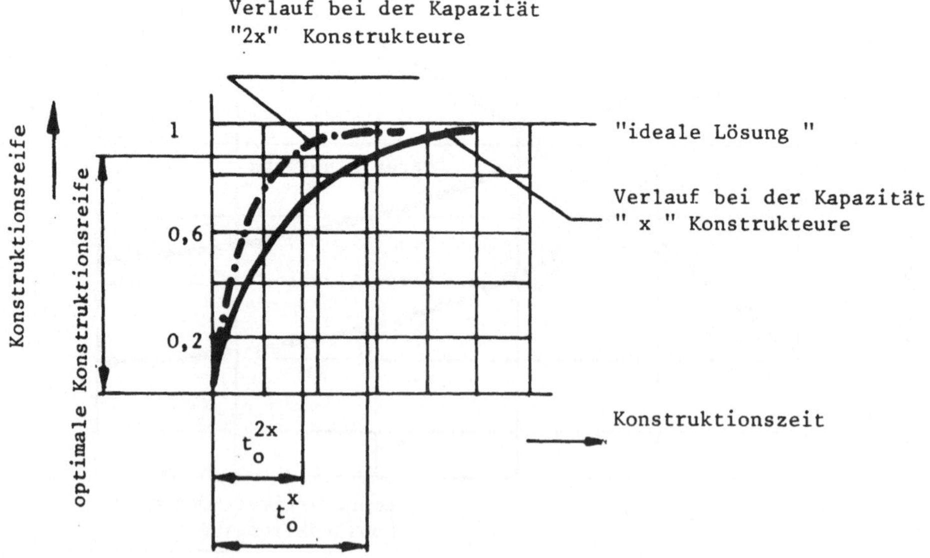

Abb. 7.20. Die Konstruktionsreife in Abhängigkeit von der Konstruktionszeit und der Konstruktionskapazität

Die Grundfaktoren, von denen der Wert eines Maschinensystems abhängt, sind: Konstruktives Können des Konstrukteurs (s. Abb. 7.19), Konstruktionszeit (s. Abb. 7.20) und die Anzahl der Verbesserungen.

Es ist interessant zu konstatieren, wie sehr der Konstrukteur die Herstellkosten beeinflußt. Es herrscht die Überzeugung, daß diese Kosten überwiegend von der Produktionsvorbereitung und vom Produktionsprozeß abhängig sind. Die genaue Ermittlung dieser Abhängigkeit zeigt jedoch, daß es der Konstrukteur ist, der die Höhe der Herstellkosten am meisten beeinflussen kann.

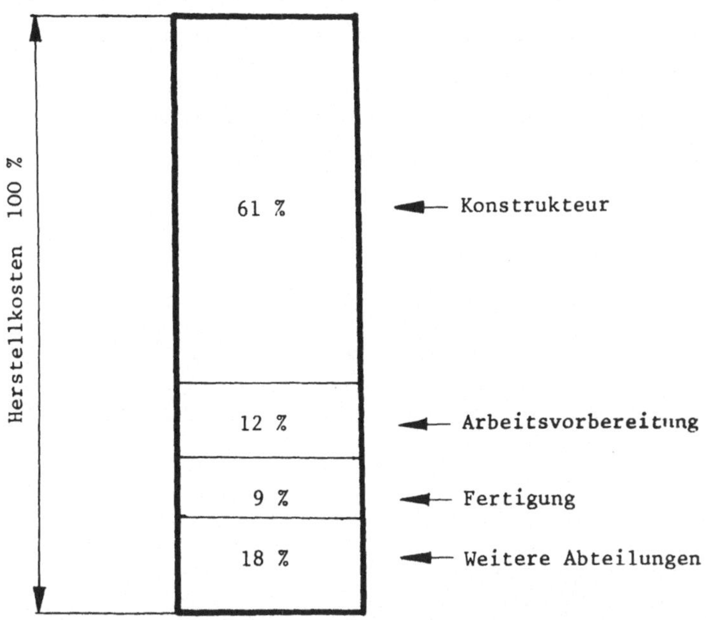

Abb. 7.21. Die Verantwortung für die Herstellkosten bei Einzelfertigung

Die Angaben in den Abb. 7.19 bis 7.21 sind lediglich als Richtwerte anzusehen, und es hängt viel davon ab, wie sie interpretiert werden.

7.7 TS-Eigenschaften – Aussagen

Eigenschaft, als jedes Objekt bestimmende und seiner Seinsweise zugehörende Kategorie, hat eine zentrale Bedeutung in der Theorie Technischer Systeme.

Auss.

7.1 Technische Systeme müssen neben der Zweckfunktion (Wirkungsfähigkeit) ganz bestimmte Werte oder Ausprägungen einer endlichen Reihe von Eigenschaften besitzen, damit sie für den Gebrauch geeignet sind.
Einige dieser Eigenschaften unterstützen die Wirkungsfähigkeit direkt, andere bilden weitere "Aspekte" des Produktes.

7.2 Die volle Aufzählung (Übersicht) der Eigenschaften läßt sich vorteilhaft über die Klassen der Eigenschaften (Aspekte) erreichen (s. Abb. 7.2, 7.16).

7.3 Jedes TS besitzt alle Arten von Eigenschaften, ohne Unterschied, ob sie bewußt gemäß den Anforderungen geplant sind oder nicht.

7.4 Am Anfang Technischer Systeme stehen Anforderungen, welche die künftigen Eigenschaften bestimmen.

7.5 Eigenschaften lassen sich nach mehreren Gesichtspunkten kategorisieren. Wichtige Klassen sind die äußeren (Benützer-)Eigenschaften und innere (Konstruktions-)Eigenschaften.

7.6 Die äußeren Eigenschaften sind von inneren Konstruktionsmerkmalen und Konstruktionseigenschaften abhängig (s. Abb. 7.16).

8 Bewertung Technischer Systeme

Am Anfang des 7. Kapitels wurde auch die Frage gestellt: Wie ist der Kraftwagen? Um diese Frage zu beantworten, muß man nicht nur die bestimmten Eigenschaften auswählen und bewerten, sondern sie auch unter einem gemeinsamen Kennzeichen vereinigen. Das ist aber nicht leicht, wenn es sich um verschiedenartige Eigenschaften handelt wie Geschwindigkeit, Leistung, Ausrüstung des Wageninnern, Aussehen, Oberflächenhärte u.a. Nur wenn dies gelingt, können wir objektiv behaupten, daß jener Kraftwagen besser ist als der andere, da er ein höheres Kennzeichen hat.

Typ	Ist gegeben	Fragestellung
I	Das realisierte Maschinensystem	Wie ist das Maschinensystem ?
II	Aufgabenstellung (Summe der Anforderungen) und ein Lösungsvorschlag oder ein Prototyp	Entspricht das MS (resp. das Modell) der gegebenen Aufgabenstellung ?
III	Aufgabenstellung und verschiedene Lösungen, die technisch der Aufgabenstellung entsprechen	Welche Lösung (Alternative) ist die beste, resp. die optimale ?

Abb. 8.1. Typen der Bewertung

Im Prinzip kann man drei Arten der Bewertung unterscheiden; sie sind durch die Fragen in der Tabelle Abb. 8.1. charakterisiert.

Die Bewertung wird auf zwei Arten durchgeführt:

- gefühlsmäßig
- objektiv, aufgrund bestimmter Kriterien.

Die gefühlsmäßige Bewertung kann nicht pauschal verdammt werden. Sie darf sich aber nicht nur auf ein unbegründetes Gefühl stützen, sondern auch auf langjährige Erfahrung und sollte bewußt systematisch gepflegt werden. Nur dann kann man sich auf das sog. Konstruktionsgefühl verlassen. Dies ist besonders dann wichtig, wenn nicht alle Informationen zur Verfügung stehen, wie dies oft zu Beginn einer Entwicklung vorkommt.

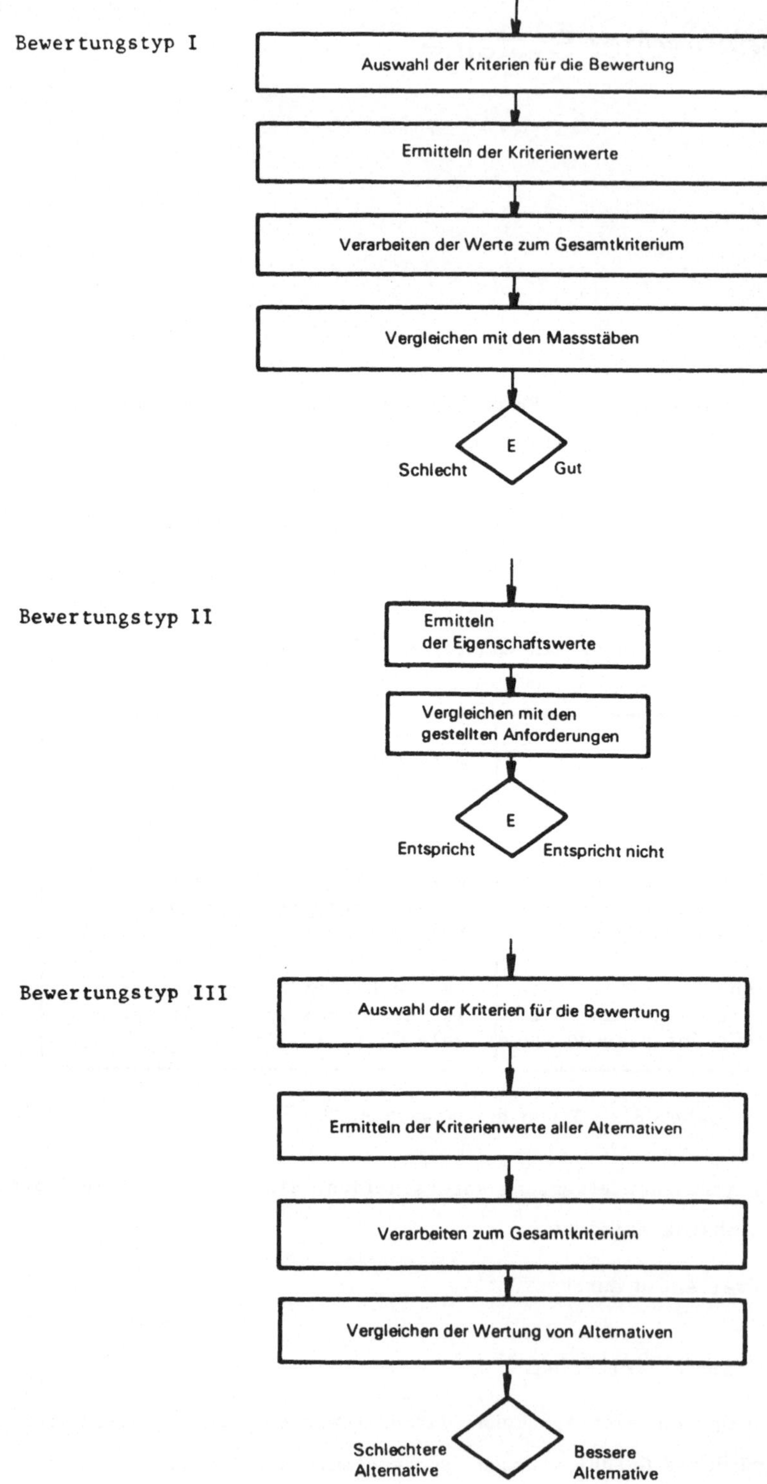

Abb. 8.2. Die Algorithmen der Bewertungsarbeiten

Für beide Bewertungsarten eignet sich das Arbeitsverfahren nach Abb. 8.2. In allen Fällen kommen folgende Operationen vor:

(a) Auswahl der Gesamtkennzahl

(b) Auswahl der Kriterien (Eigenschaften)

(c) Bewertung der Kriterien

(d) Verarbeitung der Kriterien zu synthetischen Kennzahlen

Wir zeigen nur die Grundproblematik dieser Tätigkeiten auf und definieren einige Begriffe.

(a) Zur objektiven Bewertung müssen die passenden Gesamtkennzahlen gewählt werden. Dabei gehen wir davon aus, daß das Maschinensystem durch bestimmte Werte charakterisiert wird.

Durch den "Wert" (Wertigkeit) des Maschinensystems wird irgend jemandes Bedürfnis befriedigt oder ein Wohlbehagen erregt. Aus diesem Grunde kann man eine ganze Anzahl verschiedener Werte definieren:

- Der <u>technische Wert</u> ist eine Zusammenfassung (Vektor) der Qualitäten von technischen Eigenschaften des gegebenen Maschinensystems. In unserem Fall handelt es sich um Funktions-, Bedingungs- und Betriebs-Eigenschaften. Man könnte auch die Fertigungs- und Konstruktions-Eigenschaften hinzunehmen, aber das wäre schon eine sehr umfangreiche Zusammenfassung.
- Der <u>wirtschaftliche Wert</u> ist eine Zusammenfassung (Vektor) der Qualitäten der wirtschaftlichen Eigenschaften.
- Analog kann man den <u>ergonomischen</u> und den <u>ästhetischen Wert</u>, sowie den Transport- und Fertigungswert und andere den Eigenschaftsklassen in Tabelle Abb. 7.1 zugehörige Werte nennen.
- Der <u>Gebrauchswert</u> umfaßt alle Gebrauchseigenschaften, die die Bedürfnisse der Menschen zufriedenstellen. Hierzu gehören die äußeren Eigenschaftsklassen.
- Den <u>Gesamtwert</u> kann man als Resultante aller Werte ansehen bzw. aller Eigenschaftsklassen der angegebenen Erzeugnisse.

Die genannten Kennzahlen können wir als "absolut" bezeichnen. Weiter können eine ganze Reihe relativer Kennzahlen definiert werden. Die erste Gruppe stützt sich auf den Begriff "ideale Lösung", als eines Trägers aller idealen Eigenschaften sowohl im Blick auf die einzelnen Klassen als auf das Ganze. Durch das Verhältnis des wirklichen Wertes zum Wert der idealen Lösung kann man die Charakteristik mittels eines Parameters ausdrücken.

Wir können auch verschiedene andere Kennzahlen anwenden, u.a. die <u>Effektivität</u>, wie sie im Abschnitt 7.2 definiert wurde.

Kesselring |17| verknüpft den relativen technischen Wert (technische Wertigkeit) mit dem relativen wirtschaftlichen Wert (wirtschaftliche Wertigkeit) in dem sog. <u>s-</u>

Diagramm (s = Stärke der Konstruktion), in welchem das Maschinensystem durch einen Punkt in der Gaußschen Zahlenebene charakterisiert ist (Abb. 8.3).

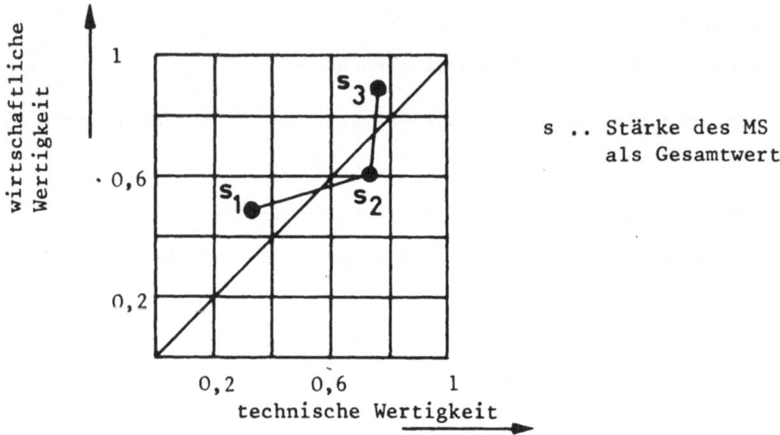

Abb. 8.3. "s-Diagramm" für vergleichende Bewertung

(b) Eine wichtige Tätigkeit ist die Auswahl der Kriterien, d.h. der geeigneten Eigenschaften des technischen Systems. Diese Auswahl sollte ganzheitlich sein, damit bei der Bewertung möglichst alle nötigen Aspekte berücksichtigt werden. Das ist eine allgemeine Regel; sie wird aber in vielen Fällen durch das Prinzip der begrenzten Auswahl ersetzt. Die große Menge von Kennzahlen bringt es mit sich, daß die Übersichtlichkeit beeinträchtigt wird. Die Auswahl der Kriterien muß nach der Bedeutung der einzelnen Eigenschaften und im Hinblick auf die Möglichkeit, sie zu quantifizieren, durchgeführt werden. Die Auswahl der Eigenschaften wird durch den Zweck und das Ziel der Bewertung bedingt und ferner durch das Stadium, in dem sich das Maschinensystem befindet. Eine andere Situation besteht in den Anfangsphasen der Entwicklung als bei der Bewertung des Prototyps. Eine gewisse Freiheit der Auswahl der Kriterien besteht bei den Bewertungstypen I und III, während bei II die Auswahl durch die Forderungen bestimmt wird (s. Abb. 8.1).

(c) Obwohl manche Eigenschaften (Kriterien) quantifizierbar sind, bereitet es doch Schwierigkeiten, sie in eine Gesamtkennzahl zusammenzufassen, da der Wert in verschiedenen Einheiten ausgedrückt ist. Es ist möglich, entweder in Geld ausgedrückte Werte anzuwenden oder eine Punktbewertung durchzuführen.

Bei der Punktbewertung wird jeder Eigenschaft eine bestimmte Punktzahl zugeordnet, z.B. gemäß nachstehender Skala:

Nr	Art	Formel	Geometrische Bedeutung	Bemerkung
1	Absolutes arithmetisches Mittel	$\bar{p}_1 = \frac{\sum p_i}{n}$		Einfache Berechnung
2	Relatives arithmetisches Mittel	$\bar{p}_2 = \frac{\sum p_i}{n\, p_{max}} = \frac{\bar{p}_1}{p_{max}}$	Mittellänge	$\bar{p}_2 \leqq 1$ Vergleich mit Ideallösung
3	Gewogenes absol. arith. Mittel	$\bar{p}_3 = \frac{\sum p_i g_i}{\sum g_i}$		Bedeutung der Eigenschaften berücksicht
4	Gewogenes relat. arith. Mittel	$\bar{p}_4 = \frac{\sum p_i g_i}{\sum p_{max} g_i} = \frac{\bar{p}_3}{p_{max}}$		$\bar{p}_4 \leqq 1$
5	Absolutes geometrisches Mittel	$\bar{p}_5 = \sqrt[n]{p_1 \cdot\cdot p_i \cdot\cdot p_n}$		für $p_i = 0$ $\bar{p}_5 = 0$
6	Relatives geometrisches Mittel	$\bar{p}_6 = \frac{\bar{p}_5}{p_{max}}$	"Seite"des n-dim. "Würfels" mit demselben Inhalt wie Quader mit Seiten p_1 bis p_n	$\bar{p}_6 \leqq 1$
7	Gewogenes absol. geom. Mittel	$\bar{p}_7 = \frac{\sqrt[n]{p_1 g_1 \cdots p_n g_n}}{\sqrt[n]{g_1 \cdot\cdot g_i \cdot\cdot g_n}}$		Ohne Bedeutung,weil g ausfällt
8	Gewogenes relat. geom. Mittel	$\bar{p}_8 = \frac{\bar{p}_7}{p_{max}}$		wie Nr 7
9	Absoluter "Vektor"	$\bar{p}_9 = \sqrt{p_1^2 + p_2^2 + .. + p_n^2}$		
10	Relativer "Vektor"	$\bar{p}_{10} = \frac{\bar{p}_9}{p_{max}}$	"Diagonale"des n-dim."Quaders" mit Seiten p_1 bis p_n	$\bar{p}_{10} \leqq 1$
11	Gewogener absoluter "Vektor"	$\bar{p}_{11} = \sqrt{(p_1 g_1)^2 + \ldots + (p_n g_n)^2}$		
12	Gewogener relativer "Vektor"	$\bar{p}_{12} = \frac{\bar{p}_{11}}{p_{max}}$		$\bar{p}_{12} \leqq 1$
13	Es bedeutet:	p_1 bis p_n p_{max} $g_1 .. g_n$ $\bar{p}$ n $\sum p_i = \sum_{i=1}^{i=n} p_i$	Punktwerte der Bewertungskriterien 1 bis n Punktwert für " ideale Lösung " Bedeutung (Gewicht) der Bewertungskriterien Mittelwert Anzahl der Bewertungskriterien Summe der Punktwerte p_1 bis p_n	

Abb. 8.3. Verarbeitungsarten der Punktwerte zum Gesamtwert

<u>Annäherung an die ideale Verwirklichung</u>

sehr gut (ideal) . . . . 4 Punkte

gut . . . . 3 Punkte

ausreichend . . . . 2 Punkte

gerade noch tragbar . . . . . 1 Punkt

unbefriedigend . . . . 0 Punkte

Dadurch werden alle Eigenschaften einheitlich bewertet, was für die weitere Verarbeitung wichtig ist. Es muß betont werden, daß für die wichtigen Eigenschaften keine Bewertung "unbefriedigend" vorkommen darf. Es sind nur Alternativen zugelassen, die allen gestellten Forderungen entsprechen. Hingegen brauchen die Wünsche nicht voll erfüllt zu werden.

(d) Bei der anschließenden mathematischen <u>Verarbeitung</u> stellt sich die Frage, ob das meist benützte arithmetische Mittel den betreffenden "Wert" am besten charakterisiert, oder ob das gewogene Mittel, in dem die "Gewichte" der einzelnen Eigenschaften berücksichtigt sind, vorzuziehen ist. In beiden Fällen handelt es sich um einen eindimensionalen Vergleich.

Eine mehrdimensionale Vorstellung wird erst bei Anwendung des geometrischen Mittels verwirklicht. Als wertender Parameter figuriert die Seite des n-dimensionalen "Würfels" mit demselben Inhalt wie der n-dimensionale Quader mit den Punktwerten der Eigenschaften als Seitenlängen.

Eine andere Möglichkeit ist die Benützung der Vektorsumme, wobei der resultierende Radiusvektor, dessen Komponenten die Punktwerte der Eigenschaften sind, als charakteristische Größe dient. In der Tabelle Abb. 8.3. sind die erwähnten Verarbeitungsmöglichkeiten angegeben.

8.1 TS-Bewerten – Aussagen

Auss.

8.1 Das Gesamturteil (oder Teilurteil) über die Qualität (Gesamt-, Teilwert) Technischer Systeme läßt sich mit einer (vektoriellen) Summe von Werten ausgewählter Eigenschaften charakterisieren.

8.2 Die Werte (Ausprägungen) von Eigenschaften sollten möglichst objektiv nach einem Maßstab erfolgen (Problem der Quantifizierung der Eigenschaften).

8.3 Die ausgewählten Eigenschaften werden Kriterien genannt; ihre Auswahl ist einer der wichtigsten Faktoren für die Güte der Bewertung, des Vergleichs.

8.4 Die Verarbeitung der Werte einzelner Kriterien zum Gesamtwert kann nach mehreren Methoden geschehen. Die Methode ist ebenfalls eine der wichtigsten Faktoren für die Bewertungsgerechtigkeit.

8.5 Die richtige Ermittlung der Eigenschaftswerte ist in einigen Phasen des TS-Werdegangs ein schwieriges Problem. Eine objektive Wertermittlung oder Wertschätzung unterstützt die Bewertungsqualität.

9 TS-Darstellung

Die Theorie der Darstellung wurde im zweiten Teil der wissenschaftlichen Konstruktionslehre unter dem Titel "Theorie der Konstruktionsprozesse" [78] ausführlich behandelt. Die durch das Darstellen (Modellieren) entstehenden Modelle beschreiben die einzelnen Konstruktionseigenschaften Technischer Systeme und dadurch auch diese Objektsysteme selbst [79].

Es existieren viele Darstellungsarten und -techniken sowie Modellarten ("Womit?"). Die wichtigsten Faktoren bei der Wahl der Darstellungsart und -technik sind das Objekt selbst ("Was?"), sein Zustand (vgl. Abb. 5.2) und der Zweck des Modells (Kommunikation/Nachricht, Versuch, Berechnung, Fixierung pro memoria) ("Wozu?").

Weil das Herstellen und "Lesen" solcher Modelle oft zeitraubend ist, wird ihrer Rationalisierung viel Aufmerksamkeit gewidmet. Mit dem Einsatz von Computern (EDV) ist hier eine Revolution eingeleitet worden. Es sind aber neue Probleme entstanden, wie z. B. das Modellieren für digitale Rechner, wie wir es noch erwähnen werden (s. 9.2).

9.1 Darstellungsarten Technischer Systeme

In den vorhergehenden Kapiteln wurden Technische Systeme analysiert, deren abstrakte Modelle beschrieben (s. TS-Strukturen) und Eigenschaften eingehend erörtert. Dabei sind mehrere Darstellungen Technischer Systeme präsentiert worden, welche die Vielfalt der Darstellungsmöglichkeiten besonders in Abhängigkeit von der TS-Abstraktionsstufe zeigen. Versuchen wir nun diese Modelle zu ordnen und den mehr oder weniger bekannten Darstellungsdokumenten zuzuordnen. Das Ordnungskriterium dabei sei der Abstraktionsgrad und im gleichen Maße der Vollständigkeitsgrad der Beschreibung (vgl. Abb. 5.11).

Das geschieht in Abb. 9.1, wo oben in der Mitte die Dokumente (von der Anforderungsliste bis zur Zusammenstellzeichnung) aufgelistet sind und mit Pfeilen auf einige zugeordnete Darstellungen dieser Reihe hingewiesen wird. Die obere rechte Hälfte des Bildes zeigt dann graphisch den Inhalt der Information des betreffenden Dokumentes, d. h. sie macht Aussagen über Festlegung der Konstruktionsmerkmale (nur beispielsweise) und über Festlegung der Konstruktionseigenschaften (schraffierte Felder). Wenn z. B. die Funktionsstruktur nur über Konstruktionseigenschaften aussagt (mit Ausnahme der schon existierenden Details über Wirkstellen), dann muß die Detailzeichnung bereits vollständig alle Konstruktionseigenschaften der Bauelemente und die Zusammenstellzeichnung ihre komplette Struktur angeben.

Da gelangt man allerdings von einer anderen Seite wieder zu den Begriffen der Konstruktionsmerkmale und Konstruktionseigenschaften, die sich als ein definitives beschreibendes Mittel Technischer Systeme profilieren.

Mit den gezeigten Darstellungsarten sind gewiß nicht alle Möglichkeiten dieses Gebietes ausgeschöpft. Obwohl hier keine vollständige Deckung dieser Problematik angestrebt wird, wollen wir noch einige weitere Techniken zeigen, die besonders mit dem Einsatz des Computers an Bedeutung gewinnen.

In der ersten Reihe geht es um die alternative Darstellung der Strukturen mit Hilfe von Graphen. Der Knoten (Punkt) des Graphen stellt ein Element und der Pfeil (Strekke) die Relation. Die Verbindung zweier Punkte (zweistellige Relation) kann gerichtet (Pfeil) oder ungerichtet sein.

Die Graphen lassen sich axiomatisch folgendermaßen beschreiben:

- Ein Graph besteht aus einer Menge von Elementen $e_1 - e_2$.
- Über dieser Menge ist eine zweistellige Relation definiert, die sich unter Benützung des Kreuzproduktes zweier Mengen durch M charakterisieren läßt.
- Die Elemente von M werden als Knoten dargestellt und durch verschiedene Symbole (Punkte, Kreise) abgebildet.
- Die Paare von Elementen, die durch R festgelegt sind, werden als Kanten, d. h. als Neubindungen zwischen den Knoten dargestellt.

Der Graph erlaubt eine mathematische Formulierung, die dann mit dem Computer verarbeitet werden kann.

Ein Beispiel der Einheit "Zahnrad-Welle" [57]ist in Abb. 9.2 zu sehen.

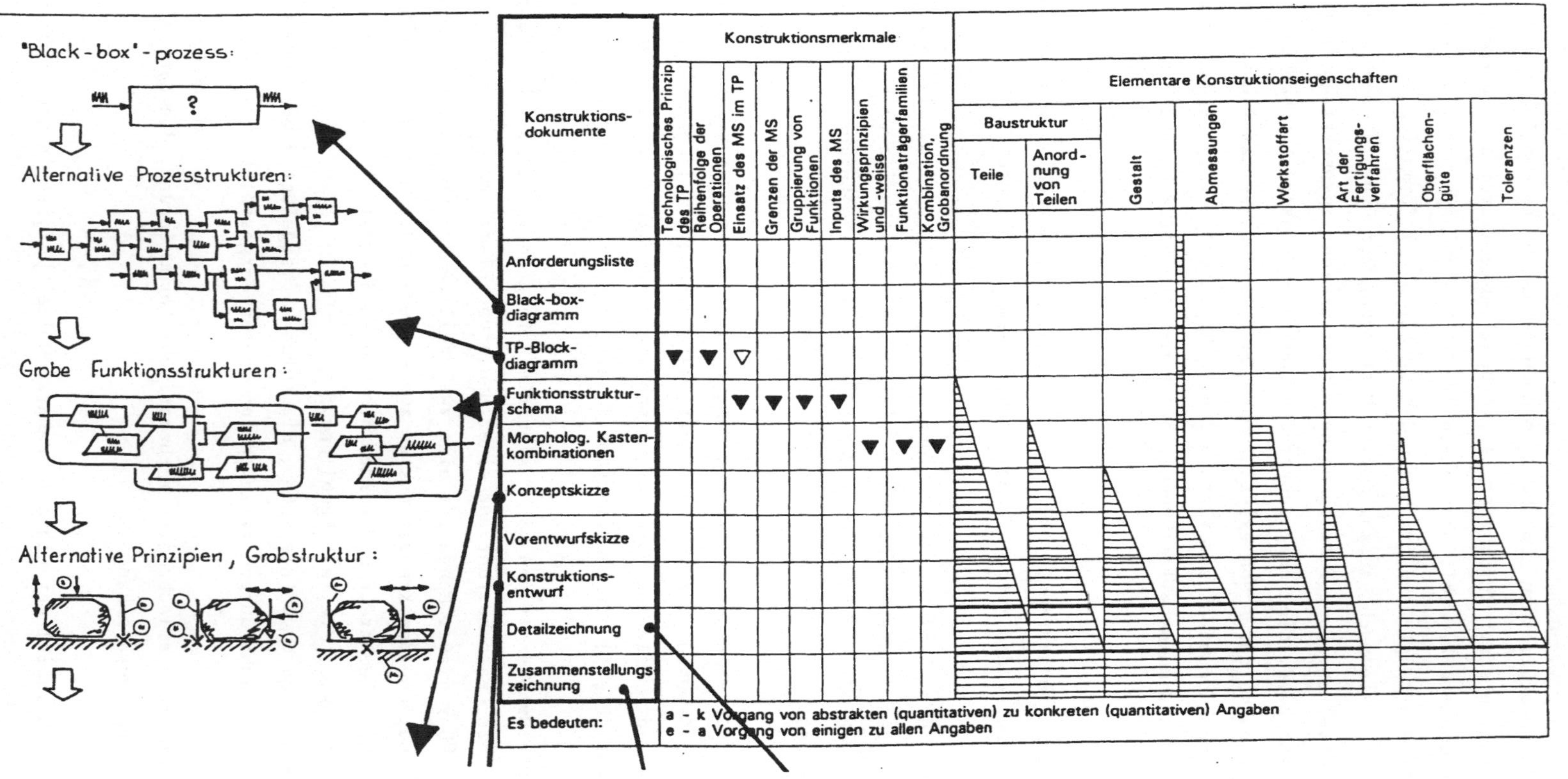

Abb. 9.1 Darstellungsarten Technischer Systeme und ihr Informationsinhalt

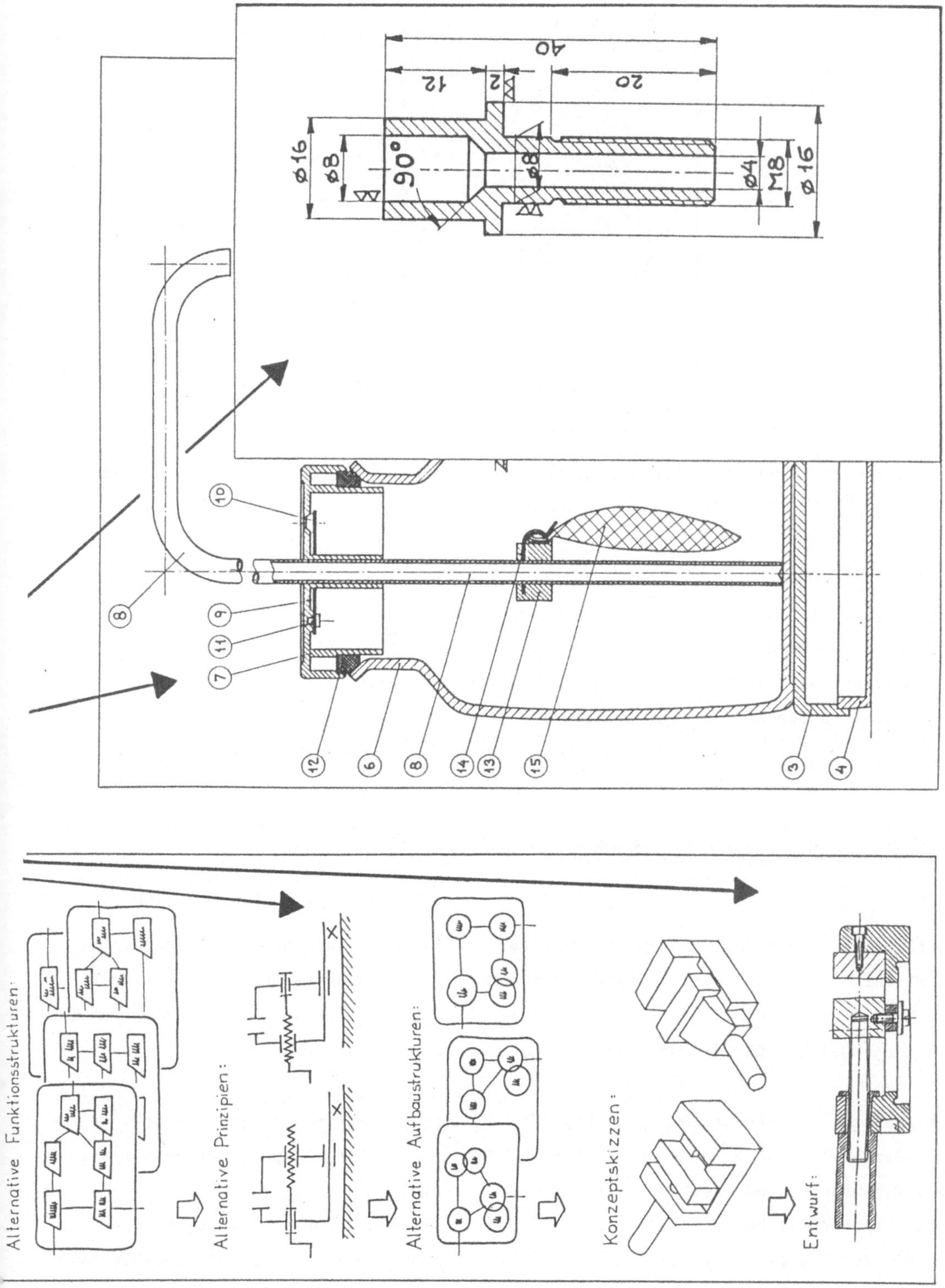

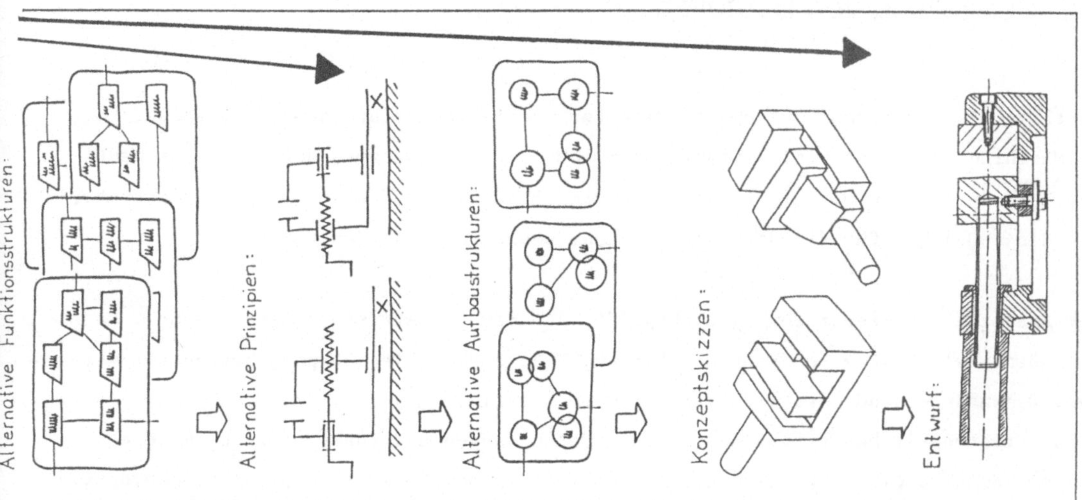
Alternative Funktionsstrukturen:
Alternative Prinzipien:
Alternative Aufbaustrukturen:
Konzeptskizzen:
Entwurf:

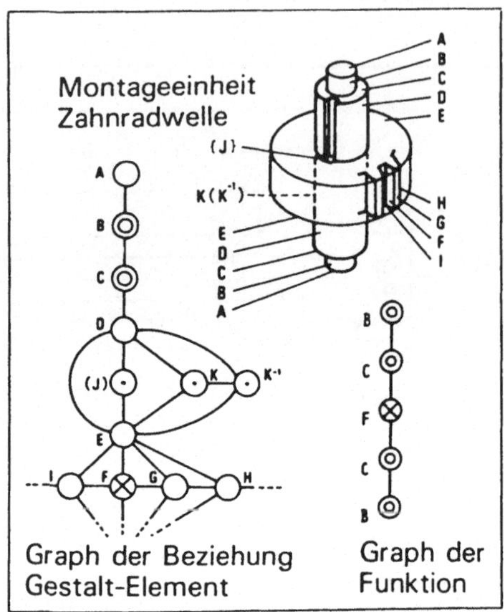

Abb. 9.2 Darstellung der Struktur Technischer Systeme mit Graph. Beispiel: Gruppe Zahnrad + Welle

Eine weitere Darstellung, die auch den Bedingungen der EDV Rechnung trägt, ist die Kopplungsmatrix, welche die Elemente in ihrer funktionellen Zuordnung beschreibt. Mit der Betonung der Funktionszusammenhänge tritt die Geometrie logischerweise in den Hintergrund. Man muß dabei die Möglichkeit vor Augen haben, daß auch die Transformation von Graphen in die Matrixform möglich ist.

9.2 Darstellung von Bauteilen

Bauteile als Technische Systeme niedrigster Komplexitätsstufe sind oft, besonders im Maschinenbau, sehr vielfältig, vornehmlich in Form und Abmessung. Über die heutigen Methoden wollen wir nicht sprechen, die sind bekannt. Es stellt sich die Frage, wie diese Objekte für die digitalen Rechner beschrieben werden können.

Der Ansatz führt wieder zum Systembegriff. Aus dem geometrischen Gesichtspunkt kann ein Körper als System von Punkten, Kanten, Flächen oder Teilkörpern betrachtet werden. Dementsprechend entstehen verschiedene Modelle:

- Das Drahtmodell beschreibt den Bauteil durch Kanten und Punkte (wie beim Zeichnen). Es gibt eine unbefriedigende Beschreibung der Form wieder, weil es mehrdeutig ist, keine Sichtbarkeit (Kanten) aufweist und auch sinnlose Formen toleriert.

- Das Flächenmodell ist ein System von einen Teil begrenzenden Flächen. Mit den Flächen kann das Werkstück eindeutig beschrieben werden.
- Das Körpermodell (Volumenmodell) ist ein System von Teilkörpern - am meisten Grundkörpern - mit räumlichen Relationen. Diese Beschreibung entspricht genau der Wirklichkeit und man kann durch Vereinigung, Substraktion und Durchschnitt die Mehrheit der Formen erreichen. Das Beispiel in Abb. 9.3 zeigt die Zerlegung und definiert die wichtigsten Grundkörper.

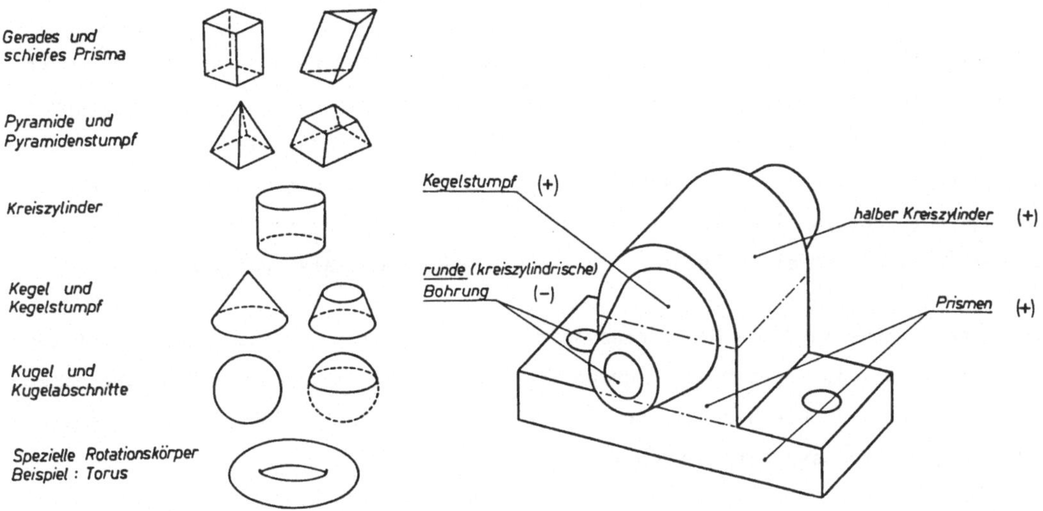

Abb. 9.3 Körpermodelle Technischer Systeme. Die Grundkörper und Beispiel der Modellbildung als Summe von Grundkörpern

9.3 TS-Darstellung – Aussagen

Auss.

9.1 Darstellungen Technischer Systeme beschreiben Modelle derselben mit ihren Konstruktionseigenschaften (inkl. Konstruktionsmerkmale).

9.2 Nach der Art und der Anzahl der beschriebenen Konstruktionseigenschaften kann die Darstellung abstrakter (wenn von einigen Merkmalen abstrahiert wird) oder konkreter, d. h. vollständiger sein (Abb. 9.1 und 5.10).
Mit anderen Worten: Das in der Darstellung beschriebene TS-Modell ist abstrakter oder konkreter.

9.3 Jedes TS-Modell kann mit Hilfe verschiedener Darstellungsmethoden und -techniken dargestellt werden.

9.4 Jede Darstellung dient einem (oder mehreren) ganz bestimmten Zweck; dem muß die Art und Weise der Darstellung angepaßt sein.

10 Entstehungs- und Betriebsphasen eines Maschinensystems (Werdegang, Genetik des Maschinensystems)

So kompliziert das Maschinensystem ist, so kompliziert ist auch seine manchmal über Jahre ausgedehnte Entstehung. Alle Phasen zu erkennen, die es bei seiner Entstehung (und später im Betrieb) durchmacht, ist sowohl für die Planung als auch zur Aufdekkung aller Faktoren, die das Maschinensystem beeinflussen, und die bei der Vorbereitung und der Konstruktion berücksichtigt werden müssen, wichtig. Der Konstrukteur beschäftigt sich mit allen Phasen, wenn auch manchmal nur als Konsultant.

Der ganze "Lebenslauf" des Maschinensystems vollzieht sich in vier Etappen: Entstehung, Distribution, Betrieb und Liquidation. Jede dieser Etappen enthält eine ganze Reihe Teilprozesse, bis herab zu den Teiloperationen. Inhalt, Relationen und Ablauffolgen dieser Prozesse werden nachstehend besprochen.

Als Grundlage dient ein Blockdiagramm, das die charakteristischen Phasen als Prozesse und Teilprozesse nach Abb. 10.1 umfaßt. Das Diagramm und die angewandten Symbole gehen vom Prozeßmodell aus, das in Kapitel 2 beschrieben wurde. Die Bezeichnung der Prozesse ist mit Rücksicht auf das uns interessierende Maschinensystem gewählt worden. Darum benützen wir für die beiden technischen Prozesse, die im Diagramm vorkommen, die Begriffe Fertigungsprozeß und Arbeitsprozeß (Betrieb des Maschinensystems); im Arbeitsprozeß übt das Maschinensystem als Operator die nötigen Wirkungen zur Transformation des Operanden aus.

Für eine ausführliche Erörterung werden wir die Einflüsse des Komplexitätsgrades des Maschinensystems und der Anzahl der hergestellten Stücke berücksichtigen, da diese zur Bildung von drei charakteristischen Kategorien der Maschinensysteme führen:

(1) Maschinensysteme bis zum dritten Komplexitätsgrad (Maschinen), die in größerer Stückzahl erzeugt werden

(2) Maschinensysteme bis zum dritten Komplexitätsgrad, die in Einzelfertigung hergestellt werden

(3) Maschinensysteme des vierten Komplexitätsgrades (Anlagen)

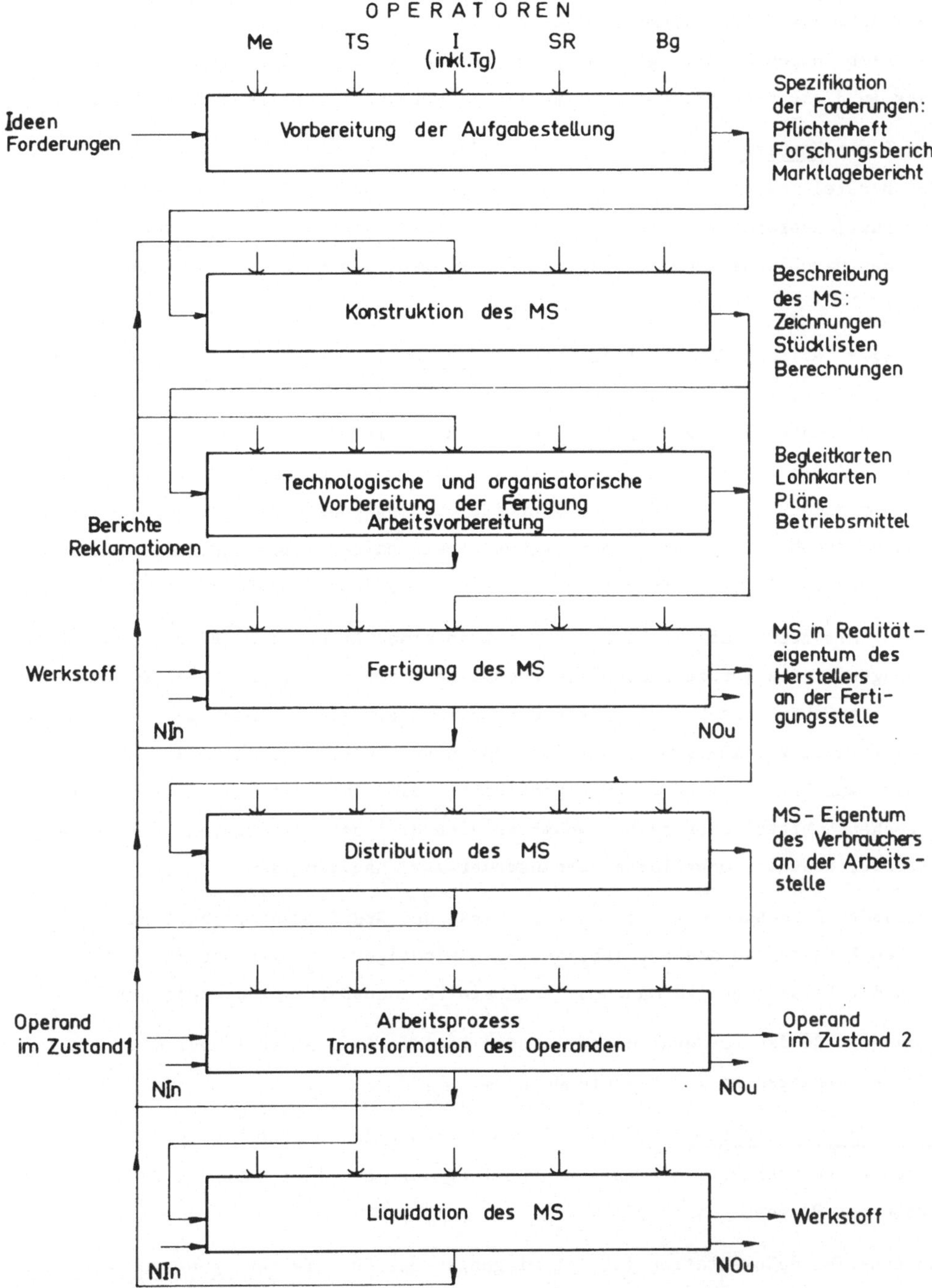

Abb.10.1. Komplettes Modell der Entstehungs- und Betriebsphasen

Es wird zweckmäßig sein, zuerst eine allgemeine Charakteristik der einzelnen Prozesse und Kopplungen aufzuzeigen. Eine Abgrenzung des Inhalts und ein Einsetzen des Prozesses in die ganze Struktur wäre schwierig wegen der Arbeitsüberschneidung.

Der Prozeß der Vorbereitung soll die Zweckmäßigkeit und die prinzipielle Möglichkeit der Herstellung des Maschinensystems ermitteln und die Aufgabenstellung für den Konstruktionsprozeß vorbereiten. Gerade dieser Prozeß ist sehr verschieden, je nach Art des Maschinensystems und der Anforderungen, wie dies in Abb. 7.18 dargestellt ist.

Ein wichtiger Teil der Vorbereitung ist die Forschung. Sie ist im Vorbereitungsprozeß eingegliedert, weil die Forschungsarbeiten der Konstruktionsarbeit vorangehen müssen, da sie Unterlagen zur Beurteilung der Realisierbarkeit liefern. Da wir die Erörterung auf die Betriebssphäre beschränken, sehen wir davon ab, über Grundlagenforschung zu sprechen. Nichtsdestoweniger ist die angewandte zielgebundene Forschung für jedes Unternehmen, das sein technisches Niveau halten will, unerläßlich. Im Prinzip können in einem Unternehmen zwei Arten der angewandten Forschung vorkommen:

- Forschung mit Bezug auf die Transformation in einem Arbeitsprozeß: z.B. sollte das Fachgebiet des Werkzeugmaschinenbaues eine Forschung hinsichtlich Werkstoffbearbeitung betreiben, die Ersteller von Nahrungsmittelmaschinen hingegen sollten sich mit der Forschung bezüglich Herstellverfahren von Lebensmitteln befassen.
- Forschung zur Erzielung besserer Eigenschaften eines Maschinensystems; es werden entsprechende Mittel untersucht, wobei es sich um Arbeitsprinzipien, Strukturen, Werkstoffe, Gestalt, Oberfläche, Lebensdauer usw. handeln kann.

Die angewandte Forschung nützt die Erkenntnisse der Grundlagenforschung und die praktischen Erfahrungen des Betriebs aus. Ein wichtiger Teil ist das Experiment. Im Rahmen der Forschung wird manchmal auch ein Versuchsbetrieb durchgeführt.

Die Ausgangsgröße des Vorbereitungsprozesses ist die Aufgabenstellung, d.h. die Summe der Forderungen an das Maschinensystem.

Der Prozeß des Konstruierens umfaßt alle Operationen der Konstruktionsarbeit, von den ersten Entwurfsskizzen bis zur Ausarbeitung der Detailzeichnungen, die die Ausgangsgröße des Prozesses darstellen.

Die Konstruktionsdokumentation ist die Eingangsgröße für die Fertigungsvorbereitung (ARVO), sowohl in technischer als auch in organisatorischer Hinsicht (Herstellungsverfahren, Vorrichtungen, Vorgabezeit, Materialbeschaffung, Halbzeugbeschaffung usw.).

Im Fertigungsprozeß wird das Eingangsmaterial aufgrund der Information aus den vorhergehenden Prozessen durch Einwirkungen der Werkzeugmaschinen und der Menschenhand in das Maschinensystem transformiert.

Aufgabe des Distributionsprozesses ist es, zwei Eigenschaften des Maschinensystems zu ändern, und zwar das Eigentum (vom Hersteller zum Benutzer) und den Ort (vom Produktionsunternehmen zum Betriebsort). Die typischen Teilprozesse sind Lagerung, Werbung, Verpackung, Transport, Montage.

Das Maschinensystem tritt im Arbeitsprozeß als Operator auf; unter Mitwirkung anderer Operatoren ändert es die Eingangseigenschaften des Operanden in die gewünschten Ausgangseigenschaften. Diese Transformation ist das Hauptziel der ganzen Tätigkeit. Im Verlauf des Betriebs muß das Maschinensystem instandgehalten und u.U. auch modernisiert werden.

Nach Ablauf der Gebrauchsdauer wird das Maschinensystem zum Operanden des Liquidationsprozesses, in welchem es sich in Materialabfall verwandelt.

10.1 Entstehungsphasen von Maschinensystemen, die in Serien hergestellt werden

Die Entstehungs- und Betriebsphasen des Maschinensystems sind in der Tabelle Abb.10.2 dargestellt, aus der man ein Blockdiagramm ableiten kann (Abb.10.3). Weil die ersten Phasen schon behandelt worden sind, beginnen wir mit dem Konzipieren und Entwerfen.

Das Maschinensystem wird meistens von einem erfahrenen Konstruktionsingenieur mit seiner Gruppe entworfen. Das methodische Verfahren bei dieser wichtigen Entwicklungsphase wird im Kapitel über Methodik noch eingehend behandelt. Nachstehend ist ein Verzeichnis der üblichen Dokumente aufgeführt, die aus dieser Arbeit resultieren:

- Bericht über die Resultate oder den Zustand der für diese Aufgabe vorangegangenen Forschungsarbeiten
- Konstruktionsentwurf (Zusammenstellungszeichnung) des Erzeugnisses und der wichtigen Gruppen
- Funktionsdiagramm und kinematische Schemata
- Bericht mit Begründung der technischen und wirtschaftlichen Gesichtspunkte für die Lösung. Manchmal ist es nötig, eine vorläufige technische Ermittlung schon bei der Aufgabenstellung auszuarbeiten
- Resultat der Patentrecherche, das zeigt, ob durch die entworfene Lösung keine fremden Schutzrechte verletzt werden
- Angabe, auf welche Weise die Lösung die Forderungen erfüllt; Vorschlag über Möglichkeiten, anspruchsvollere Forderungen zu erfüllen, die zur Verbesserung des Erzeugnisses führen können
- Vorläufige wirtschaftliche Analyse und Bewertung des Entwicklungsergebnisses.

Phase	Wichtige Teilprozesse der Phase	Wichtige Unterlagen	Resultate (Output) der Phase
Grundlagen-forschung	Verarbeitung wiss.Informationen, Analyse, Formulierung der Hypothesen. Modellbau. Versuche. Berichte schreiben	Wiss. Informationen Anregungen aus der Technik	Forschungs-bericht Wissenschaftl. Aufsätze
Angewandte Forschung	Verarbeitung wiss.Informationen. Analyse der Aufgabe. Hypothese formulieren. Modellbau. Versuche	Wiss.-techn.Informationen. Technische Problemstellung	Forschungs-bericht Prüfungs-berichte
Marktforschung	Erforschung des Inland- und Auslandmarktes, Konkurrenz-situation. Perspektiven der wirtschaftl. Entwicklung	Statistische Untersuchungen. Angebote Prospekte. Berichte	Marktlage-bericht Absatzmöglich-keiten
Entscheiden über Entwicklung	Feasibility study. Verarbeitung der Informationen. TWe Bewertung der Lage Entscheiden	Berichte über Betriebssituation, Patentlage	Bericht über Entscheidung mit Begründung
Konzipieren	Präzisieren der Aufgabe. Problemformulierung. Ermittlung d.Arbeitsverfahrens, der Funktionen u.Mittel Berechnungen und Bewertung	Aufgabenstellung TWe Informationen Forschungsergebnisse Patentsituation	Pflichtenheft Berechnungen Prinzipentwurf Bericht
Entwerfen	Ermittlung von Mitteln. Anordnung.Gestalt. Berechnen. Vermaßen. TWe Bewertung . Toleranzen.Zeichnen.	Resultate des Konzipierens. Zeichnungen von ausgeführten MS TWe Informationen	Berechnungen Entwurfszeich-nungen. Bericht
Ausarbeiten	ME Gestalten, Berechnen. Material festlegen. Vermaßen. Bearbeitung. Toleranzen Zeichnen	Entwurfszeichnungen Normen. Materiallisten Verzeichnis der Fertigungseinrichtungen	Komplette Ferti-gungsunterlagen Anweisungen
ARVO Prototyp	Fertigungstechnologie Ermittlung der Arbeitszeit f. Konstruktion & Herstellung der Fertigungsmittel. Materialsicherstellung. Fertigungsplanung	Fertigungsunterlagen Unterlagen für Material und Arbeitsnormen	Begleitkarte Lohnscheine Pläne
Fertigung des Prototyps	Materialvorbereitung. Bearbeitungsoperationen Montage	Fertigungsunterlagen ARVO-Unterlagen	Prototyp Bericht über Eignung zur Fertigung
Prüfung des Prototyps	Prüfungsablauf vorbereiten Prüfstand vorbereiten Prüfmaterial und Arbeiter sicherstellen. Prüfen. Bewerten. Bericht schreiben	Pflichtenheft Konstr.-Unterlagen für Fertigung. Berichte. Normen	Prüfungs - bericht
Entscheidung über Produktion		Alle Unterlagen	Entscheid

Phase	Wichtige Teilprozesse der Phase	Wichtige Unterlagen	Resultate (Output) der Phase
Korrektur der Fertigungs-unterlagen	Entwurf für Korrekturen Zeichnungsänderungen	Fertigungsunterlagen Berichte	Unterlagen für Serienfertigung
ARVO Serienfertigung	Fertigungstechnologie. Halbzeugabmessungen. Arbeitsablauf. Arbeitszeit. Konstruieren und Herstellen der Fertigungsmittel. Organisatorische Vorbereitung: Materiallieferungen. Fertigungspläne. Anordnung der Werkzeugmaschinen	Fertigungsunterlagen	ARVO-Unterlagen Fertigungsmittel. Organisatorische Unterlagen
Null-Serie Fertigung	Materialvorbereitung Bearbeitungsoperationen Montage	Fertigungsunterlagen ARVO-Unterlagen	Null-Serie Produkte Bericht über Fertigungsmittel
Null-Serie Prüfung	Prüfungsvorbereitung. Prüfen. Bewerten. Bericht	Pflichtenheft. Prototyp-Prüfungsbericht	Bericht über Eigenschaftenerfüllung
Korrigieren der Unterlagen	Korrigieren der MS-Unterlagen Verbesserung der Fertigungsmittel	Fertigungsunterlagen. Prüfungsberichte	Reife Fertigungsunterlagen und Fertigungsmittel
Serienfertigung	Materialvorbereitung Bearbeitungsoperationen Montage. Überwachung	Fertigungsunterlagen ARVO-Unterlagen	Serienhergestellte MS
Distribution	Lagerung, Ausstellung, Angebote. Verkauf. Verpackung. Transport. Instandsetzung. Übernahme	Anweisungen Marktlagebericht	Verkaufte MS
Betrieb des MS	Arbeitsprozeß. Reinigung. Justierung. Wartung. Modernisierung	Anweisungen. Fertigungsunterlagen. Berichte über Betrieb	Reklamationsbericht über MS
Liquidation des MS	Demontage. Vorbereitung für Materialrückgewinnung oder Vernichten	Anweisungen. MS-Fertigungsunterlagen	Altmaterial

Abb.10.2 Entstehungs- und Betriebsphasen von Maschinensystemen, die in Serien- oder Massenfertigung hergestellt werden

Der Konstruktionsentwurf sollte mit Rücksicht auf seine Bedeutung von einem sachverständigen Gremium überprüft und genehmigt werden. Im Prinzip ist in dem Konstruktionsentwurf über die meisten Eigenschaften des Maschinensystems entschieden. Deshalb muß ihm die größte Aufmerksamkeit geschenkt werden.

Nach Genehmigung des Konstruktionsentwurfs wird mit dem Ausarbeiten (Detaillieren) des Maschinensystems begonnen. Dabei ist streng darauf zu achten, daß der Prototyp die gleiche Qualität besitzt, die das endgültige Erzeugnis haben soll, insbesondere

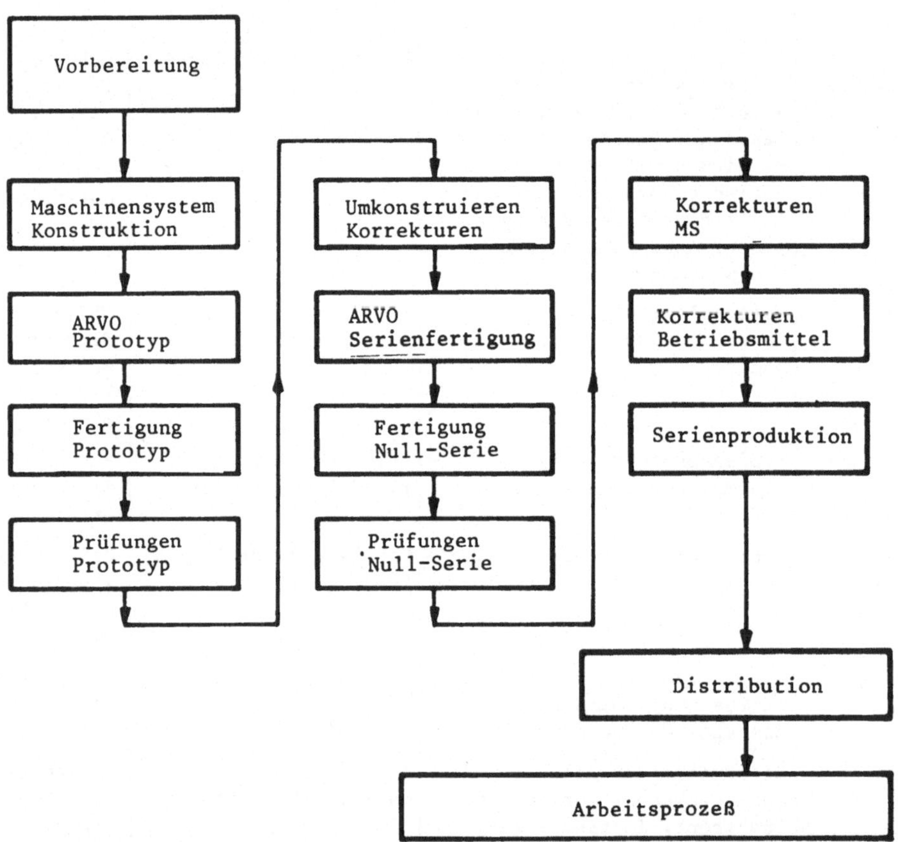

Abb.10.3 Vereinfachtes Blockschema der Entstehungs- und Betriebsphasen des in Serienfertigung hergestellten Maschinensystems

muß der Prototyp hinsichtlich Werkstoff, Abmessungen, Toleranzen, Oberflächenqualität genau den Zeichnungen und Fabrikationsvorschriften entsprechen. Die Fertigungsvorbereitung des Prototyps ist so durchzuführen, daß er mit einem Minimum an Vorrichtungen und Spezialwerkzeugen hergestellt werden kann.

Herstellung des Prototyps

Schon in dieser Phase sind auch die Fertigungseigenschaften des Maschinensystems, insbesondere hinsichtlich Montageoperationen, zu überprüfen. Da der Konstrukteur alle schwierig zu fertigenden Elemente und Strukturen seiner Konstruktion kennt, ist es nötig, daß er selbst oder sein Vertreter die Realisierung verfolgt. Es sind alle eventuellen Fehler und Schwierigkeiten aufzudecken und dem Konstruktionsbüro zu melden, damit die Herstell-Dokumentation für die Nullserie sorgfältig korrigiert werden kann.

Prüfung des Prototyps

Sie ist ein entscheidender Faktor zur Ermittlung des Maschinensystemwertes. Die Prüfung ist aber auch für die Sammlung von Erfahrungen wichtig, besonders für junge Konstrukteure. Sie können ihre Ideen und Hypothesen mit der Wirklichkeit vergleichen, Sicherheit und Selbstvertrauen aus erfolgreicher Arbeit erlangen und aus Fehlern - eigenen und fremden - lernen.

Die Prüfung des Prototyps, die unter maximaler Belastung und schwierigsten Bedingungen durchgeführt werden soll, dient zur Ermittlung der Funktionen, funktionsbedingter und möglichst aller andern Betriebseigenschaften des Maschinensystems, wobei auch die Eignung zur Wartung geklärt werden soll.

Der Ablauf und die Ergebnisse der Prüfungen sind in systematischer Reihenfolge schriftlich niederzulegen, besonders die ausgeführten Verbesserungen am Prototyp. Auch die Vorschriften über Korrosionsschutz, Verpackung, Transport, Installation, Inbetriebsetzung, Wartung und Bedienung, die einen Teil der Begleitpapiere bilden, sind entsprechend zu präzisieren.

Eine wichtige Phase ist die Bewertung des Prototyps und die Entscheidung über die Serienfertigung. Als Unterlage hierzu dienen die Erfahrungen aus der Fertigungsvorbereitung, der Prototypherstellung und der Prototypprüfung. Diese Unterlagen sind noch hinsichtlich Aussehens-, Transport- und ergonomischen Eigenschaften, Einhaltung der Normen und Vorschriften zu ergänzen. Oft ist eine nochmalige patentrechtliche Ueberprüfung notwendig. Es können nun auch die wirtschaftlichen Eigenschaften mit genügender Sicherheit ermittelt werden.

Durch die auf den neuesten Stand gebrachte Analyse der Vertriebsmöglichkeiten erhält man die endgültigen Unterlagen, anhand deren man entscheiden kann, ob die Herstellung dieses Maschinensystems unter den gegebenen Bedingungen des Marktes und des Unternehmens erfolgreich sein wird. Manchmal kann es sinnvoller sein, die großen Kosten der Entwicklung abzuschreiben und die Produktion nicht aufzunehmen, als unter Amortisationsdruck ein erfolgloses Erzeugnis herzustellen.

Nach Prüfung des Prototyps erfolgt als letzte Phase der Entwicklung die Korrektur bzw. die Modifikation der Konstruktionsdokumentation mit dem Zweck, die funktions- und fertigungsgerechten Zeichnungen und Unterlagen für die Serien- oder Massenfertigung herzustellen. Obwohl diese Arbeit sehr unbeliebt ist, ist sie wichtig wegen den Erfahrungen, die sie mit sich bringt. Damit diese Rückkopplung sich voll auswirkt, wird empfohlen, die am Prototyp gefundenen Fehler einer Analyse zu unterziehen und deren Ursachen zu ermitteln.

Die dritte Entstehungsetappe eines Maschinensystems ist die Serienherstellung. Ihre erste Phase ist die Herstellung der Nullserie, die zugleich als "Generalprobe" für die Serienfertigung dient.

Die Fertigungsvorbereitung umfaßt außer der Arbeitsvorbereitung auch die Konstruktion und Herstellung von Spezialwerkzeugen, Vorrichtungen und speziellen Produktionseinrichtungen. Diese Phase vollzieht sich wieder in gleicher Weise wie bei einem neuen Maschinensystem. Deshalb muß ihr in organisatorischer Hinsicht große Aufmerksamkeit geschenkt werden. Das spiegelt sich besonders beim Konstrukteur der Betriebshilfsmittel wider, der immer unter größtem Termindruck steht.

Die Nullserienfertigung soll vornehmlich die Eignung der Fertigungseinrichtungen überprüfen. Im nachfolgenden Betrieb der Nullserienerzeugnisse werden wieder alle Eigenschaften geprüft.

Es sei daran erinnert, daß auch bei der Serien- oder Massenfertigung fortwährend eine Rationalisierung des Herstellungsprozesses und dadurch eine Verbesserung der Produktionseinrichtungen und Hilfsmittel angestrebt wird. Das gilt besonders auch für die Montage, wo am meisten von Hand gearbeitet wird. Die Mechanisation dieser Arbeit erfordert oft besondere Eigenschaften der Teile. Darum muß der Konstrukteur des Maschinensystems und besonders der Konstrukteur der Einrichtungen in stetem Kontakt mit der Fertigung stehen.

Die nachfolgende Distributions- und Betriebsphase wurde bereits behandelt. Nur eine konsequente Überwachung all dieser Phasen durch den Konstrukteur (s. Rückkopplungen in Abb.10.1) kann im Laufe der Zeit zur Reife des Maschinensystems führen.

10.2 Entstehungsphasen eines in Einzelfertigung hergestellten Maschinensystems

Die in Einzelfertigung hergestellten Maschinensysteme können konstruktionsmäßig verschiedene Schwierigkeitsgrade aufweisen. Eine Gruppe ist dadurch gekennzeichnet, daß die zugehörigen Systeme entweder neue Konstruktionseigenschaften besitzen (Struktur, Werkstoffe) oder daß zur Transformation neue Arbeitsprinzipien zur Anwendung kommen. Solche Maschinensysteme können als Neuentwicklung betrachtet werden; man erzeugt "einen Prototyp" direkt für den späteren Betrieb. Diese Situation stellt erhöhte Anforderungen an den Konstruktionsprozeß. Der Output - das Maschinensystem -

"muß gelingen"; die verlangten Eigenschaften müssen erfüllt werden. Wird dieses Ziel nicht voll erreicht, so sollen die Nacharbeiten am Maschinensystem möglichst gering sein und dürfen die Konzeption nicht berühren.

Oft können die Funktionsprüfungen des Maschinensystems erst am definitiven Arbeitsplatz beim Benutzer durchgeführt werden, weil beim Hersteller nur Teilfunktionen überprüft werden können.

Zu einer zweiten Gruppe gehören die Maschinensysteme, die zwar nach den speziellen Forderungen des Benützers hergestellt werden, deren Funktion und andere Eigenschaften jedoch schon bekannt sind und kein Risiko mehr in sich bergen. Der Hersteller muß aber trotzdem die übliche Aufmerksamkeit und Sorgfalt walten lassen, damit Fehler im Betrieb vermieden werden.

Die Entstehung eines Maschinensystems verläuft gewöhnlich in folgenden Hauptetappen:

- Konstruktionsentwurf
- Ausarbeiten
- Fertigungsvorbereitung einschließlich Herstellung der Spezialwerkzeuge und Vorrichtungen
- Herstellung des Maschinensystems
- Inbetriebsetzen, Betriebsprüfung, Betrieb (Einsatz)

Der Lieferant und der Kunde spezifizieren im Lieferungsvertrag alle wichtigen technischen Angaben für die Konstruktion und Lieferung, einschließlich Prüfungen.

Die Durchführung des Konstruktionsentwurfes richtet sich nach dem Charakter des Erzeugnisses. Ist es ein Teil einer Investitionsanlage, so muß der Konstrukteur mit dem die Anlage projektierenden Ingenieur bzw. mit dem Verfahrensingenieur eng zusammenarbeiten. Es ist auf eine fertigungsgerechte Konstruktion sowie auf die Fertigungsmöglichkeiten des Herstellers zu achten.

Um die Betriebssicherheit der ganzen Anlage zu erhöhen, ist es zweckmäßig, wenn irgend möglich die Funktion der neuen und technisch wichtigen Teile unter Betriebsbedingungen zu prüfen; dies gilt auch für die Zulieferungen. Die Konstruktionsabteilung hat wiederum eine vollständige Herstellungsdokumentation auszuarbeiten, einschließlich aller Anleitungen für Verpackung, Transport, Fundamente, Justierung, Montage, Inbetriebsetzung, Anweisung für Prüfung, Bedienung und Instandhaltung.

Die Prüfungen dieser Erzeugnisse verlaufen gemäß den mit dem Kunden vereinbarten Bedingungen. Wenn man sie beim Hersteller durchführen muß, sind die Bedingungen für ihre Vorbereitung und Durchführung schon im Vertrag festzulegen. Alle Erfahrungen, Fehler und Entwürfe zur Verbesserung müssen registriert und womöglich auch in den Modifikationen der Konstruktionsdokumentation berücksichtigt werden, so daß sie bei einer wiederholten Herstellung des Erzeugnisses nicht wieder auftauchen.

Im Betrieb werden laufend alle Eigenschaften des Maschinensystems überprüft. Der Konstrukteur sollte dabei den Betrieb während längerer Zeit verfolgen, weil er nur so die Funktion, die Lebensdauer und weitere Eigenschaften feststellen kann. Erst bei längerem Betrieb werden Defekte wie z.B. vorzeitige Abnutzung einzelner Teile entdeckt. Der Kontakt des Konstrukteurs mit dem Benutzer ist erfahrungsgemäß für beide Teile sehr nützlich. Ein guter Service ist von besonderer Bedeutung.

Es ist empfehlenswert, über jedes gelieferte Maschinensystem Buch zu führen, indem alle Erfahrungen, Vorschläge und Bemerkungen über die vorgekommenen Defekte sowie über Wartungs- und Instandsetzungsarbeiten vermerkt werden.

Im allgemeinen ist es nicht ratsam, die Entstehungsdauer eines Maschinensystems durch Auslassen einer Phase abzukürzen; hingegen kann die Durchlaufzeit durch Parallelarbeit gekürzt werden.

10.3 Entstehungsphasen eines Maschinensystems der vierten Stufe (Anlage)

Ein besonderer Fall im Vergleich mit den bisher erörterten Maschinensystemen bildet z.B. die Einrichtung einer Produktionsstraße, einer Werkstätte oder eines Betriebes. Schöpfer ist der projektierende Ingenieur. Als gedankliches Modell der Einrichtung dient das Projekt, das alle die bereits angeführten Eigenschaften des Maschinensystems umschließt. Da die Unterstufen als fertige Maschinensysteme gekauft oder auf Bestellung angefertigt werden, hat der Projektierungsprozeß einen etwas anderen Verlauf. Der Unterschied liegt darin, daß der projektierende Ingenieur die Finalfunktion nicht in Elemente zerlegt; er bleibt auf der Unterscheidungsebene der dritten Kompliziertheitsstufe, ausnahmsweise geht er auf die zweite Stufe der Gruppe zurück. Deshalb ist seine Haupttätigkeit das Schaffen der Strukturen, d.h. die Wahl der geeigneten Mittel für die Funktion der dritten Stufe und anschließend ihre Anordnung im Raum. Da es sich um Strukturelemente handelt, die meist voneinander entfernt im Raum angeordnet werden müssen, spielt neben den Arbeitsfunktionen auch die Verbindungsfunktion eine große Rolle. Die verwendeten Maschinen und ihre Kopplung gehören verschiedenen speziellen Gebieten des Maschinenbaues, der Elektrotechnik und anderen Fachgebieten an. Deshalb ist der projektierende Ingenieur auf die Mitarbeit von Fachspezialisten angewiesen. Die nötige Koordination wird mittels geeigneter Arbeitsmethoden durchgeführt.

Die Projektierungsarbeiten müssen mindestens zwei Stufen durchlaufen, immer verbunden mit einer gründlichen wirtschaftlichen Bewertung. Manchmal reichen zwei Stufen nicht aus, da die erste Konzeption des Projektes die noch ungenaue Aufgabenstellung für eine ganze Reihe von Ausführungsprojekten bildet. So enthält z.B. das Projekt einer Herstellungshalle die Teilprojekte für Bausystem, Maschineneinrichtungen, Verbindungsleitungen für Elektrizität, Gas, Preßluft, Wasser, Kanalisation u.a.

Für den Entstehungs- und Betriebsablauf einer Anlage können wir folgende Grundetappen und Phasen festlegen:

- Projekt
  a) Vorprojekt - Studie, welche die Aufgabenstellung konkretisiert, die Projektidee vorschlägt und die Grundlösung skizziert, was zum Entscheid über die Realisierung dient.
  b) Allgemeines Bauprojekt - Grundkonzeption, Uebersichts-, Haupt- und Dispositionspläne, welche auch die Kontaktpunkte aller Teilprojekte enthalten.
  c) Detailprojekt - Ausführungspläne aller Anlagen und Einrichtungen nebst Koordinationsprojekt.
- Ausführung: Es handelt sich meist um die aufgrund des Pflichtenheftes, der Materiallisten und Detailpläne durchgeführten Bestellungen der Einrichtungen und Montage. Wenn die Einrichtungen noch konstruiert werden müssen, verläuft dieser Prozeß gemäß Kapitel 10.2
- Probebetrieb: Ähnlich wie bei der Prüfung des Prototyps einer Maschine sollen die Eigenschaften des Maschinensystems (Anlage) nachgewiesen werden.
- Betrieb der Anlage: Der Betrieb (Exploitation) der Anlage ist die Summe der Betriebe (Arbeit) der einzelnen Maschinensysteme mit den Phasen gemäß 10.1 und 10.2

10.4 Entstehungs- und Betriebsphasen des Maschinensystems im Zeitablauf

Bis jetzt wurden die Teilprobleme der Entstehungs- und Betriebsphasen des Maschinensystems nur durch den Inhalt und die gegenseitigen Relationen beschrieben. Die Zeitabhängigkeit dieser Prozesse zu betrachten, ist die Aufgabe dieses Kapitels, mit der Absicht, die Faktoren zu zeigen, welche den Zeitablauf der Prozesse beeinflussen.

Sobald wir uns mit dieser Aufgabe zu befassen beginnen, entdecken wir einen Widerspruch. Sowohl der Kunde als auch der Hersteller wünschen einen möglichst kurzen Entstehungsablauf, da dadurch die Voraussetzungen für kleinste Kosten und schnelle Lieferung des Erzeugnisses geschaffen werden. Andererseits wünscht der Kunde aber auch die beste Qualität des Erzeugnisses, was jedoch mit längerem Zeit- und größerem

	Phasen des ‹Produktlebens›		Zeit
1	Forschung	P W	
2	Marktforschung	P W	
3	Entscheidung über die Entwicklung	P W	
4	Konzipieren, Entwerfen	P W	
5	Ausarbeiten	P W	
6	Prototyp: Arbeitsvorbereitung	P W	
7	Prototyp: Fertigung	P W	
8	Prototyp: Prüfen	P W	
9	Entscheid über Serienfertigung	P W	
10	Zeichnungskorrekturen	P W	
11	Serienfertigung: Avor	P W	
	Technologische Vorbereitungen	P W	
	Konstruktion der Vorrichtungen	P W	
	Fertigung der Vorrichtungen	P W	
	Organisatorische Vorbereitung	P W	
12	Fertigung der Nullserie	P W	
13	Prüfung der Nullserie	P W	
14	Korrektur: Zeichnungen, Avor, Fertigungsmittel	P W	
15	Serienproduktion	P W	
16	Distribution	P W	
17	Betrieb	P W	

Abb.10.4 Modell eines Zeitablaufs des in Massen- oder Serienfertigung hergestellten Maschinensystems

Kostenaufwand verbunden ist. Beim Konstruieren wurde diese Abhängigkeit in Abb. 7.20 gezeigt. Eine ähnliche Situation besteht bei der Fertigungsvorbereitung und bei der Fertigung selbst. Vergleichen wir den zeitlichen Entstehungsablauf eines Maschinensystems, welches in Serienfertigung erzeugt wird (s. Abb.10.4) mit einem, das in Einzelfertigung hergestellt wird (s. Abb.10.5), so stellen wir fest, daß bei letzterem eine Reihe von Prozessen wegfallen. Der eigentliche Herstellungsprozeß ist bei Einzelfertigung länger, da keine speziellen Einrichtungen und Vorrichtungen dafür gebaut werden und viele Operationen an Universalwerkzeugmaschinen durchgeführt werden müssen. Vor allem ist es aber die Montage, die die Herstellungsdauer beeinflußt, da hier viele zeitraubende Handoperationen vorkommen, weil es an Montagevorrichtungen und Erfahrung fehlt.

Es ist verständlich, daß die Abhängigkeit des Beginns eines Teilprozesses von der Beendigung des Vorprozesses die gesamte Zeit verlängert. Die gewünschte Verkürzung des Zeitablaufs kann einerseits durch Kürzung des Ablaufs der einzelnen Teilprozesse und Operationen, andererseits durch Paralleldurchführung derselben, d.h. Überdeckung erzielt werden.

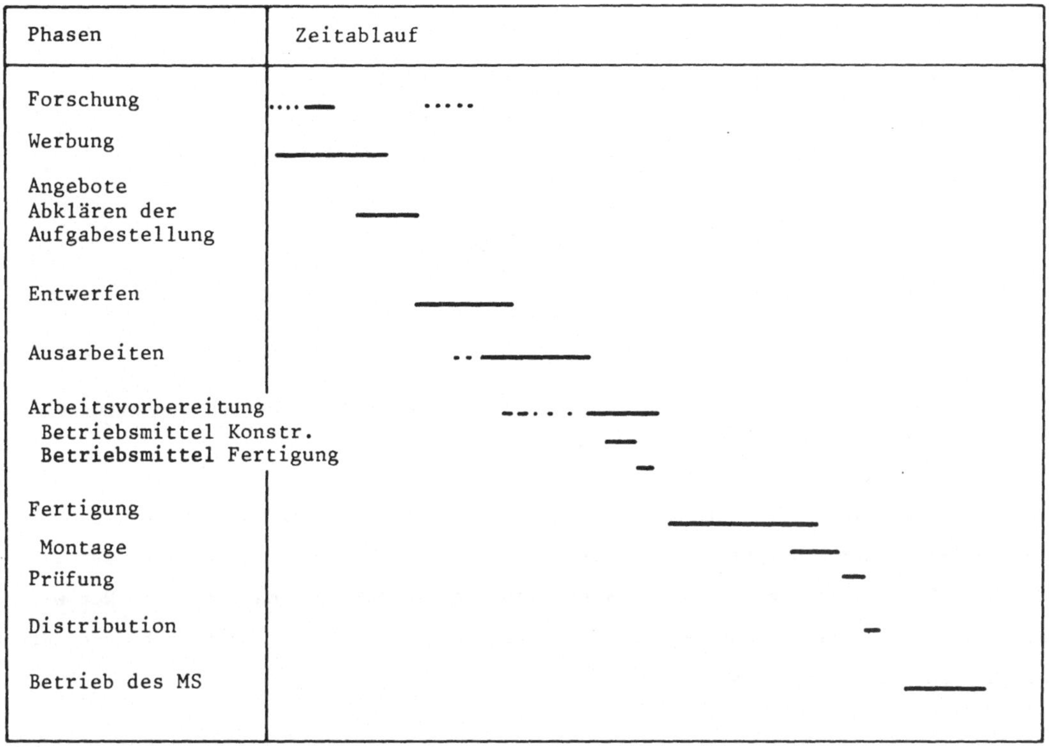

Phasen	Zeitablauf
Forschung	
Werbung	
Angebote Abklären der Aufgabestellung	
Entwerfen	
Ausarbeiten	
Arbeitsvorbereitung Betriebsmittel Konstr. Betriebsmittel Fertigung	
Fertigung Montage Prüfung	
Distribution	
Betrieb des MS	

Abb.10.5. Modell eines Zeitablaufs eines in Einzelfertigung hergestellten Maschinensystems

Die Abkürzung der Teilprozesse kommt am wirksamsten in den längeren Etappen zum Ausdruck, wie z.B. bei der Konstruktion, der Fertigungsvorbereitung und der Fertigung selbst. Die extreme Abkürzung ergibt sich bei Auslassung einer Etappe. Die folgenden Fälle mögen als Beispiele solcher Möglichkeiten dienen: Die Übernahme der Konstruktionsdokumentation durch Erwerb einer Lizenz, wodurch der Konstruktionsprozeß entfällt, oder Ankauf etlicher Fertigteilsysteme, wodurch der Fertigungsprozeß und die Fertigungsvorbereitung, eventuell auch der Konstruktionsprozeß entfallen. Die allgemeinen Faktoren, welche die Dauer eines Prozesses beeinflussen, sind in Kapitel 3 angeführt worden. Bei dem gegebenen Operanden handelt es sich um Arbeitsmethoden und die Operatoren des Prozesses. Für Konstruktionsprozesse z.B. hängt die Prozeßdauer von der Konstruktionskapazität ab (s. Abb. 7.20) und die Zeit für die Lösung einer Modellaufgabe von den Konstruktionsfachkenntnissen (s. Abb.10.6). Der Einfluß weiterer Operatoren auf den zeitlichen Verlauf des Konstruktionsprozesses ist (wenigstens in großen Zügen) bekannt.

Auch der Zeitablauf des Fertigungsprozesses wird durch ähnliche Operatoren beeinflußt. Für das gegebene Niveau der Fertigungstechnik als entscheidendem Faktor kann

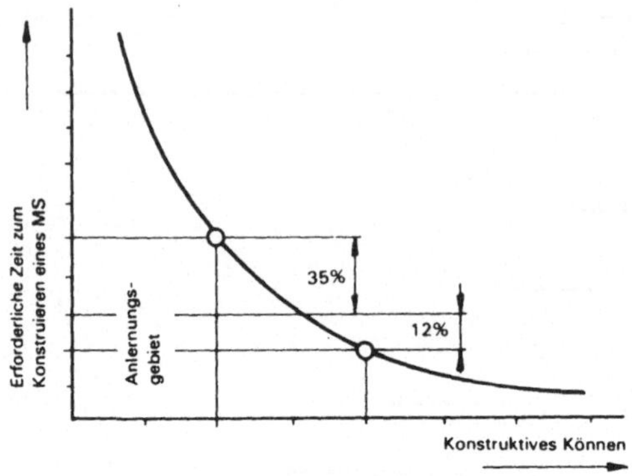

Abb.10.6 Zusammenhang zwischen konstr. Können und der für die Ausführung eines Maschinensystems erforderlichen Zeit

man einen "idealen", d.h. den kürzesten Zeitablauf feststellen. Dies wird die Summe der längsten aneinandergereihten technisch erforderlichen Operationszeiten sein. Ein Modell eines solchen idealen Zeitablaufes ist in Abb.10.7 dargestellt. Der wirkliche Zeitablauf ist aber meistens um ein Vielfaches länger und hängt sehr von der Führung des Fertigungsprozesses ab.

Bei allen übrigen Teilprozessen muß man den Einfluß der Operatoren auf den zeitlichen Ablauf der Teilprozesse ermitteln.

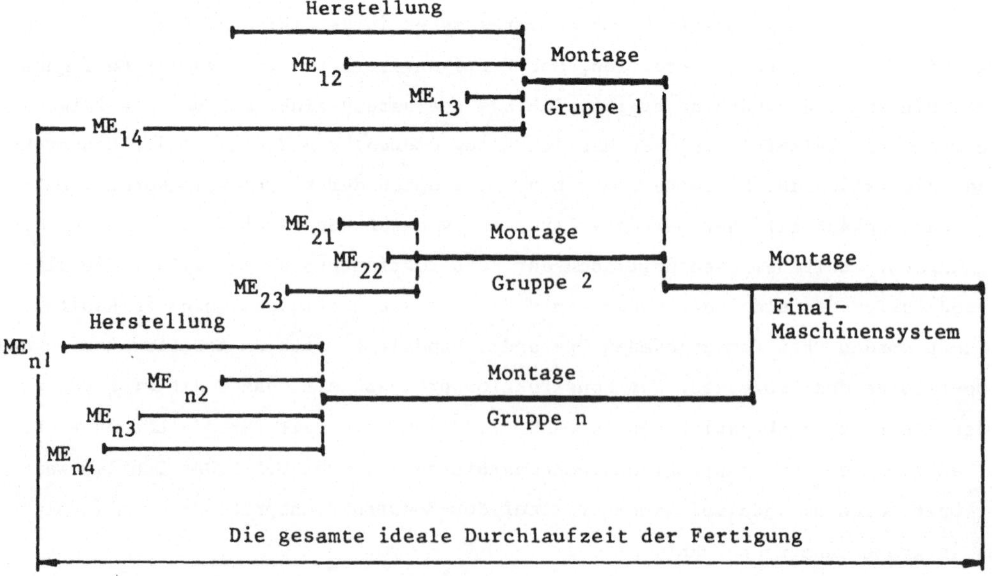

Abb.10.7. Ideale Durchlaufzeit der Fertigung eines Maschinensystems für gegebene Fertigungstechnik

Eine Überdeckung der Teilprozesse ist möglich, wenn es die gegenseitigen Beziehungen der Prozesse erlauben. Die Parallelarbeit setzt gewöhnlich die Übergabe noch nicht definitver bzw. nur teilweise ausgearbeiteter Unterlagen voraus. Das kann negative Auswirkungen haben, indem einerseits der erste Prozeß an die übergebene Dokumentation gebunden ist und im weiteren Ablauf nicht mehr nach einer besseren Lösung gesucht werden kann, andererseits wird die Arbeit durch eine eventuelle Unterlagenänderung ungünstig beeinflußt und der Prozeß wird verlängert.

Das eigentliche "Leben" eines Maschinensystems, d.h. die Zeitdauer seiner Betriebstüchtigkeit, hängt von der Abnutzung, dann aber auch vom Auftreten eines neuen, moderneren Erzeugnisses ab. Der letztere Fall bedeutet, daß die Funktion bzw. die funktionsbedingten Eigenschaften veraltet sind und das Erzeugnis dadurch nicht mehr "up-to-date" ist. Vom Benutzer aus gesehen wäre es natürlich günstiger, wenn die Maschinensysteme möglichst lange arbeiten könnten, um dadurch die Amortisationskosten über eine längere Zeitperiode zu verteilen. Ist jedoch ein Maschinensystem durch ein neues System überholt worden, so sollte es womöglich nicht mehr lange im Betrieb belassen werden.

Eine weitverbreitete Darstellungsform für den Zeitablauf ist neben den Gannt-Diagrammen die Netzplantechnik.

10.5 Durchführung der Teilprozesse

Die beschriebenen Prozesse und ihre Teilprozesse müssen durchgeführt und gesteuert werden. In einem Unternehmen sind diese Arbeiten auf die verschiedenen Abteilungen verteilt. Im Prinzip muß immer eine Abteilung für die Arbeitsdurchführung verantwortlich sein. Eine Möglichkeit, wie die Arbeit zwischen den verschiedenen Abteilungen verteilt werden kann, ist in der Tabelle Abb. 6.8 dargestellt.

	Phasen des ‹Produktlebens›	Abteilungen der Unternehmung													
		1	2	3	4	5	6	7	8	9	10	11	12	13	
		Produktions-planung	Forschung	Entwicklung	Konstruktion	Vertrieb. Service	Avor	Prototyp-werkstatt	Prüfstelle	Fertigungsmittel-konstruktion	Fertigung	Beschaffung	Werkzeugmacher	Führung	Anwender, Kunde
0	Produkt planen, Anford.	●		○										○	×
1	Forschung	○	●	○											
2	Marktforschung	○		○		●									
3	Entscheid über die Entwicklung	○	○	○		○						○		●	×
4	Konzipieren und Entwerfen		○	●	○										
5	Ausarbeiten				●										
6	Prototyp: Avor			○			●								
7	Prototyp: Fertigung			○	○		○	●							
8	Prototyp: Prüfen		○	○	○			○	●						
9	Entscheid über die Serienfertigung	○		○	○	○	○		○		○	○		●	
10	Zeichnungskorrekturen			○	●										
11	Serienfertigung: Avor				○		●								
	Konstrukt. d. Vorrichtungen				○		○			●					
	Fertigung d. Vorrichtungen									○			●		
	Organisat. Vorbereitung	●										○			
12	Fertigung der Nullserie						○				●				
13	Prüfung der Nullserie			○	○				●						
14	Korrektur der Zeichnungen usw.			○	●										
	Festigungsmittel									●			●		
15	Serienproduktion				○		○				●				
16	Distribution			○	○	●									
17	Inbetriebsetzen				○				●		○				
18	Probebetrieb			○	○				●		○				
19	Normalbetrieb				○	●									×
20	Wartung				○	●									×
21	Modernisierung				○	●									×
	Bedeutung der Symbole	● Für die Durchführung verantwortliche Abteilung ○ Zusammenarbeitende Abteilungen × Mögliche Beteiligung des Anwenders													

Abb.10.8. **Arbeitsverteilung in den Entstehungs- und Betriebsphasen eines Maschinensystems**

10.6 TS-Entstehung – Aussagen

Auss.

10.1 Der "Lebenslauf" eines Maschinensystems ist ein Prozeß, der als ein System von Teilprozessen (Etappen und Phasen) definiert werden kann.

10.1 Die vier charakteristischen Grundetappen des Lebenslaufes sind: Entstehung, Distribution, Arbeitsprozeß (Betrieb) und Liquidation des Maschinensystems (s. Abb. 10.1).

10.3 Jedes Maschinensystem muß alle diese Etappen durchlaufen und den jeweiligen Anforderungen entsprechen, d. h. gewisse Eigenschaften besitzen (vgl. Auss. 7.1).

10.4 Anzahl und Umfang der Phasen der vier Grundetappen hängen grundsätzlich von folgenden Faktoren ab: Komplexität des Maschinensystems (s. Abb. 6.2), Konstruktionsoriginalität (s. Abschnitt 7.7), Produktionsart (s. Abschnitt 7.8), Besteller (s. Abb. 7.18). Je nach Organisation und Tradition der ausführenden Institutionen können gewisse Phasen sehr unterschiedlich gestaltet werden.

10.5 Über den Gesamtwert des Maschinensystems wird überwiegend in der Phase der Konstruktion entschieden.

11 Die Entwicklung der Maschinensysteme im Laufe der Zeit (Phylogenie, Evolution der Maschinensysteme)

11.1 Die Gesetzmäßigkeiten des Entwicklungsprozesses

11.1.1 Die Entwicklung des technischen Niveaus im Laufe der Zeit.

Vergleichen wir die Maschinensysteme, die für analoge Funktionen bestimmt sind, in gewissen Zeitabständen, so stellen wir die verschiedensten Veränderungen fest. Ein bekanntes Beispiel ist der Personenkraftwagen, dessen Entwicklungsgeschichte in Abb.11.1. dargestellt ist. Nicht so markante Variationen der Formen zeigt die Entwicklung der Großdieselmotoren in Abb.11.2. Obwohl das Automobil Automobil und der Dieselmotor Dieselmotor geblieben sind, haben sich im Zusammenhang mit den steigenden Bedürfnissen doch eine Reihe von Eigenschaften geändert. Es handelt sich nicht nur um die Form bzw. die Aussehenseigenschaften, die wir leicht wahrnehmen, sondern auch um Geschwindigkeit, Beschleunigung, Sicherheit, Leistung, Gewicht u.a.

Man spricht in diesem Zusammenhang von dem Begriff "Technisches Niveau" eines Maschinensystems in einem gewissen Zeitpunkt. Damit ist die Summe der technischen Eigenschaften - Parameter - gemeint, welche dem bereits definierten technischen Wert entspricht.

Nehmen wir nun einen einzigen Parameter unter die Lupe, z.B. den Druck in energetischen und verfahrenstechnischen Einrichtungen. Abb.11.3 zeigt die Entwicklung des Druckes im Laufe der Zeit, und zwar im Labor und im Betrieb. Der Unterschied zu den vorherigen Beispielen liegt darin, daß zur Erreichung des steigenden Druckes verschiedene Prinzipien und Mittel verwendet worden sind, also verschiedene Maschinensysteme, die nur durch die abstrakte Funktion - die Druckerzielung - miteinander verbunden sind. Eine analoge Erscheinung kann auch bei der Entwicklung der Beförderungsgeschwindigkeit beobachtet werden. Abb.11.4 zeigt neben der Entwicklung der allgemeinen Beförderungsgeschwindigkeit auch die Geschwindigkeitsentwicklung einzelner Arten von Beförderungssystemen (Kraftwagen, Propellerflugzeuge, Strahlflugzeuge). Wie

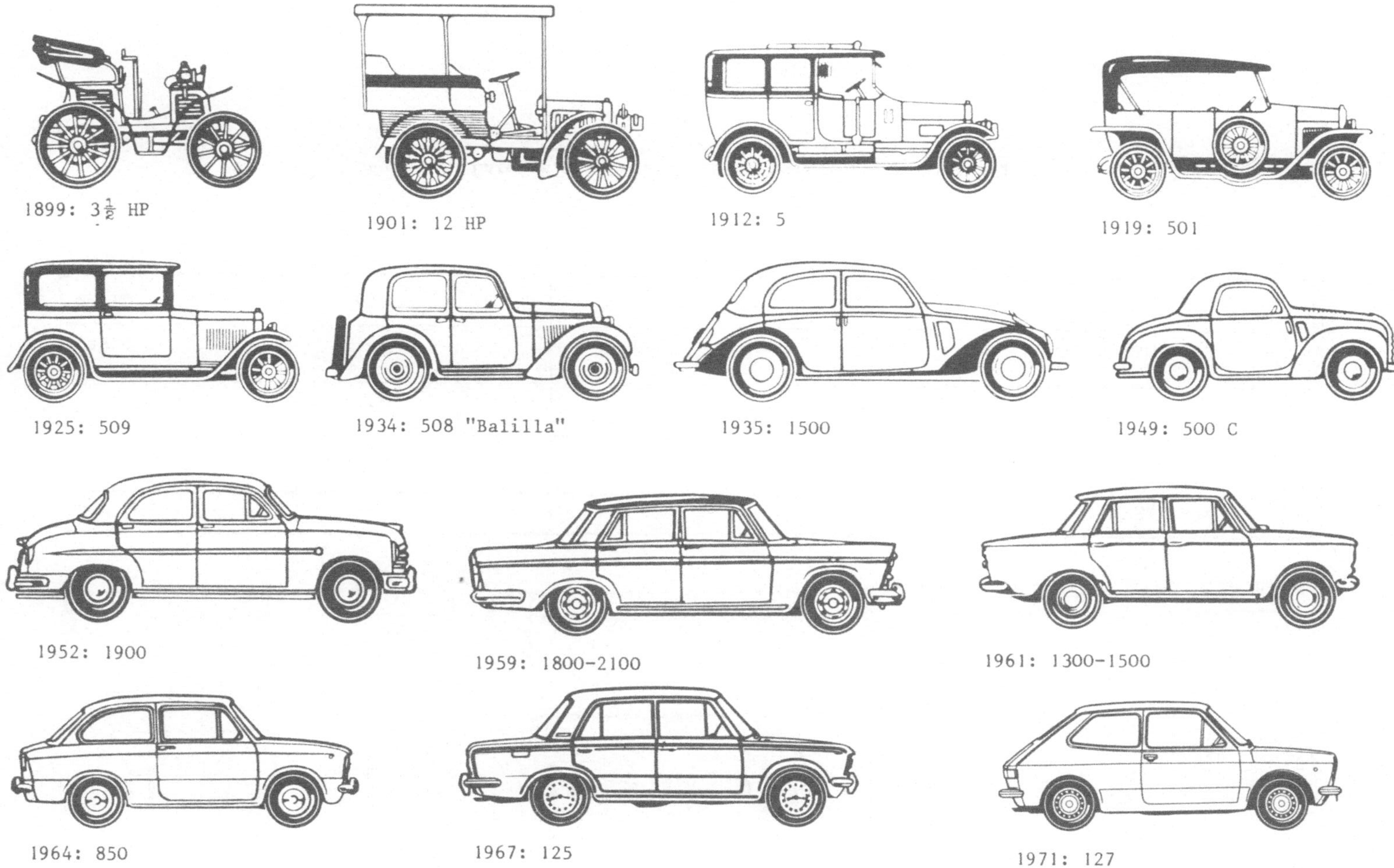

Abb.11.1. Entwicklungsreihe von Personenwagen "FIAT"

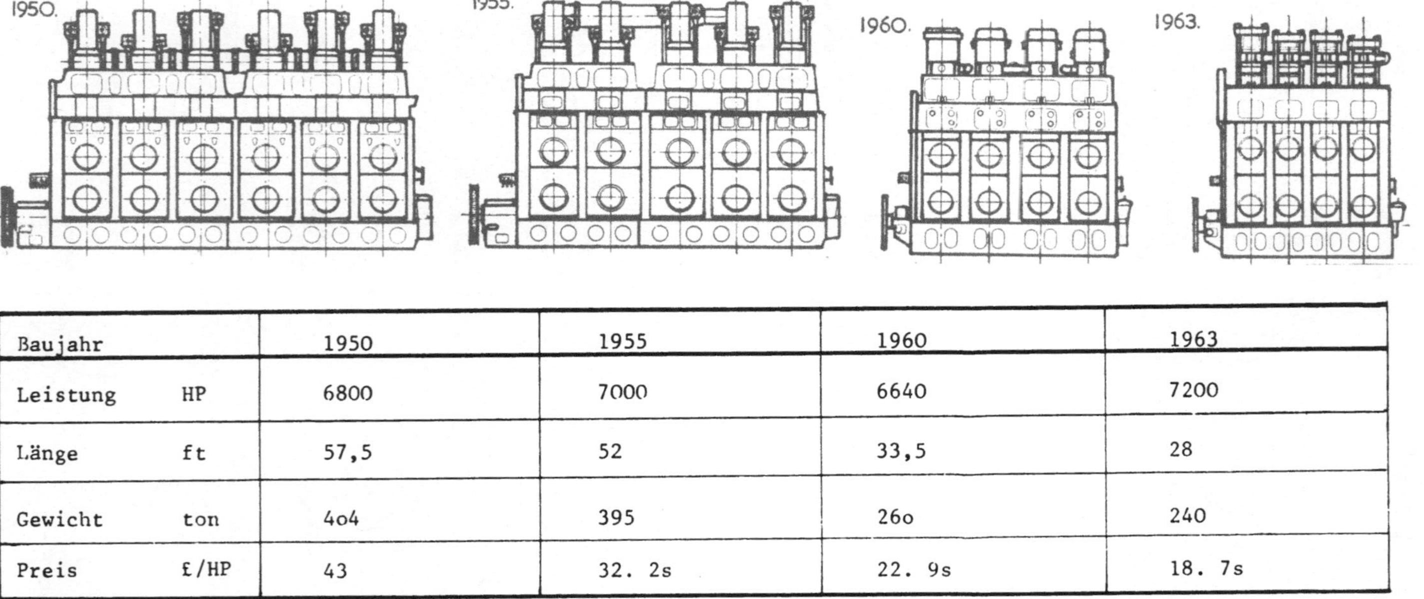

Baujahr		1950	1955	1960	1963
Leistung	HP	6800	7000	6640	7200
Länge	ft	57,5	52	33,5	28
Gewicht	ton	4o4	395	26o	240
Preis	£/HP	43	32. 2s	22. 9s	18. 7s

Abb.11.2. Entwicklung eines Dieselmotors (Wiliam Doxford)

aus Abb. 7.2 ersichtlich ist, können die Familien der Maschinensysteme, deren Geschwindigkeitsentwicklungen angedeutet sind, unter die abstrakte Funktion "Befördern" eingeordnet werden. Die einzelnen Familien von Beförderungsmitteln mit einer bestimmten Funktion haben eine Entwicklungskurve der Geschwindigkeit, die einen ganz charakteristischen Verlauf aufweist. Sie nähert sich nämlich asymptotisch einem bestimmten Grenzwert. Dieser wird durch Naturgesetze wie z.B. die Geschwindigkeitsgrenze

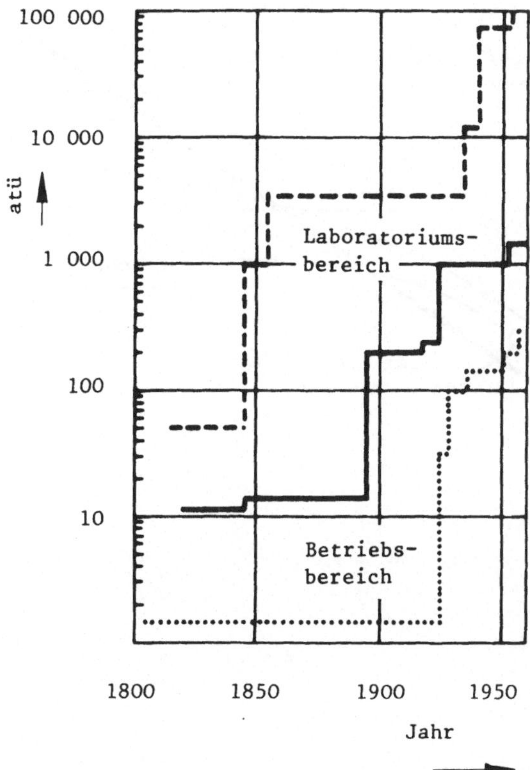

Abb.11.3. Entwicklung der Grenzwerte des im Laboratorium und Betrieb beherrschten Druckes

der Fahrzeuge mit Luftschraube oder durch begrenzte Eignung der Mittel wie z.B. Materialfestigkeit gegeben. Einen speziellen Fall stellen die Begrenzungen dar, die durch die Umwelt der Maschinensysteme bedingt sind, wie z.B. schlechter Straßenzustand, der die Geschwindigkeit der Kraftwagen begrenzt. In diesem Fall braucht sich die Entwicklungskurve nicht der durch die Umwelt bedingten Grenze asymptotisch zu nähern, sie kann diese Grenze aber schneiden.

Oft werden "Mitglieder" der Entwicklungsreihe eines Maschinensystems noch in "Generationen" gegliedert. So spricht man z.B. von der ersten Generation eines Erzeugnisses.

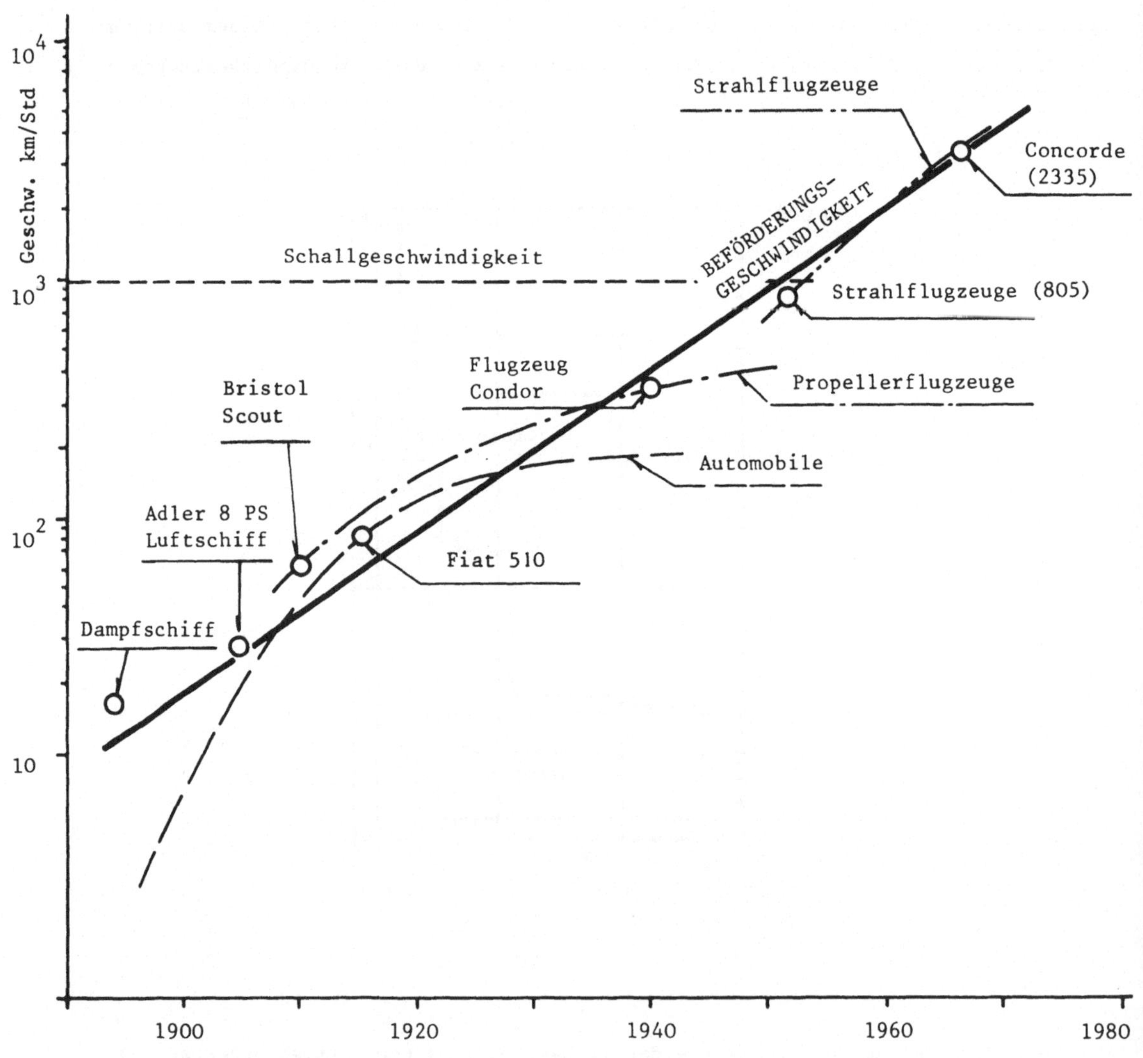

Abb.11.4. Entwicklung der Beförderungsgeschwindigkeiten

Aus dem Diagramm der Druckentwicklung geht hervor, daß in einem bestimmten Zeitpunkt mehrere Werte des Parameters existieren. In Abb.11.3 sind es die im Labor und im Betrieb erzielten Werte des Druckes. Im allgemeinen ist aber zu erwarten, daß man noch weitere Werte für Entwicklung und Herstellung des Erzeugnisses bekommt. Wenn wir den technischen Wert eines bestimmten Systems untersuchen, erhalten wir verschiedene Entwicklungskurven für die erwähnten Gebiete und in etlichen Zeitpunkten auch verschiedene Werte des "Technischen Niveaus", wie dies in Abb.11.5 durch einen idealisierten Kurvenverlauf dargestellt ist.

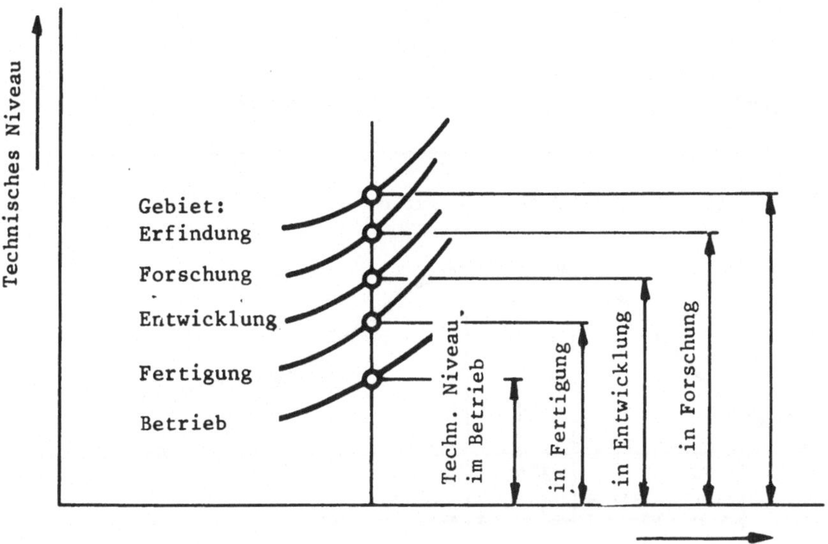

Abb.11.5. Idealisierte Entwicklungskurven für einige Gebiete und deren "Technisches Niveau"

Die Wachstumskurve in Abb.11.6 zeigt, wie ähnlich die Entwicklung der biologischen Systeme und diejenige der Maschinensysteme sind, wenn man sie über eine längere Zeitspanne vergleicht.

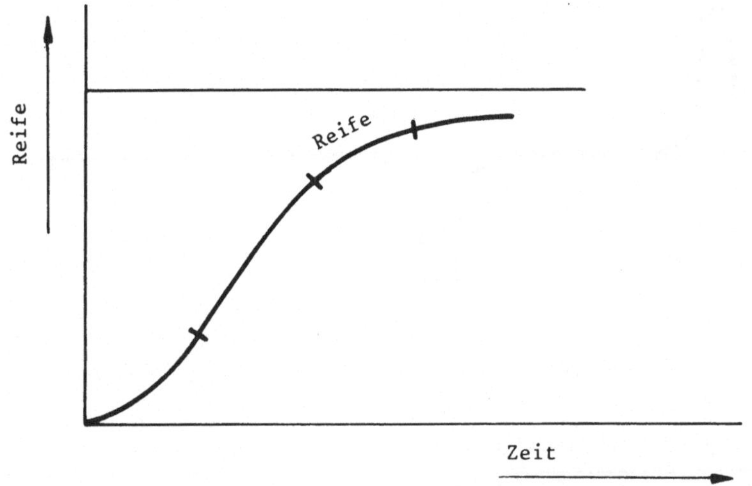

Abb.11.6. Entwicklungskurve der biologischen Systeme

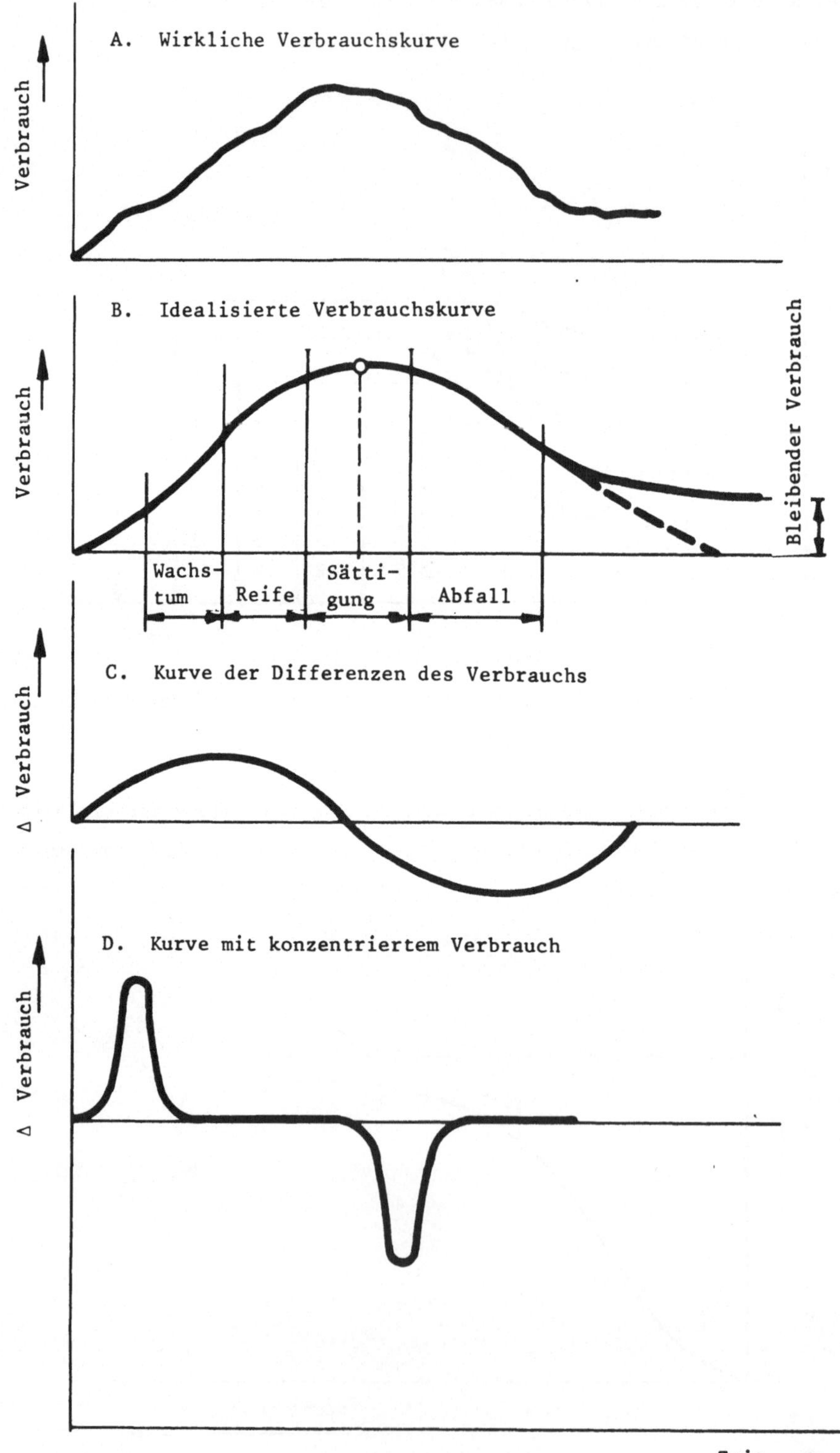

Abb. 11.7. Verbrauchskurven

11.1.2 Die Entwicklung des Maschinensystemverbrauchs im Laufe der Zeit

Eine wichtige Größe, die sich mit der Zeit auch sehr verändert, ist der Verbrauchsumfang der Maschinensysteme. Wir werden die Verbrauchskurve nicht in die Fertigungskurve transformieren, sondern der Einfachheit halber lediglich einen analogen Ablauf voraussetzen. Steigerung und Rückgang des Umsatzes eines neuen Erzeugnisses, in unserem Falle eines Maschinensystems, kann gemäß Abb.11.7A verlaufen. Diesen Verlauf kann man durch eine vereinfachte Kurve ersetzen, die in Abb.11.7B dargestellt ist. Das Kurvenende zeigt, daß der Verbrauch eines Maschinensystems trotz Erscheinen eines neuen Modells nicht immer auf Null sinken muß. Das alte System wird weiter - wenn auch in reduzierter Menge - gebraucht. Z.B. verdrängt der Mähdrescher nicht ganz die Ernte- und Dreschmaschinen. Die Gebrauchskurve kann auch so dargestellt werden, daß auf der Y-Achse nicht die absolute Größe, sondern nur die Differenzen des Verbrauchs Δ V eingetragen werden. Auf diese Weise bekommen wir für den Fall B in Abb.11.7C einen Verlauf in Form einer Sinuslinie.

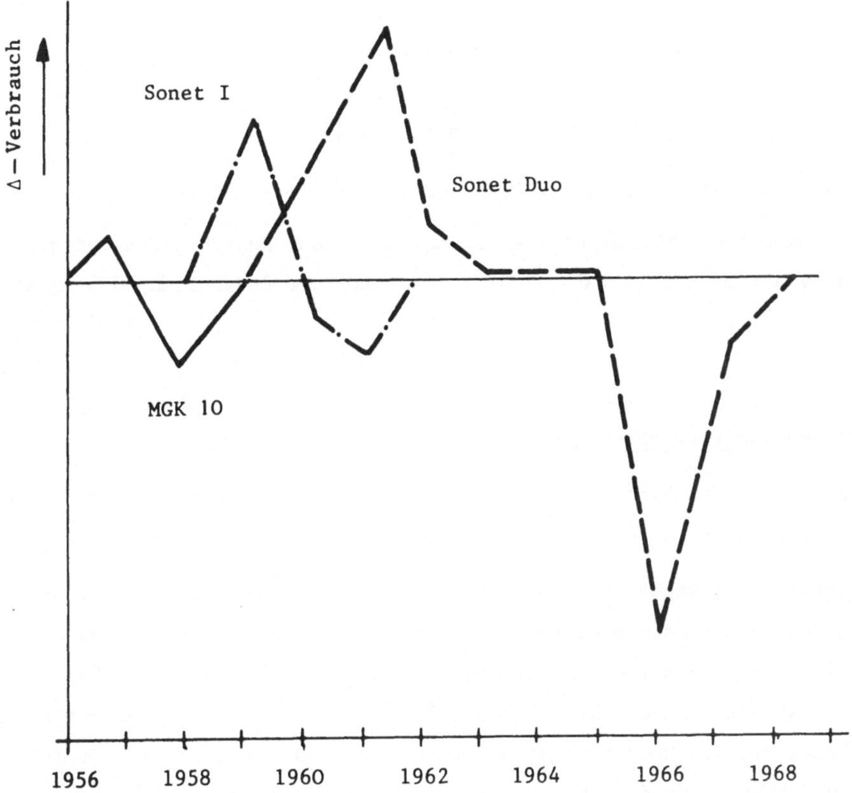

Abb.11.8. **Beispiel der Verbrauchskurven von drei aufeinanderfolgenden Tonbandgerät-Typen**

Natürlich weisen diese Kurven nicht den idealen Fall auf, sondern sie sind durch bestimmte Einflüsse moduliert, wie z.B. durch die technische Lösung, durch Konkurrenzlösungen mit derselben Funktion oder verwandten Funktionen, durch Natureinflüsse oder politische (z.B. Embargo) oder soziale (z.B. Krise) Einwirkungen. In Abb.11.8 ist als ein Beispiel der tatsächliche Verbrauch von drei aufeinanderfolgenden Tonbandgeräte-Typen dargestellt.

Untersuchen wir eine Anzahl Verbrauchskurven einer Entwicklungsreihe von Maschinensystemen, so stellen wir fest, daß die Wellenlängen dieser Kurven nicht konstant sind; sie verkürzen sich. Die Verbrauchsdauer der Erzeugnisse wird immer kürzer. Auf der andern Seite wird die Amplitude der Kurven größer in dem Maße wie der Umsatz steigt. Aus dieser Tatsache folgt die Notwendigkeit, die Entwicklungsetappen der neuen Systeme zu beschleunigen. Wir möchten dies anhand der nachstehenden Beispiele illustrieren. Die Forschungsperiode (von der Erfindung bis zum verkaufsfertigen Produkt) hat gedauert:

beim	Photoapparat	112	Jahre	1727 - 1839
	Rundfunk	35	"	1867 - 1902
	Radargerät	15	"	1925 - 1940
	Fernsehen	12	"	1922 - 1934
bei der	Atombombe	6	"	1939 - 1945
beim	Transistor	5	"	1948 - 1953

Daß auch Fälle vorkommen, wo es umgekehrt ist, dürfte bekannt sein.

Ein weiteres wichtiges Merkmal der Verbrauchskurve, und zwar die Konzentration aller ΔV in kürzere Abschnitte (s. Abb.11.7D) hängt mit der Bearbeitung des Marktes zusammen.

11.1.3 Faktoren der Entwicklungsprozesse

Die Entwicklung der Maschinensysteme bildet bekanntlich neben den neuen Herstellungsarten, neuen Rohstoffen und neuen Märkten einen Teil der Innovationsprozesse.

Durch die Entwicklung werden bestimmte Eigenschaften der bestehenden Erzeugnisse vervollkommnet und neue Produkte eingeführt, die die steigenden Bedürfnisse der Gesellschaft zufriedenstellen sollen. Diese Bedürfnisse ändern sich mit der Gesellschaftsentwicklung. Waren es früher fast ausschließlich die mit der Lebenserhaltung verbundenen Probleme, die die Menschen beschäftigten, sind es heute oft Bedürfnisse, die weit über das Lebensnotwendige hinausgehen.

Aber auch die Arbeitsbedingungen und die Umwelt der Maschinensysteme, wovon die Entwicklung ausgegangen ist, ändern sich. Durch die Entwicklung der Wissenschaft werden neue Erkenntnisse gewonnen, die es ermöglichen, neue Werkstoffe, Relationen und vollkommenere Methoden zu benutzen. Diese "Technischen Fähigkeiten" können nur dann ausgenutzt werden, wenn auch die wirtschaftliche Situation es erlaubt, die technische Entwicklung zu finanzieren und das Maschinensystem auszuführen. Vor allem bedarf es noch einer Motivierung, die die Gesellschaft zur Lösung der Probleme antreibt. Diese Motivierung kann entweder aus den kategorischen Forderungen der Gesellschaft (Befriedigung der Bedürfnisse, Landesverteidigung) oder aus der Wirtschaftssphäre (z.B. Streben nach Gewinn) oder aus der Wissenschaftsentwicklung (z.B. Bemühungen, die Erkenntnisse zur Geltung zu bringen) entstehen.

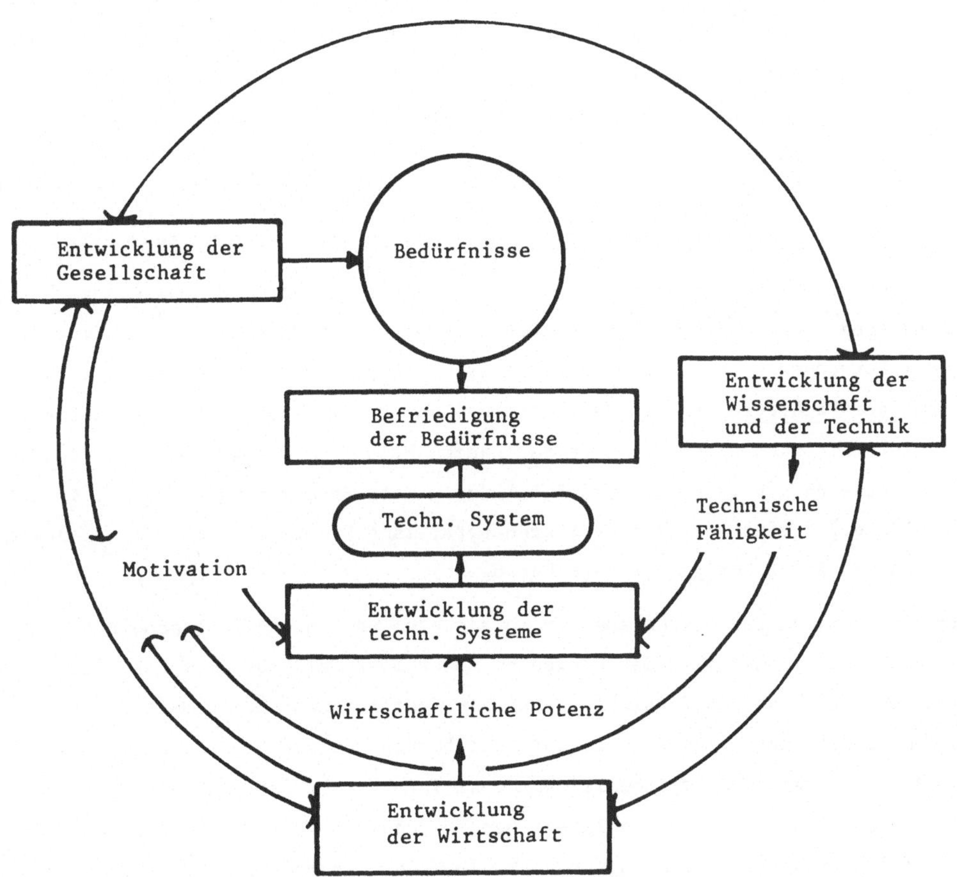

Abb.11.9. Beziehungen in der Entwicklung von technischen Systemen

Bei der Untersuchung der Abhängigkeiten darf man nicht vergessen, daß die Entwicklung der Gesellschaft, der Wissenschaft und der Wirtschaft voneinander abhängig sind. Das ganze System der Relationen ist im Diagramm Abb.11.9 aufgezeichnet.

Soll die Aufzählung der Abhängigkeiten vollständig sein, so muß man noch die inneren Faktoren des Konstruktionsprozesses anführen, in welchem die Entwicklung des Erzeugnisses verwirklicht wird. Es handelt sich um folgende Faktoren: Konstrukteure, Fachinformationen (Relation mit "technischer Fähigkeit"), technische Arbeitsmittel, Führung und Bedingungen des Konstruktionsprozesses.

Noch ein Faktor beeinflußt die Entwicklung bzw. die Befriedigung der Bedürfnisse, und zwar die Rohstoff-Situation des Landes. Gibt es Öl, Kohle, Uran, Eisen, Nickel, Titan aus eigenen Quellen? Auch wenn in Friedenszeiten und unter Bedingungen einer guten wirtschaftlichen Zusammenarbeit diese Fragen nicht von ausschlaggebender Bedeutung zu sein scheinen, so haben diese Überlegungen doch ihre Berechtigung.

Auch die Forschungs- und Entwicklungsrisiken spielen eine wichtige Rolle. Statistische Untersuchungen haben ergeben, daß z.B. in den USA von 100 gelösten Aufgaben nur 10 realisiert werden, von denen wiederum nur drei solche Produkte hervorbringen, die sich auf dem Markt halten und für die weitere Entwicklung geeignet sind.

11.1.4 Durchführung und Umfang der Forschungs- und Entwicklungsarbeiten

Mit den zunehmenden Anforderungen an das Maschinensystem, der steigenden Anzahl von Maschinensystemen und der Erhöhung der Lebensfrequenz der Maschinensysteme muß der Umfang der Forschungs- und Entwicklungsarbeiten entsprechend wachsen. Er ist durch die Anzahl der Fachleute, die in der Forschung und Entwicklung arbeiten, charakterisiert. Zur Zeit schätzt man, daß in der ganzen Welt ungefähr 4 Millionen Menschen in diesen Gebieten arbeiten, was ca. 0,1 % der ganzen Bevölkerung ausmacht. In den Industrieländern steigt aber dieser Prozentsatz; laut Statistik machte er im Jahre 1966 in den USA 6,2 % der ganzen Bevölkerung aus.

Eine andere Kennzahl für den Umfang der Forschungs- und Entwicklungsarbeiten sind ihre Kosten. Alle Industrieländer verwenden immer mehr Geld für diese Arbeiten. Die Ausgaben für Forschung und Entwicklung haben wesentlich mehr zugenommen als für andere Bedürfnisse der Gesellschaft. Zur Zeit betragen diese Kosten in den meisten Ländern 2-3 % des gesamten Nationaleinkommens. Interessant ist auch die ziemlich genaue Proportionalität zwischen den einzelnen Kostenarten. So beträgt z.B. der Kostenanteil für die Grundlagenforschung ungefähr 10 % der Gesamtkosten für Forschung und Entwicklung.

Es taucht die wichtige Frage auf, wie solche Kosten gedeckt werden können. Steigende Kosten und zunehmendes Risiko begrenzen die Möglichkeiten der Durchführung der Forschungs- und Entwicklungsarbeiten. Der Anteil des Staates an der Finanzierung muß immer zunehmen. Die Hochschulen werden durch den Staat und durch direkte Aufträge der Industrie bezahlt. An immer mehr Hochschulen wird Grundlagenforschung betrieben. Die negative Seite dieser Lösung zeigt sich in der Wahl der Forschungsthemen, die sich mehr nach persönlichen Interessen als nach den Bedürfnissen der Gesellschaft richtet.

Eine indirekte Unterstützung durch den Staat ist die Finanzierung der Informations- und Beratungsstellen. Diese Informationsquellen stehen den Interessenten gegen Bezahlung von formalen Gebühren oder der effektiven Kosten zur Verfügung.

Die hohen Kosten und der Mangel an qualifiziertem Personal zwingen zur vernünftigen Effektivitätserhöhung der Forschungs- und Entwicklungsarbeiten. Eine Zusammenarbeit auf möglichst breiter Basis ist anzustreben, sei es auf Staatsebene oder auf internationaler Ebene, da praktisch kein Staat mehr in der Lage ist, die Forschung allein auf allen Gebieten erfolgreich durchzuführen. Die Lösung der Forschungs- und Entwicklungsprobleme verlangt heute eine hohe Spezialisierung. Es mehren sich die Fälle internationaler Wissenschafts- und Forschungsorganisationen, besonders die der Ausnützung fremder Erkenntnisse durch Erwerb von Lizenzen und "know-how".

11.2 Tendenzen der Entwicklung

Um die Entwicklungsrichtungen der verschiedenen Gebiete der Technik festlegen zu können, müssen wir von den Zielen der Gesellschaft ausgehen. Leider ist diese Zielsetzung wegen der gegensätzlichen Interessen der Völker, der Gesellschaftsklassen und der Einzelmenschen nicht leicht.

Die Gebiete der Philosophie und der Soziologie, die sich mit der Formulierung der Gesellschaftsziele befassen, erscheinen dem Techniker zu entfernt und abstrakt. Dies ist aber nicht richtig, denn die Verantwortung des Ingenieurs für die Entwicklung der Gesellschaft wird derjenigen des Arztes für die Gesundheit des Menschen immer ähnlicher. Der ethische Kodex des Ingenieurs ist eines der Mittel, das dazu beitragen kann, daß die Technik nicht im Interesse einzelner mißbraucht wird.

Es bestehen eine Anzahl unbestreitbarer Ziele der Gesellschaft, nach denen sich die meisten Menschen sehnen. Ohne Rücksicht auf Prioritäten führen wir die bedeutendsten dieser Ziele an:

Eliminierung des Hungers
Eliminierung des Krieges
Eliminierung von Krankheiten und Verlängerung des Menschenlebens
Eliminierung von Verbrechen
Erhöhung des Wohlstandes
Erhöhung des Bildungsniveaus

Verminderung der physischen Arbeit
Verkürzung der Arbeitszeit

Inwieweit diese Zielsetzungen als Mittel zu Glück und Zufriedenheit des Menschen beitragen können, ist eine andere Frage. Auch die Meinungen, welchen Anteil die Technik an der Verwirklichung dieser Bestrebungen haben soll, sind verschieden. Die Ansichten schwanken von der totalen Ablehnung der Technik bis zur Befürwortung ihrer stürmischen Entwicklung. Das ist aber mehr die quantitative Seite des Problems. Wichtig ist zu erkennen, welchen Einfluß die Technik und ihre Mittel auf das Glück der Menschheit haben können. Damit wir die Entwicklung der Technik richtig lenken können, müssen wir wissen, in welcher Richtung sie laufen soll und wie man sie dosieren soll.

Wahrscheinlich werden viele der Ansicht sein, daß wir mit diesen Überlegungen zu weit gegangen sind. Und doch sollte jeder Ingenieur die Konsequenzen seiner Arbeit kennen und seine Aufgaben immer mit den umstrittenen Interessen der Menschheit konfrontieren.

Die Entwicklungstendenzen werden oft auf dem Niveau von bestimmten Eigenschaften des Maschinensystems formuliert. Als anerkannte Richtungen der Entwicklung können wir folgende Tendenzen anführen:

- Mechanisierung
- Automatisierung
- Elektrifizierung
- Einführung der fortschrittlichen Verfahrens- und Fertigungsmethoden auf der Basis neuer Arbeitsprinzipien (chemischen, biologischen u.ä.).

Man kann diese Begriffe auch folgendermaßen definieren:

- Mechanisierung ist Übertragung der Antriebsfunktion im System Mensch - MS auf das MS
- Automatisierung ist Übertragung der Steuer- und Regelfunktion im System Mensch - MS auf das MS
- Elektrifizierung, Chemisierung, Biologisierung bedeutet die erweiterte Benutzung der elektrischen, chemischen und biologischen Phänomene als Arbeitsprinzipien zur Lösung technischer Probleme.

Wenn wir diese Tendenzen mit den Zielen der Gesellschaft vergleichen, ist es klar, daß sie direkt nur die Eliminierung der physischen Arbeit des Menschen berühren; den Zusammenhang mit anderen Zielen werden wir nur indirekt spüren.

Wir gewinnen einen besseren Überblick über die Mittel, die zur Erreichung der spezifizierten Zielsetzungen dienen, wenn wir die Entwicklung der Technik durch die Entwicklung der wichtigsten Fachgebiete charakterisieren. Heute stehen an der Spitze der technischen Bestrebungen der Großmächte:

- Informationstechnik
- Raketentechnik
- Atomenergie
- Vordringen in Meerestiefen
- Umweltschutz
- Medikotechnik
- Entwicklung der Verkehrswege
- Personenbeförderung
- Interplanetare Flüge

Es geht also darum, die Verbindung unter Menschen sicherzustellen, neue Gebiete für die Menschheit aufzuschließen und die Gesundheit der Menschen zu fördern.

Die gesamte Entwicklung wird durch die Entwicklung aller Eigenschaften des Maschinensystems gegeben, besonders aber der Konstruktionseigenschaften, von denen die äußeren Eigenschaften abhängig sind. Die Entwicklungsrichtungen bei einzelnen Eigenschaften werden oft mit gewissen Begriffen bezeichnet, die im folgenden erwähnt werden.

Versuchen wir nun, bei allen Eigenschaftsklassen die Entwicklung zu charakterisieren, zum mindesten anhand eines Beispiels. Es ist klar, daß es nicht leicht ist, eine allgemeine Charakteristik für alle Maschinensysteme zu geben. Dagegen werden die Entwicklungstendenzen für eine bestimmte Klasse von Maschinensystemen bzw. für ein konkretes System anschaulich.

Charakteristische Entwicklungstendenzen bei:
- Funktion
  - o Die Arbeitsfunktion erlebt eine stürmische Entwicklung, und in dieser spiegelt sich die auf die Wissenschaft gestützte Entwicklung der Verfahrens- und Fertigungstechnik.
  - o Die Antriebsfunktion scheint von keinen revolutionären Änderungen betroffen worden zu sein. Die elektrischen, pneumatischen und hydraulischen Systeme, die diese Antriebsfunktion erfüllen, werden sowohl technisch als auch wirtschaftlich laufend verbessert.
  - o Die Steuerungs- und Regelungsfunktion erfuhren eine intensive Entwicklung, weil die Automatisierungstendenz zu den Hauptrichtungen der Entwicklung gehört. Gestützt auf die Kybernetik und Elektronik haben die Mittel ein hohes Niveau erreicht und werden stetig verbessert.
- Funktionsbedingte Eigenschaften. Die quantifizierbaren funktionsbedingten Eigenschaften sind als technischer Wert der Maschine charakteristisch. Druck, Leistung, Temperatur, Geschwindigkeit u.a. steigen praktisch bei allen Erzeugnissen. Immer

größere Einheiten werden gebaut (Turbinen, Schiffe, Flugzeuge), um eine größere Wirtschaftlichkeit zu erzielen.

- Betriebseigenschaften. Auch die Betriebseigenschaften machen große Entwicklungsveränderungen durch, aber nicht immer in steigender Richtung. Wenn z.B. die Forderungen an die Zuverlässigkeit steigen, muß eine kürzere Lebensdauer in Kauf genommen werden. Weiter nimmt die Tendenz zur Verkleinerung der Dimensionen (Miniaturisierung) der elementaren Maschinensysteme sowie des Gewichts allgemein zu. Ferner dienen Baukastenprinzip und Kassettisierung zur Erleichterung der Bedienung und Wartung.
- Aussehenseigenschaften. Die Wichtigkeit dieser Kategorie hat zugenommen, und es ist eine relativ kleine Gruppe von Maschinensystemen, wo die Aussehenseigenschaften außer acht gelassen werden. Schon aus Gründen der Konkurrenzfähigkeit muß dem ästhetischen Aspekt der Erzeugnisse angemessene Aufmerksamkeit geschenkt werden. Es handelt sich hier um relative Ansichten, die vielen Änderungen unterworfen sind.
- Ergonomische Eigenschaften. Diese Kategorie gehört zu den neu verlangten Eigenschaften. Man muß auch hier unterscheiden zwischen berechtigten Ansprüchen, die Gesundheit der Menschen zu schützen, und den übertriebenen Bestrebungen nach Originalität. Es ist damit zu rechnen, daß die Ergonomiewissenschaft mit immer neuen Ansprüchen auftreten wird, die die Grenzfähigkeiten und die Gesundheit des Menschen betreffen.
- Distributionseigenschaften. Es wird eine immer größere Nutzung des Transportraumes gefordert, da die Beförderungskosten bei der heutigen Lage der Fertigungskonzentration sehr groß sein können. Ähnlich steigen auch die Anforderungen an die Verpackung, und zwar nicht nur vom Gesichtspunkt des Transportes aus (z.B. für die Tropen), sondern auch vom Gesichtspunkt der Propaganda aus: der Konsument soll durch die Verpackung beeinflußt werden. Eine schnelle Inbetriebsetzung des Maschinensystems bleibt immer eine wichtige Forderung.
- Lieferungseigenschaften. Ein typisches Schlagwort der heutigen Zeit heißt schnell liefern, und das wird auch für die Zukunft gelten.
- Gesetz- und Normeneinhaltung. Die zunehmenden internationalen Beziehungen der Wirtschaft komplizieren die Aufgabe, allen Vorschriften, auch denen mit internationaler Gültigkeit, zu genügen und auch die Patentsituation laufend zu überprüfen. Die Verantwortung des Herstellers für die Qualität seiner Erzeugnisse wird immer größer.
- Wirtschaftliche Eigenschaften. Um konkurrenzfähig zu sein, muß der Hersteller die Selbstkosten möglichst tief halten. Die Mittel zur Erzielung einer guten Wirtschaftlichkeit sind Rationalisierung, Normalisierung, Typisierung, Übernahme bestehender Systeme u.ä.

- Fertigungseigenschaften. Da die Maschinensysteme immer mehr leisten sollen, werden immer höhere Ansprüche an die Fertigungseigenschaften gestellt.
- Konstruktionseigenschaften. Die erfolgreiche Entwicklung der inneren Eigenschaften bedingt die Realisation aller erwähnten Entwicklungstendenzen. Deshalb muß der Entwicklung der Konstruktionseigenschaften große Aufmerksamkeit gewidmet werden.
  - o Struktur. Die Entwicklung der Struktur hängt von der Entwicklung ihrer Elemente ab. Es ist eine unbestreitbare Tatsache, daß das Sortiment der Maschinenelemente sich vergrößert und die Qualität steigt. Eine bedeutende Tendenz in der Konstruktion der Bauelemente ist die sog. Aggregation (Kumulierung, Integration) der Funktionen mit dem Ziel, daß das Bauelement mehrere Funktionen erfüllt. Auch in der Raumanordnung - Raumbeziehungen der Systeme - kann man mehrere Entwicklungsrichtungen beobachten, vornehmlich ist es die Bemühung um ein Baukastensystem, d.h. eine Anordnung, in der verschiedene Varianten der Maschinensysteme aus den vorfabrizierten Gruppen zusammengebaut werden können. Diese Baugruppen können dann in größeren Serien hergestellt werden. Eine weitere Richtung ist die Kassettierung, die zur Vereinfachung der Manipulation mit dem auswechselbaren Element eines Gerätes führt, und zwar so, daß das Element in eine geschlossene Kassette eingesetzt wird (z.B. Tonbandgeräte, Filmapparate).
  - o Gestalt. Die Tendenz ist Vereinfachung resp. Vereinheitlichung (Normalisierung) der Formen, weil die Form die Herstellkosten beträchtlich beeinflußt. Vom ästhetischen Standpunkt her ist die Entwicklung problematischer. Man muß zur Optimierung mit andern Faktoren kommen, die die Form beeinflussen.
  - o Abmessungen (Maße). Wir haben bereits bei der Klasse der Betriebseigenschaften auf die allgemeine Tendenz zu minimalen Abmessungen hingewiesen, die überall dort, wo keine anderen Anforderungen auftreten, berücksichtigt werden soll. Auch das Prinzip, die normalisierten Maße und diejenigen von typisierten Reihen von Maschinensystemen zu benutzen, sollte respektiert werden.
  - o Werkstoffe. Die Werkstoffentwicklung bietet dem Konstrukteur immer größere Möglichkeiten. Man kann vier Entwicklungsrichtungen im Werkstoffbereich feststellen:
    - (1) Erweiterung der Metallwerkstoffarten. Hat man bis zum 17. Jahrhundert nur 7 Metalle benutzt, bis Anfang dieses Jahrhunderts 17, so sind es heute schon mehr als 50.
    - (2) Verwendung der künstlich geschaffenen Materialien. Es können entweder Legierungen sein, von denen heute mehrere tausend zur Verfügung stehen, oder auch Kunststoffe und synthetische Materialien.
    - (3) Verbesserung der Materialeigenschaften. So hat sich z.B. die Festigkeit des Stahls von 30 kp/mm^2 auf 70 - 80 kp/mm^2 erhöht.

(4) Benutzung der Sandwichplatten d.h. Verbundplatten aus mehreren Schichten von Materialien mit verschiedenen Eigenschaften.

- o Qualität der Oberfläche. Die Oberflächenqualität steigt mit den neuen Möglichkeiten der Fertigungstechnik. Meistens ermöglichen neue Methoden nicht nur eine bessere Qualität der Oberfläche, sondern auch eine wirtschaftlichere Herstellung.
- o Toleranzen. Einerseits steigt die Möglichkeit, mit leistungsfähigen Werkzeugmaschinen wirtschaftlich enge Toleranzen zu erreichen, andererseits muß aber auch die Regel gelten, möglichst großen Toleranzen zu genügen.

Übersichtshalber geben wir nachstehend eine Zusammenfassung der bedeutendsten Entwicklungsrichtungen der Maschinensysteme, wie sie in den vorstehenden Ausführungen erwähnt worden sind:

- Sparbau: Anstreben minimaler Herstellkosten
- Minimalisierung (Minimierung): Bestreben, für gegebene Funktionen Maschinensysteme mit kleinsten Dimensionen zu schaffen
- Leichtbau: Bestreben, für gegebene Funktionen das kleinste bzw. das optimale Gewicht des Systems zu erzielen
- Sandwichkonstruktion: Verbundplatten aus mehreren Materialien mit vorteilhaften Eigenschaften
- Aggregation: Bestreben, mehrere Funktionen mit einem einzigen Mittel zu erzielen
- Mechanisierung: Übernahme der Antriebsfunktion durch das Maschinensystem
- Automatisierung: Übernahme der Steuerungsfunktion durch das Maschinensystem
- Kassettierung: Unterbringung eines auswechselbaren Elementes in leicht manipulierbaren Kassetten
- Baukastenprinzip: Verbindung der Bauelemente zu geeigneten Gruppen, aus denen man nachher verschiedene Varianten des Maschinensystems zusammensetzen kann
- Normalisierung: Vereinheitlichung der Maße, der Gestalt und anderer Eigenschaften und Werte der Maschinensysteme
- Typisierung: Festlegung der optimalen Anzahl von Varianten und Größen der ausgewählten charakteristischen Eigenschaften von Maschinensystemen einer bestimmten Art
- Übernahme von bestehenden Maschinensystemen: Übernahme von schon konstruierten und geprüften Systemen in die neu konstruierten Systeme.

11.3 Steuerung des Entwicklungsprozesses

Nach den bisherigen Darlegungen kann man die Entwicklung eines Maschinensystems als einen langwierigen und kostspieligen Prozeß charakterisieren, dessen komplizierte

Relationen in Abb.11.9 vereinfacht dargestellt sind. Bei den Maschinensystemen höheren Kompliziertheitsgrades tritt auch noch die Abhängigkeit der gesamten Entwicklung von der Entwicklung von Teilsystemen hinzu. Außerdem wird das Ergebnis der technischen Entwicklung durch die technische und wirtschaftliche Situation des Unternehmens wesentlich beeinflußt.

Unter diesen Umständen ist es undenkbar, daß die Prozesse spontan verlaufen könnten, besonders weil wir sie effektiv und schnell durchführen wollen.

Als Steuerung der Entwicklungsprozesse verstehen wir die Beeinflussung der Arbeit in Forschungs- und Entwicklungsstätten durch direkte und indirekte Instrumente (administrative und wirtschaftliche) mit dem Ziel, beste Resultate und Effektivität des Prozesses zu erzielen. Im Prinzip handelt es sich um zwei Problemkreise, und zwar die Zielsetzung der Forschung und Entwicklung und die Erfüllung dieser Ziele.

Die Steuerung der Forschung und Entwicklung richtet sich je nach der Stufe, in der sie sich abwickelt. Erwähnen wir zuerst die Steuerungsarten auf Regierungsebene. Trotz der Besonderheit einzelner Staaten findet in den meisten Ländern eine gewisse Steuerung (Dirigierung) statt. Bedürfnisse und Entwicklungsmöglichkeiten wichtiger Volkswirtschaftsgebiete wie Gesundheitswesen, Verteidigung, Ernährung u.a. werden abgeklärt und dann allgemeine Richtlinien der Entwicklungspolitik bis zu wichtigen konkreten Aufgaben festgelegt. Wir unterscheiden zwei Sorten von Regierungsorganen, entweder mit einer Exekutivkompetenz oder mit einer Beratungsfunktion (z.B. Forschungsrat). Neben diesen Organen existieren oft noch selbständige Ministerien für Wissenschaft und Technik. Solche Organe haben eine starke Position in den Ländern mit Planwirtschaft.

In einem Unternehmen gehört die Steuerung der technischen Entwicklung zu den wichtigsten Aufgaben, und die "technische Politik" des Unternehmens ist der entscheidende Faktor für dessen Erfolg.

Wie schon erwähnt, handelt es sich um zwei Steuerungsbereiche: das Stellen der Aufgabe und die Überwachung ihrer Durchführung. Die Aufgabenstellung muß sich auf langfristige Prognosen der Entwicklung stützen, d.h. zur Zeit der Aufgabenstellung muß man möglichst genaue Vorstellungen haben, was nach 5, 10 oder mehr Jahren gewünscht wird. Es ist schwierig, die Problematik der Steuerung in Kürze zu behandeln; wir beschränken uns deshalb auf einige Hinweise betreffend Technik der Steuerung:

- Die Entscheidungen sollten auf objektiven Fakten aufbauen, die aus der Statistik oder den wissenschaftlichen Untersuchungen und Studien gewonnen worden sind. Keine Prognose darf nur auf Intuition beruhen. Zugegeben, das Sammeln der notwendigen Informationen ist nicht leicht, besonders weil man für die Zukunft arbeiten muß. Desto notwendiger ist es, die schon vorhandenen Instrumente voll auszunutzen, z.B.

die bereits erwähnte Statistik, Wahrscheinlichkeitsrechnung unter Benutzung des Computers. Der umfangreiche Speicher und die Geschwindigkeit der Rechenanlagen ermöglichen die Verarbeitung großer Mengen von Informationen und dadurch die Vorbereitung mehrerer Varianten, was eine Entscheidung objektiver und transparent macht.

- Die Problematik der Entwicklung von Maschinensystemen muß ganzheitlich behandelt werden und nicht das Maschinensystem separat, sondern das ganze Arbeitssystem einschließlich Umwelt des Maschinensystems muß untersucht werden. Die Relationen gemäß Abb.11.9 können als Grundlage dienen, und alle Faktoren laut Abb.10.1 sollen berücksichtigt werden.
- Auch auf dem Gebiet der Entwicklung muß man zusammenarbeiten, d.h. nicht alles selbst entwickeln. Durch Ausnutzung der Spezialisierung von Forschungs- und Entwicklungsstätten steigt die gesamte Effektivität des Entwicklungsprozesses. Oft kann durch Übertragung der Entwicklung an ein spezialisiertes Entwicklungsinstitut oder durch den Erwerb einer Lizenz das Problem besser und schneller gelöst werden.

Die Steuerung der technischen Entwicklung wird einerseits mit Hilfe von Plänen durchgeführt, welche die Entwicklungstendenzen feststellen und konkrete Aufgaben für einzelne Abteilungen und ihre Termine spezifizieren; bei richtiger Ausarbeitung garantieren sie die Koordinierung der Arbeiten. Andererseits ist es die tägliche Überwachung der Forschungs- und Entwicklungsarbeiten und eventuelle Änderung der Planaufgaben.

11.4 Motivierung der Entwicklung

Es genügt nicht, technische Fähigkeiten und wirtschaftliche Möglichkeiten zu besitzen, um technische Entwicklungen durchzuführen, es muß auch noch ein Motiv vorhanden sein, das als Triebkraft wirkt.

Ohne ein Interesse an der Lösung der Probleme der Technik werden diese auch nicht gelöst. Man kann sagen, daß die Summe dieser drei Komponenten eine gewisse Größe erreichen muß, um den Entwicklungsprozeß in Gang zu setzen. Das bedeutet für extreme Fälle: Wenn eine triftige Motivation vorhanden ist, beeinflußt sie die technische und wirtschaftliche Situation, andererseits schafft die technische und wirtschaftliche Potenz leicht Motive zur Handlung.

Eine besonders starke Motivation entsteht bei kritischen Zuständen der Gesellschaft. Ein Rückblick auf die Geschichte der Technik zeigt, daß gerade während der Kriege große technische Fortschritte erzielt wurden. Im amerikanischen Bürgerkrieg 1885 wurde die Kondensatordampfmaschine entdeckt. Der erste Weltkrieg "schenkte" der Menschheit den Tank und stimulierte auch die Entwicklung des Verbrennungsmotors. Der zweite Weltkrieg brachte weitere bedeutende Ergebnisse in der Entwicklung der Technik wie Strahltriebwerke, Rechenanlagen, Ausnutzung der Atomenergie.

Die Ursachen, weshalb sich die Technik im Kriege entwickelte, sind begreiflich. Einerseits war es der Siegesdrang, andererseits hat die Notlage die Völker gezwungen, sich im Verbrauch einzuschränken und ihre Mittel hauptsächlich der Entwicklung technischer Systeme zu widmen.

Neben den Kriegen sind es die Katastrophen und Havarien, die die Entwicklung beschleunigt haben. Die grosse Zahl der Todesfälle bei Epidemien, bei Auto-, Flugzeug- und Zugunglücken, Feuer und Gasexplosionen dienten als Impulse, die existierenden technischen Systeme zu verbessern oder neue Systeme zu schaffen.

Wenn wir heute den "friedlichen" Wettlauf zwischen den Supermächten verfolgen, sei es in der Eroberung des Kosmos oder auf anderen Gebieten der Technik, so wollen wir nur hoffen, daß die Menschen durch Erfahrung klüger geworden sind und nicht mehr der Impulse durch Katastrophen für die technische Weiterentwicklung bedürfen.

11.5 TS-Entwicklung – Aussagen

Axiom 7.1 Die Entwicklung der Technik soll die humanen Ziele der Gesellschaft unterstützen und gewährleisten. Jeder Ingenieur und Techniker soll dafür sorgen, daß die Technik dieser Zielsetzung dient und nicht im Interesse Einzelner oder parasiter Gruppen mißbraucht wird.

Axiom 7.2 Die Entwicklung der Maschinensysteme im Zeitlauf der Jahre ist eine Kette von elementaren Änderungen der Eigenschaften der Maschinensysteme.

Axiom 7.3 Das Tempo der Entwicklung wird ständig beschleunigt, wodurch

- kürzere Entwicklungszeiten verlangt werden
- kürzere Verbrauchsdauer der Maschinensysteme üblich werden
- Forderungen an gewisse Eigenschaften ihre Tendenz ändern.

Axiom 7.4 Die Entwicklung des Maschinensystems wird von drei Hauptfaktoren beeinflußt: technische Fähigkeit, wirtschaftliche Potenz und Motivierung für Entwicklung. Einen wichtigen Einfluß können auch die Rohstoffsituation des Landes sowie die Operatoren des Konstruktionsprozesses ausüben.

12 Spezielle Theorien Technischer Systeme

In den Überlegungen über die Arten der Theorie (s. Abschnitt 1.2) sind vom Gesichtspunkt der Gültigkeit her zwei Arten genannt: die allgemeine und die spezielle. Die Allgemeine Theorie ist bisweilen Gegenstand der Behandlung.

Die Speziellen Theorien befassen sich mit den einzelnen Kategorien Technischer Systeme. Die Möglichkeiten der Gliederung sind im Kapitel 6 erörtert worden. Die Bildung der Klassen oder Arten Technischer Systeme kann von vielen dort genannten Gesichtspunkten her erfolgen; mehrere TS-Arten eignen sich als Gegenstand Spezieller Theorien.

Es kommt häufiger zu Ueberlappungen einzelner Kategorien, wie es die Abb. 12.1 am Beispiel aus dem Bereich der Maschinensysteme zeigt. Da können z. B. die Theorie der Strömungmaschinen und Kolbenmaschinen, oder der Thermischen Turbomaschinen oder der Dampf- und Gasturbinen oder nur die Theorie der Turbinen, Pumpen, Gasverdichter und ähnliche erwähnt werden, obwohl dieser Fachbereich ziemlich klein ist.

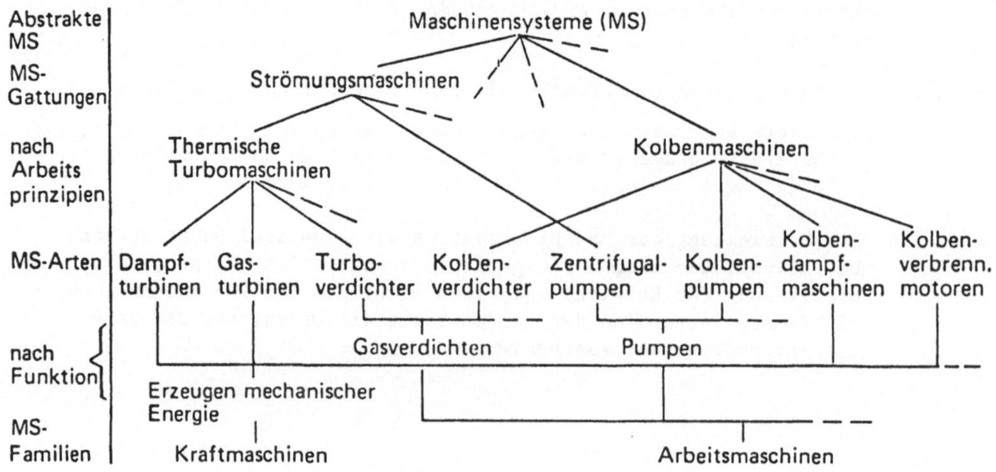

Abb. 12.1 Bildung von TS-Arten am Beispiel eines Maschinenbaugebietes

Analog könnte Abb. 6.8 als Ausgangspunkt für die Bildung der Theorie der Werkzeugmaschinen, Metall-Drehbänke, Universal-Drehbänke usw. dienen. Weiter sind Mechanismenlehre, Getriebelehre oder Maschinenelemente-Lehre als spezielle Theorien der Bestandteile von Maschinensystemen bekannt. Auch in anderen TS-Bereichen würden wir ähnliche Beispiele finden.

Aus den zitierten Beispielen ist es möglich, die für die Bildung der Speziellen Theorien bedeutsamen Gesichtspunkte herauszulesen. Es handelt sich insbesondere um:
- Funktion (Pumpe, Werkzeugmaschine, Hebezeug),
- Wirkweise (Kolbenmaschine, Turbomaschine, Kran),
- Abstraktionsgrad (Werkzeugmaschine, Drehbank),
- Komplexitätsgrad (Mechanismen, Maschinenelemente).

Es ist die Aufgabe der Speziellen Theorie, das Wissen über die entsprechende TS-Art zu sammeln und in geeigneter Weise zu ordnen. Wenn nun Fragestellungen und Ordnung von der Allgemeinen Theorie für die Speziellen Theorien abgeleitet werden, entsteht eine einheitliche Struktur des Wissens. Die Vorteile sind evident.

Die Spezielle Theorie steht damit vor dem folgenden Fragenkomplex:
- Arten der Transformationssysteme, wo die TS-Art eingesetzt werden kann. Analyse der Elemente des Transformationssystems, wie Operanden, Technologien usw.
- Auswirkungen, die als Aufgabe der TS-Art gewählt werden; typische Funktionsstrukturen und ihre Variationen und Modifikationen.
- Wirkweisen, die für einzelne Funktionen benutzt werden, oder benutzt werden können (Kataloge).
- Typische Funktionsträger (Organe) und ihre Beziehungen; Organstrukturen (Kataloge).
- Typische Eigenschaften, Konstruktionsmerkmale und ihre Ausprägungen; Vergleiche, Bewertungen, Qualitätsprobleme. Erreichung der Eigenschaften.
- Entstehungsprobleme.
- Entwicklungserfahrungen und mögliche Trends.

Eine solche Theorie, die alle diese Fragen beantwortet, wird sich von den Theorien in heutigen Fachbüchern sehr unterscheiden (obwohl wesentliche Teile daraus übernommen werden).

Das ganze System solcher Theorien und das in ihnen angesammelte Wissen wird zudem auch Computer-Fachleute befriedigen, weil es ihnen Daten in geeigneter Form und Ordnung zur Verfügung stellt.

13 Anwendung der Theorie Technischer Systeme

Bereits am Anfang dieses Buches ist die Frage nach der Anwendung Technischer Systeme gestellt worden, und danach haben sich einige Anwendungsgebiete herauskristallisiert. Die können wir nun mit folgenden Stichwörtern charakterisieren:

- Erkenntnisgrundlage für TS,
- Wissensquelle der Konstruktionslehre,
- Ausgangspunkt für Theorien der speziellen Fachgebiete,
- Grundlage für EDV-Anwendung: Algorithmen, Datenbanksysteme,
- Basis für Unterrichtssysteme als integrierende Theorie,
- Verständnisgrundlage zwischen Technikern und Nichttechnikern,
- Grundlage für die Geschichte der Technik.

Zu den zwei ersten Anwendungen ist nicht viel hinzuzufügen; das Buch ist voller Fakten und Erkenntnisse in Bezug auf Technische Systeme.

Die Anwendung der allgemeinen Theorie als Ausgangspunkt für die Theorie spezieller Fachgebiete ist im Kapitel 12 behandelt worden und es wurde zugleich bewiesen, daß diese Kenntnisse für die EDV-Anwendung zu den grundlegendsten gehören.

Die heutigen Lehrpläne für Ingenieurausbildung aller Schultypen enthalten kaum Lehrveranstaltungen, die das Gesamtlehrgebiet (z. B. Maschinenbau, Bauwesen oder Elektrotechnik) den Studenten in wesentlichen Zusammenhängen vorstellen und ihnen eine notwendige Topologie zur Hilfe und zum Verständnis zeichnen. Die Theorie Technischer Systeme, konkretisiert für die einzelnen Branchen (z. B. für die Theorie der Maschinensysteme), kann eine solche Funktion übernehmen, weil sie alle grundlegenden Aspekte auf einem genügend hohen Abstraktionsgrad behandelt und durch Taxonomie eine Orientierung über das ganze Lehrgebiet (eventuell die ganze Technik) bietet. Zugleich können auch alle Lehrveranstaltungen in entsprechenden Zusammenhängen dargestellt und ihre Lernziele erklärt werden. Es ist zu erwarten, daß eine solche Übersicht den Transfer von Kenntnissen zwischen den einzelnen Elementen des Unterrichtssystems fördert und das Verständnis vieler Lehrinhalte erleichtert.

Theorie Technischer Systeme kann in der Ingenieurausbildung folgende Funktionen erfüllen:

- Studenten in die Technik und in das betreffende Fachgebiet einführen.
- Das ganze Unterrichtssystem transparent machen und die Position und den Zweck einzelner Fächer erläutern: z. B. die Thermodynamik als spezielle Prozeßtheorie, die für den Technischen Prozeß der Wärmemaschinen (spezielle TS-Familie) die notwendigen Kenntnisse enthält; oder Festigkeitslehre als allgemeine Lehre über eine Eigenschaft Technischer Systeme-Festigkeit, die besonders der Dimensionierung dient.
- Eine Übersicht über die ganze Fachproblematik bieten, wodurch auch die im Unterrichtssystem fehlenden Fachgebiete (Fachwissen) bewußt erkannt werden.
- Der Rekapitulation des vermittelten Lehrstoffes dienen und die Zusammenhänge in den Vordergrund stellen.

Darüber hinaus ist die Theorie auch im allgemeinen Unterricht einsetzbar, um hier die bestehende Lücke auszufüllen und allen, auch den Nichttechnikern, die Technik und besonders Technische Systeme näher zu bringen und zu erklären und somit zum Verständnis der Technik beizutragen. Dazu muß verständlicherweise eine für den Adressaten geeignete Form gewählt werden.

Auch die Geschichte der Technik kann durch die Anwendung der Theorie Technischer Systeme bereichert werden. Der Entwicklungsprozeß Technischer Systeme läßt sich besser erläutern, wenn die Änderung der Konstruktionsmerkmale als von den Faktoren der Umwelt abhängig konsequent präsentiert wird.

Der koordinierte Einsatz dieser Kenntnisse in allen erwähnten Bereichen kann einen wichtigen Beitrag zum besseren Verhältnis der Menschen (inkl. Ingenieure) zur Technik herbeiführen.

Literaturverzeichnis

Hinweise 2 bis 44 sind alphabetisch nach Autoren (1. Ausgabe)
Hinweise 45 bis Ende sind zusätzliche Hinweise

1 A s h b y, W.R.: An Introduction to Cybernetics, Methuen: University Paperbacks 1968.

2 A s i m o w, M.: Introduction to Design, Englewood Cliffs, N.J.: Prentice Hall 1962.

3 B e e r, S.: Cybernetics and Management, New York: John Wiley 1966.

4 B u c k, E.H.: Problem of Product Design and Development, London: Pergamon Press 1963.

5 E d e r, W.E., G o s l i n g, W.: Mechanical System Design, Oxford: Pergamon Press 1965.

6 E v e r s h e i m, W.: Analytische Betrachtung von Konstruktionsaufgaben, Industrie-Anzeiger 91. Jg (1969) Nr. 87.

7 F e n d l e r , E.: Über gleichartige Änderungen der Wachsfunktion in der Entwicklung des Lebens und der Technik, VDI-Z 112 (197o) Nr. 2.

8 G o s l i n g, W.: The Design of Engineering Systems, London: Heywood 1962.

9 G r e g o r y, S.A.: The Design Method, London: Butterworths 1966.

1o G r e v e, W.: Wertanalyse in der Fertigung, Stuttgart: Berliner Union Verlag 1969.

11 H a j e k, V.G.: Project Engineering (Profitable Technical Program Management), New York: McGraw Hill 1965.

12 H a l l, A.D.: A Methodology for Systems Engineering, Princeton: D. Van Nostrand Co 1962.

13 H a n s e n, F.: Konstruktionssystematik, 2. Aufl., Berlin: VEB Verlag Technik 1966.

14 H a r r i s b e r g e r, H.: Engineersmanship (A Philosophy of Design), Belmont: Brooks Cole Publ. Co. 1966.

15 H o m a n n, H.W., G ü h r l i n g, H., B r a n k a m p: Ein Klassifizierungssystem für Stahlbaueinzelteile - Entwicklung und Beschreibung des Systems, Industrie-Anzeiger 2o. Jg (197o) Nr. 6.

16 K e l l e r m a n n, F.: Mensch und Arbeit in der Industrie, Eindhoven: Philips Techn. Bibliothek 1964.

17 K e s s e l r i n g, F.: Bewertung von Konstruktionen, Düsseldorf: VDI Verlag 1951.

18 K e s s e l r i n g, F.: Technische Kompositionslehre, Berlin: Springer 1954.

19 K l a u s, G.: Wörterbuch der Kybernetik, Frankfurt a.M.: Fischer Bücherei 1969.

2o K l i r, V a l a c h: Cybernetic Modelling, London: Iliffe 1967 .

21 K o e l z e, H.: Alternativen für die Zukunft der Technik, VDI-Z 111 (1969) Nr. 18.

22 K o u r i m, G.: Wertanalyse, München: Oldenbourg 1968.

23 K r i c k, Edward: The Introduction to Engineering and Engineering Design, New York: John Wiley 1965.

24 L e y e r , A.: Maschinenkonstruktionslehre H.1 (1963), H.2 (1964), H.3 (1966), Heft 4 (1968), Basel: Birkhäuser.

25 M a y a l l, W.M.: Industrial Design for Engineers, London: Iliffe 1967 .

26 Mac N i e c e, E.H.: Industrial Specifications, New York: John Wiley 1953.

27 M a t o u s e k, R.: Konstruktionslehre des allgemeinen Maschinenbaues, Berlin: Springer 1957.

28 M o r r i s o n, D.: Engineering Design. The Choice of Favorable Systems, New York: McGraw-Hill 1969.

29 M u m m a, A.G.: Technology's Motivating Force, Mechanical Engineering 1967 April.

3o O p i t z, H.: Werkstückbeschreibendes Klassifizierungssystem, Essen: Girardet 1966

31 R e u l e a u x, F.: Der Construkteur, 4. Aufl.-Braunschweig: Vieweg 1882.

32 R e u l e a u x, F., M o l l: Constructionslehre für den Maschinenbau, Braunschweig: Vieweg 1854.

33 R i e s s, K.: Verfahrenstechnische Aufgaben des Ingenieurs bei der Gewinnung neuer und bei der Verbesserung vorhandener Produkte, VDI-Z 98 (1956) Nr. 23.

34 R o a d s t r u m, W.: Excellence in Engineering, New York: John Wiley 1967.

35 R o d e n a c k e r, W.G.: Methodisches Konstruieren, Berlin: Springer 197o

36 S h i g l e y, J.G.: Mechanical Engineering Design, New York: McGraw Hill 1963.

37 T r u c k, E., P r ü s s m a n n, A.: Modell zur Beurteilung der Entwicklung neuer Produkte, VDI-Z 112 (197o) Nr. 2.

38 T s c h o c h n e r, H.: Konstruieren und Gestalten, Essen: Girardet 1954

39 VDI Richtlinie 2223: Begriffe und Bezeichnungen im Konstruktionsbereich, Düsseldorf 1969.

4o VDI Richtlinie 2224: Formgebung technischer Erzeugnisse, Düsseldorf 196o.

41 VDI Richtlinie 2225: Technisch-wirtschaftliches Konstruieren, Düsseldorf 1964.

42 VDI Richtlinie 28o2: Wertanalyse: Vergleichsrechnung, Düsseldorf 1971.

43 VDI Richtlinie 3258: Kostenrechnung mit Maschinenstundensätzen. Begriffe, Bezeichnungen, Zusammenhänge, Düsseldorf 1962.

44 W ö g e r b a u e r, H.: Die Technik des Konstruierens, München: Oldenbourg 1943.

45 A r t o b o l e v s k i i, I.I.: General Problems in the Theory of Machines and Mechanism, Mechanism and Machine Theory, Vol. 10, No. 2/3, 1975.

46 A r t o b o l e v s k i i, I.I.: Past, Present and Future in the Theory of Machines and Mechanisms, Mechanism & Machine Theory, Vol. 11, No. 6, 1976.

47 S h i g l e y, J.: Theory of machines, New York: McGraw Hill, 1965.

48 G o s l i n g, W.: The Design of Engineering Systems, London: Heywood, 1962.

49 H u b k a, V.: Theorie der Maschinensysteme, Berlin: Springer, 1974.

50 H a n s e n, F.: Konstruktionswissenschaft, München: Hauser, 1974.

51 R o t h, K.: Systematik der Maschinen und ihrer Elemente, Feinwerktechnik Nr. 11, 1970.

52 R o p o h l, G.: Ansätze zu einer allgemeinen Systematik technischer Systeme, Schw. Maschinenmarkt, Vol. 76, No. 29, 1976.

53 P a h l, G./B e i t z, W.: Konstruktionslehre, Berlin: Springer, 1977.

54 R o t h, K.: Konstruieren mit Konstruktionskatalogen, Berlin: Springer, 1982.

55 E h r l e n s p i e l, K./L i n d e n m a n n, U.: Ein Beitrag zur Theorie des Konstruktionsprozesses, Konstruktion 31 Nr. 27, 1981.

56 K l o s e, J.: Theorie, Methodik und Unterstützung der Maschinenkonstruktion, Schw. Maschinenmarkt, Nr. 27, 1982.

57 Y o s h i k a w a, H.: General Design Theory and CAD System, Tokyo: IFIP, 1980.

58 R o p o h l, G.: Eine Systemtheorie der Technik, München: Hauser, 1979.

59 H u b k a, V.: Allgemeines Vorgehensmodell (WDK 1) Goldach: Fachpresse, 1980.

60 H u b k a, V. (Hrg.): Bibliographie des Konstruktionsgebietes (WDK 2a, 2b) Zürich: Heurista, 1981, 1983.

61 H u b k a, V. (Hrg.): Fachbegriffe der Konstruktionswissenschaft in 6 Sprachen (WDK 3), Zürich: Heurista 1981.

62 A n d r e a s e n, M.M./H u b k a, V.: Sammlung von Fallbeispielen (WDK 4a) Zürich: Heurista, 1981.

63 H u b k a, V./A n d r e a s e n, M.M./E d e r, E.: Sammlung von Fallbeispielen (WDK 4b), Zürich: Heurista, 1983.

64 H u b k a, V. (Hrg.): Konstruktionsmethoden in Übersicht (WDK 5), Milano: techniche nuove, 1981.

65 A n d r e a s e n, M.M. (Hrg.): Workshop ATTS-Allgemeine Theorie Technischer Systeme (WDK Arbeitsdokumente), Lyngby: DTH-AMT, 1982.

66 H u b k a, V. (Hrg.): Konstruktionsmethoden-Readings (WDK 8), Zürich: Heurista, 1982.

67 H u b k a, V./A n d r e a s e n, M.M.: CAD, Konstruktionsmethoden, ICED 83 (WDK 10), Zürich: Heurista, 1983.

68 H u b k a, V.: Konstruktionsunterricht an Technischen Hochschulen, Konstanz: Leuchtturm-Verlag, 1978.

69 P l a n c k, M.: Der Kausalbegriff in der Physik, 1941.

70 S c h m i d t, H.: Lexikon der Philosophie, Stuttgart: A. Kröner, 1974.

71 H u b k a, V.: Grundlegender Algorithmus für die Lösung von Konstruktionsaufgaben, XII Intern. wiss. Kolloquium, Ilmenau, TH, 1967.

72 A n d r e a s e n, M.M.: Darstellungsmöglichkeiten beim Konzipieren, Schw. Maschinenmarkt, Nr. 6 und 8, 1978.

73 A n d r e a s e n, M.M.: SYNTHESEMETODER, PÅ SYSTEMEGRUNDLAG DISS., Lund Universitet, 1980.

74 A n d r e a s e n, M.M.: Konstruktionsmerkmale und ihre Ausprägungen in [67], Zürich: Heurista, 1983.

75 T j a l v e, E.: Systematische Formgebung für Industrieprodukte, Düsseldorf: VDI-Verlag, 1978.

76 T j a l v e, E./A n d r e a s e n, M.M./S c h m i d t, F.,: Engineering Graphic Modelling, London: Newnes-Butterworths, 1979.

77 T j a l v e, E./A n d r e a s e n, M.M.: Zeichnen als Konstruktionswerkzeug, Konstruktion 27, 1975, Nr.2.

78 H u b k a, V.: Theorie der Konstruktionsprozesse, Berlin: Springer, 1976.

79 H u b k a, V.: Darstellen und Modellieren beim Konstruieren, Schw. Maschinenmarkt, Nr. 33, 35 u. 37, 1976.

80 N N: Normen Auszug für Technische Schulen (8. Auflage), Zürich: VSM-Normenbüro, 1978.

81 VDI-Richtlinie 2222: Konstruktionsmethodik. Konzipieren techn. Produkte, Düsseldorf: VDI-Verlag, 1977.

82 K o l l e r, R.: Konstruktionsmethode für Maschinen-, Geräte- und Apparatebau (Berichtiger Nachdruck), Berlin: Springer, 1979.

83 B e i t z, W.: Methodisches Vorgehen beim Konstruieren (WDK 5 64), Milano: techniche nuove, 1981.

Sachverzeichnis